在线社交网络分析与信息传播丛书

社交网络信息检索与传播

黄河燕　李　侃　著

科学出版社
北　京

内 容 简 介

在线社交网络的快速发展带来了信息产生的社会化、信息传播网络化和传播影响深远化等问题，研究社交网络中的信息检索与传播，对于揭示网络信息传播规律具有重要的理论意义和实用价值。

本书研究社交网络的信息检索与传播，主要内容包括短文本观点检索、实体文档检索以及基于社团成员层次结构的信息检索；在线社交网络的个性化推荐；社交网络信息传播模型及分析；影响力最大化计算方法；信息溯源方法。

本书内容丰富，可读性强，重在讨论社交网络信息检索与传播的模型与算法，并通过实例进行算法分析与比较。

本书既可以作为国内高等院校、科研院所本科生、研究生的教材使用，也可以供国内外从事社交网络分析的研究人员和工程人员使用。

图书在版编目（CIP）数据

社交网络信息检索与传播/黄河燕等著．—北京：科学出版社，2020.7

（在线社交网络分析与信息传播丛书）

ISBN 978-7-03-064477-0

Ⅰ．①社…　Ⅱ．①黄…　Ⅲ．①互联网络－信息检索－传播媒介　②互联网络－信息学－传播学　Ⅳ．①G254.928　②G206.2

中国版本图书馆 CIP 数据核字（2020）第 029048 号

责任编辑：赵艳春 / 责任校对：王　瑞

责任印制：吴兆东 / 封面设计：迷底书装

科学出版社 出版

北京东黄城根北街 16 号

邮政编码：100717

http://www.sciencep.com

北京中石油彩色印刷有限责任公司 印刷

科学出版社发行　各地新华书店经销

*

2020 年 7 月第　一　版　　开本：720×1 000 B5

2021 年 3 月第二次印刷　　印张：13　插页：3

字数：246 000

定价：118.00 元

（如有印装质量问题，我社负责调换）

《社交网络信息检索与传播》

黄河燕　李　侃(排名不分先后)

参 与 作 者

冯　冲　宋丹丹　礼　欣　辛　欣

时　鹏　张　熙　邓小龙　周　川(排名不分先后)

《在线社交网络分析与信息传播丛书》编委会

前　言

社交网络正经历一个蓬勃发展的时期，博客、论坛、微博等在线社交网络服务获得了快速的发展，并逐渐成为当代社会信息传播的重要渠道和载体。人人参与信息的产生、传播和获取，人们信息传播和信息共享的诉求得到了极大程度的满足，获得了前所未有的信息自主权。同时，在线社交网络的快速发展带来了信息产生社会化、信息检索、个性化推荐、信息传播网络化和传播影响深远化及社交网络影响力等问题，深入分析在线社交网络信息检索、个性化推荐、信息传播、网络信息传播的基本模式和内在规律及社交网络影响力，具有重要的学术意义和广泛的应用前景。

本书在国家重点基础研究发展计划(973 计划)课题“社交网络的信息检索与传播”的研究基础上，梳理国内外相关理论和技术，并在此基础上，总结 973 计划课题等相关成果，提出社交网络的信息检索、个性化推荐、信息传播、影响最大化、信息溯源等模型和算法。本书由北京理工大学、北京科技大学、北京邮电大学、中国科学院数学与系统科学研究院等单位的研究人员共同完成。本书可以为相关研究者提供理论性、系统性的研究指导。

本书围绕社交网络的信息检索与传播，研究相关的模型与算法，并通过大量的实例来分析比较提出的模型与算法。本书共分 6 章。第 1 章绪论，统领全书，介绍相关国内外现状并概述本书的研究内容，主要由北京理工大学完成；第 2 章社交网络的信息检索，研究在线社交网络的短文本情感分析与观点抽取、基于知识库的实体文档检索以及基于社团成员层次结构的信息检索及排序，主要由北京理工大学完成；第 3 章社交网络的个性化推荐，研究协同过滤算法、排序学习以及面向社交媒体数据的信息推荐技术，主要由北京理工大学完成；第 4 章社交网络的信息传播，研究社交网络信息传播分析、时序性分析以及基于相互作用的信息传播模型，主要由北京科技大学和北京邮电大学完成；第 5 章影响力最大化计算，研究基于节点社团影响力和全图统计属性的影响力最大化计算方法，以及基于上界的影响力最大化计算方法，主要由北京邮电大学和中国科学院数学与系统科学研究院完成；第 6 章信息溯源，研究社交网络信息溯源方法，主要由北京科技大学完成。

感谢参与本书资源收集、内容整理以及成果贡献的专家学者，包括(排名不分先后)：李玲玲、商军英、张成亮、王萌、张帅等。

感谢张林、王晶、王浩听在本书审查校对阶段的辛勤工作，以及对本书投入过心血的所有人！

由于作者水平有限，书中难免有不足之处，敬请读者批评指正，提出宝贵意见。

作　者

2020 年 1 月 1 日

目　录

第1章　绪　论

1.1　研究背景和意义

社交网络是指社会个体成员之间因为互动而形成的相对稳定的关系体系。它是由多个节点构成的一种社交结构，节点通常是指个人或组织，边代表社交关系。社交网络关注的是人们之间的互动和联系，社交互动会影响人们的社会行为。图 1-1 表示 Facebook 用户之间友谊关系的一个社交网络图。

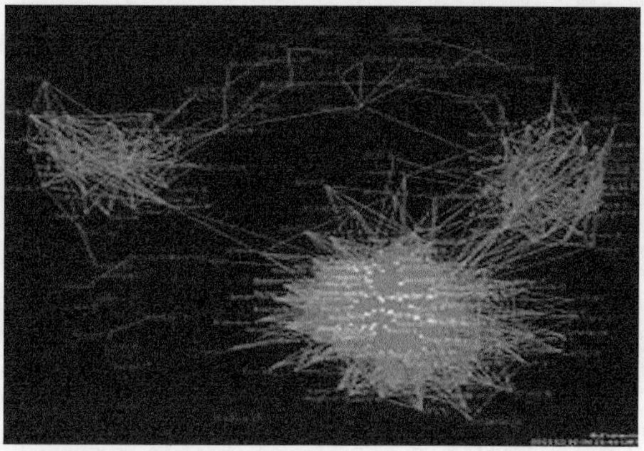

图 1-1　Facebook 用户之间友谊关系的社交网络图

近几年，在线社交网络取得飞速发展，众多社交网站如脸谱(Facebook)、推特(Twitter)以及国内的新浪微博、腾讯网等迅速崛起。2004 年成立的 Facebook 公司已经有超过 20 亿的注册用户，2006 年发布的 Twitter 也有超过 5 亿的注册用户，国内的腾讯公司则拥有 11 亿多活跃用户，而新浪最新公布的数据表明新浪微博的活跃用户数已经超过 4 亿。图 1-2 列举了 2016 年 4 月全球最受欢迎社交媒体排行榜(按活跃用户数降序排名)。

社交网络特别是在线社交网络正经历一个蓬勃发展的时期，其主要是由于随着 Web 2.0 技术的发展和移动智能设备的普及，博客、论坛、微博等在线社交网络服务获得了快速的发展，并逐渐成为当代社会信息传播的重要渠道和载体。人人参与信息的产生、传播和获取，人们信息传播和信息共享的诉求得到了极大程度的满足，获得了前所未有的信息自主权。同时，研究社交网络中的信息传播规律，能够使我们从信息传播的角度对网络结构、属性以及突发事件遵循的规律有进一步的认识。这些成果在市场营销、宣传购物网站的信息推荐、社会舆论监控与引导等诸多领域都有着广泛的应用前景。因此研究社交网络中的信息检索、个性化推荐、信息传播、网络信息传播规律具有重要的理论意义和实用价值。

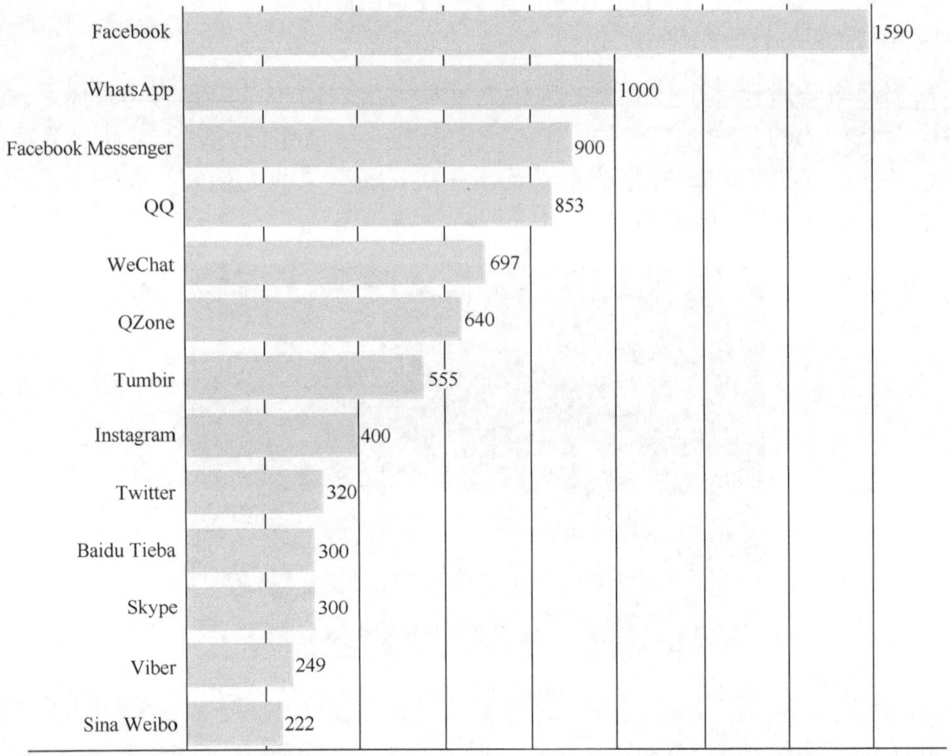

图 1-2 2016 年 4 月全球最受欢迎社交媒体排行榜(按活跃用户数降序排名，单位：百万)

1.2 研究现状

在线社交网络汇聚了大量可感知、可计算的网络数据，这些人类活动的真实记录为研究在线社交网络信息检索与传播、个性化推荐、信息传播和社交影响力分析提供了宝贵的数据资源和难得的机遇。在线社交网络信息虽然已经蓬勃发展，但依然面临诸多问题和挑战。现有的社交网络的个性化推荐面对如何从这些海量的数据中筛选出真正有价值并且用户真正关心的数据呈现给用户，是社交网络的个性化推荐亟待解决的问题;社交网络传播主要通过对经典理论和模型进行扩展，解释社交网络信息传播现象，这些经典的传播模型为社交网络中的信息传播分析提供了指导，然而由于社交网络的节点海量、连接关系复杂等特点，基于经典传播模型的分析也存在一些不足等。

本章主要分析在线社交网络的信息检索、个性化推荐、信息传播和社交影响力分析的研究现状。

1.2.1 在线社交网络信息检索

信息检索是研究如何从大规模原始信息中快速准确全面地获取用户所需信息的一门学科。它最初起源于图书馆的文献查找需求，后来扩展到各种信息处理领域。互联网的出现、全球数字化进程的加快，使得信息过载问题日益严重。特别是最近几年来，随着通用搜索引擎的日益流行、各行业搜索引擎的涌现、各商家对搜索技术的日益重视和大量投入，作为搜索引擎核心的信息检索技术的研究也出现了一个前所未有的高潮。以顶级学术国际会议为例，原来只有 ACM 信息检索研究与发展国际会议(ACM International Conference on Research and Development in Information Retrieval，SIGIR)等为数不多的会议收录信息检索相关的最新成果，现在包括 ACM 知识发现和数据挖掘国际会议(ACM International Conference on Knowledge Discovery and Data Mining，SIGKDD)、IEEE 国际数据挖掘会议(IEEE International Conference on Data Mining，ICDM)、国际万维网会议(International World Wide Web Conference，WWW)、ACM 数据管理国际会议(ACM International Conference on Management of Data，SIGMOD)、神经信息处理系统前沿会议(Advances in Neural Information Processing Systems，NIPS)、大型数据库国际会议(International Conference on Very Large Databases，VLDB)、国际计算语言学协会年会(Annual Meeting of the Association for Computational Linguistics，ACL)、国际人工智能联合会议(International Joint Conference on Artificial Intelligence，IJCAI)、美国人工智能协会会议(National Conference of the American Association for Artificial Intelligence，AAAI)、自然语言处理系统经验方法会议(Empirical Methods in Natural Language Processing，EMNLP)、ACM 国际信息与知识管理会议(ACM International Conference on Information and Knowledge Management，CIKM)等在内的各领域的顶级会议都收入了不少有关信息检索研究的论文，有些会议信息检索相关的论文甚至占到绝大部分。可以说，信息检索的研究进入一个前所未有的各种技术交叉融合的时代。最近几年来，机器学习、自然语言处理、统计等其他领域的技术被更广泛地用于信息检索中。微软研究人员 Mitra 等[1]发表了论文，概述了神经信息检索模型背后的基本概念和直观内容，并且将其置于传统检索模型的语境之中。该论文的目的在于为神经模型与信息检索之间架起桥梁，互通有无，加快神经信息检索技术的发展。

在线社交网络信息检索与传播面临的一个主要问题就是如何进行网络舆情监测和分析。随着我国互联网事业的迅速发展，在线社交网络作为一种新型媒体不但成为各种社会思潮、利益诉求和意识形态较量的场所，而且也成为民众评议时政、谈论是非、交流观点的集散地。有关网络舆情监测和分析的研究由此引起研究人员的重视。抽取出一篇文章的情感关键句，对了解社会动态和舆情状况有着重要的作用。在如今这个大数据时代，海量信息层出不穷，但同时处理这么多信息无疑是件费时费力的事情。因此，我们需要一种情感关键句抽取技术来帮助我们自动从海量信息中抽取出与主题相关的情感关键句[2]。情感关键句抽取技术的探索对于网络信息检索也是至关重要的。其中一些主要的情感关键句抽取技术有以下几种，例如，使用 TextRank 提取关键短语、利用支持向量机(support vector machine，SVM)进行情感关键句识别，基于词汇语义和句法依存的情感关键句识别[3]。总体来看，情感关键句识别的研究尚不成熟，目前还处于起步阶段，而中文语言的灵活性及表达的多样性，也使情感关键句识别的研究相对更加困难。

1.2.2　在线社交网络的个性化推荐

随着社交网络的蓬勃发展，用户可以随时随地分享文字、图片等状态信息，极大地丰富了用户的日常生活，但是同时也为用户获取数据造成了困难。一方面用户很难从海量信息中发现自己感兴趣的部分，另一方面也使得大量无人问津的信息(称为网络中的“暗信息”)无法被一般用户获取。因此，如何从这些海量的数据中筛选出真正有价值并且用户真正关心的数据呈现给用户，这就是在线社交网络的个性化推荐面临的问题。

个性化推荐系统通过建立用户与信息产品之间的二元关系，利用已有的选择过程或相似性关系挖掘每一个用户潜在感兴趣的对象，进行个性化推荐，其本质就是信息过滤[4]。个性化推荐系统不仅在社会经济中具有重要的应用价值，而且是一个非常值得研究的科学问题。

在线社交网络的个性推荐协同过滤算法是推荐系统领域的经典算法，它的主要思想是利用兴趣相投、拥有共同经验群体的喜好来推荐用户感兴趣的信息，个人通过合作机制给予信息相当程度的回应(如评分)，以达到过滤的目的进而帮助别人筛选信息。协同过滤利用相似用户之间的相似喜好，来为用户推荐感兴趣的内容，这些用户成为邻居，然后根据他们喜欢的其他东西组织成一个排序的目录作为推荐。协同过滤因其思想简单，模型复杂度低，适用面广并且拥有不错的推荐效果而被广泛地应用在各种领域的推荐系统当中。协同过滤这一概念首次由

Goldberg 等[5]提出。协同过滤算法的发展主要经历了三个阶段。第一个阶段，协同过滤算法早期被用来解决电子邮件的筛选分类问题，通过记录用户的反馈，为用户选出感兴趣的邮件以优先接收。后来，发展到第二个阶段，协同过滤被应用在新闻的推荐上，通过利用用户对阅读过的新闻的评价，挖掘出用户的兴趣点，并进行新闻的推荐。第三个阶段也是最著名的阶段，协同过滤算法被网络购物平台亚马逊(Amazon)用在了电子商务领域，亚马逊通过该算法为用户推荐感兴趣的图书。该服务不仅使亚马逊名声大噪，而且使协同过滤算法被大家所熟知并广泛地应用在各个推荐领域。

根据关注的对象的不同，协同过滤算法主要可以分为三种：基于用户的协同过滤[6]、基于物品的协同过滤[7]和基于模型的协同过滤[8]。基于用户的协同过滤和基于物品的协同过滤可以简单地理解为物以类聚，人以群分。主要考虑的是用户和用户之间的相似度，只要找出相似用户喜欢的物品，并预测目标用户对对应物品的评分，就可以找到评分最高的若干个物品推荐给用户。而基于物品的协同过滤和基于用户的协同过滤类似，只不过这时我们转向找到物品和物品之间的相似度，只要找到了目标用户对某些物品的评分，那么我们就可以对相似度高的类似物品进行预测，将评分最高的若干个相似物品推荐给用户。基于模型的协同过滤是目前最主流的协同过滤类型，主要是一些机器学习算法的应用。本书在第 3 章对协同过滤进行详细的介绍。

1.2.3 在线社交网络的信息传播

信息传播是一个备受关注的研究领域，引起了许多学科的研究兴趣，例如，生物学中对疾病传染情况的研究、社会学中大众传播研究、复杂网络中病毒的传播研究等[9]。人们对信息传播的探索已有较长的历史，最初集中于生物学和社会学领域，研究人员提出了传染病模型、独立级联模型、线性阈值模型等，同时对传播现象进行解释，这些模型对社交网络信息传播的研究具有重要的指导和启发作用。

现有研究主要通过对经典理论和模型进行扩展解释社交网络信息传播现象。例如，根据网络用户间的交互，解释传播现象；根据用户行为，预测传播趋势等。

然而，以往的研究考虑的主要情形是每个信息之间没有相互影响，信息在网络中独立传播，而不考虑多个信息同时传播时的相互作用，然而这与实际情况不相符。在现实中，同时发生的新闻和事件在传播过程中，通常需要通过竞争用户的关注度的方式保障自己的影响力。在一些其他情况下，他们可以通过彼此协作从而获得更大的影响力。有相关性的信息在传播过程中会相互作用，可能是相互促进，也有可能是相互抑制，同时还可能是信息 A 对信息 B 有促进作用，而信息 B 对信息 A 有抑制作用[10]。

最近已有多个信息传播方式的研究。这些研究中很多讨论的情景是一条信息与其他信息的影响关系为互斥关系，用户只能转发其中的一条；有的研究同时考虑了信息之间的互斥关系和竞争关系，但是模型拟合过程较为复杂，需要学习大量的参数，很难适用于规模很大的数据集。

1.2.4 在线社交网络的社交影响力分析

社交影响力分析是社交网络分析的重要内容。社交影响力可以通过用户之间的社交活动体现出来，表现为用户的行为和思想等受他人影响发生改变的现象，科学家很早就发现了社交影响力在社会生活和决策制定等方面发挥着重要作用，例如，社交影响力的发现对在线社交网络中研究舆情预警和口碑传播具有重要意义。同时，随着社交网络规模的增大，节点关系越来越复杂。在真实社交网络中，企业、组织、家庭、朋友、工作伙伴等关系常交织在一个网络中，使社交影响力的建模和发现变得越来越困难，给影响力分析和影响力节点的发现提出了新的挑战。

节点的影响力通常分为节点的全图影响力和节点的局部影响力，而局部影响力通常通过计算节点的社团影响力来进行表示。节点的全图影响力主要有节点-度、节点-强度、节点-介数(betweenness)、节点-聚类系数、节点-中介中心性、节点-度中心性、节点-接近中心性等多个维度，而节点的社团影响力通常有节点的 V-community、节点的子图中心性、节点的社团显著性等多个维度。以上不同维度从不同角度对节点在全图和局部范围的影响力进行了刻画，具有一定的统计意义和参考作用，非常值得进行深入研究。

另外影响最大化问题是网络营销、信息发布方面的基础问题，旨在发掘最有影响的 k 个节点，通过初始激活这些节点，影响的传播范围能够最大。影响最大化问题在独立级联(independent cascade，IC)模型和线性阈值(linear threshold，LT)模型下都是 NP-hard 的。

贪婪算法是影响最大化问题的基准算法，但运行成本非常高。学术界为此开展了大量的研究工作来解决影响最大化问题的求解效率问题。例如，许多启发式算法先后被提出用来改善种子选取的效率，像 DegreeDiscount、最大影响树(maximum influence arborescence，MIA)、有向无环图(directed acyclic graph，DAG)、简单路径(simple path，SIMPATH)、最短路径(ShortestPath)算法等。这些启发式算法能将影响最大化的计算成本降低若干的数量级，同时还能展现出很有竞争力的影响范围。然而，这些启发式算法的一个共同的问题在于它们并没有理论精度保证，它们并不知道算法给出的种子节点集的可靠性如何，所以通常的做法是调用贪婪算法来对这些启发式算法进行性能测试。

到目前为止提出的一些影响力最大化算法，其中基于贪心算法的主要有 BasicGreedy[11]、成本有效的懒惰前向(cost effective lazy forward，CELF)算法[12]、

NewGreedy[13]和 MixGreedy[14]，以及基于上界的懒惰前向(upper bound based lazy forward，UBLF)算法[15]。除了上面提到一些还有一些启发式算法，例如，MIA[16]，线性阈值下的有向无环图(directed acyclic graph under linear threshold，LDAG)算法[17]等。所以如今现状是，贪心算法虽然能够一定程度保证结果的准确度以及稳定性。但是其需要大量的蒙特卡罗模拟(Monte Carlo 模拟)，而蒙特卡罗模拟是一个十分耗时的过程，因此贪心算法也就无法满足对于高运算速度的要求，无法及时获得结果。虽然，基于启发式的影响力最大化算法能够保证高速度，能够很快获得结果，但是准确性、稳定性、可靠性这些都不能够得到保证。所以对于未来的工作来说，寻找一个既能保证结果准确度和稳定性又能满足速度要求的解决影响力最大化问题的方法是一个重点研究方向。

1.3 本书的主要工作

本书在社交网络的信息检索、社交网络的个性化推荐、社交网络的信息传播、在线社交网络中节点的影响力、社交网络的信息溯源等方面展开研究，具体工作如下。

(1)社交网络的信息检索。首先针对在线社交网信息检索的短文本观点检索和基于知识库的实体文档检索存在的问题、解决方案及将来的问题进行详细的介绍及探讨；其次提出基于社团成员层次结构的信息检索及排序算法，以及基于拓扑偏置随机游走的信息检索及排序算法。

(2)社交网络的个性化推荐。首先详细分析目前在线社交网络的个性化推荐方法，指出在在线社交网络的情况下这些方法存在的不足，提出面向社交网络的推荐技术，如异构社交网络的个性化推荐(异构性)、基于迁移学习的个性化推荐(非线性)、面向城市路线的个性化推荐(动态性)、面向热门地点的个性化推荐(实时性)和面向社区问答的个性化推荐(可信性)等新型推荐算法。

(3)社交网络的信息传播。首先研究基于转发行为的社交网络信息传播分析、社交网络信息传播的时序性分析。针对社交网络的节点海量、连接关系复杂等特点，分析网络结构对信息传播的影响；从用户的角度，建立个体交互传播模型；从信息博弈的角度，建立基于进化博弈论的信息传播预测模型。

(4)在线社交网络中节点的影响力。首先提出基于节点社团影响力和全图统计属性的影响力最大化计算方法。其次研究影响范围的上界函数，通过随机扩散模型下影响的层次累积效应给出上界的显性表达公式，证明上界收敛的充分条件，以及上界函数对影响范围真实值的渐进收敛性质等，提出基于上界的影响力最大化算法。

(5)社交网络的信息溯源。首先给出信息溯源的问题定义，概述传统的溯源方法。其次阐述在线社交网络的挑战，主要难点是在线社交网络不具备完整观测的条件，同时信息的传播是异步过程。然后介绍解决该问题的时间反转逆向扩散溯源方法。针对一个话题存在多个源节点的现象，描述不确定传播条件下的多源溯源方法。最后为解决节点状态难以观察的问题，介绍面向网络扩散源追溯的最小差分预解集问题和求解方法。

参考文献

[1] Mitra B, Craswell N. Neural models for information retrieval[J]. arXiv: 1705. 01509, 2017.

[2] 林政，谭松波，程学旗. 基于情感关键句抽取的情感分类研究[J]. 计算机研究与发展，2012, 49(11): 2376-2382.

[3] 冯冲，廖纯，刘至润，等. 基于词汇语义和句法依存的情感关键句识别[J]. 电子学报，2016, 44(10): 2471-2476.

[4] Resnick P, Varian H R. Recommender systems[J]. Communications of the ACM, 1997, 40(3): 56-58.

[5] Goldberg D, Nichols D, Oki B M, et al. Using collaborative filtering to weave an information tapestry[J]. Communications of the ACM, 1992, 35(12): 61-70.

[6] Linden G, Smith B, York J. Amazon.com recommendations: Item-to-item collaborative filtering[J]. IEEE Internet Computing, 2003, 7(1): 76-80.

[7] Zheng H. Survey of collaborative filtering recommedation algorithm[J]. Value Engineering, 2012, 31(21): 226-228.

[8] Sarwar B, Karypis G, Konstan J, et al. Analysis of recommendation algorithms for E-commerce[C]. ACM Conference on Electronic Commerce, Minneapolis, 2000.

[9] 胡长军，许文文，胡颖，等. 在线社交网络信息传播研究综述[J]. 电子与信息学报，2017, 39(4): 794-804.

[10] Xiong F, Liu Y, Zhang Z, et al. An information diffusion model based on retweeting mechanism for online social media[J]. Physics Letters A, 2012, 376(30/31): 2103-2108.

[11] Kempe D, Kleinberg J, Tardos É. Maximizing the spread of influence through a social network[C]. Proceedings of the 9th ACM SIGKDD International Conference on Knowledge Discovery and Data Mining, Washington, 2003: 137-146.

[12] Leskovec J, Krause A, Guestrin C, et al. Cost-effective outbreak detection in networks[C]. Proceedings of the 13th ACM SIGKDD International Conference on Knowledge Discovery and Data Mining, New York, 2007: 420-429.

[13] Chen W, Wang Y, Yang S. Efficient influence maximization in social networks[C].

Proceedings of the 15th ACM SIGKDD International Conference on Knowledge Discovery and Data Mining, Paris, 2009: 199-208.

[14] Zhou C, Zhang P, Zang W, et al. On the upper bounds of spread for greedy algorithms in social network influence maximization[J]. IEEE Transactions on Knowledge and Data Engineering, 2015, 27(10): 2770-2783.

[15] Chen W, Wang C, Wang Y. Scalable influence maximization for prevalent viral marketing in large-scale social networks[C]. Proceedings of the 16th ACM SIGKDD International Conference on Knowledge Discovery and Data Mining, Washington, 2010: 1029-1038.

[16] Chen W, Yuan Y, Zhang L. Scalable influence maximization in social networks under the linear threshold model[C]. The 2010 IEEE 10th International Conference on Data Mining (ICDM), Sydney, 2010: 88-97.

[17] Tang Y, Xiao X, Shi Y. Influence maximization: Near-optimal time complexity meets practical efficiency[C]. Proceedings of the 2014 ACM SIGMOD International Conference on Management of Data, Snowbird, 2014: 75-86.

第 2 章　社交网络的信息检索

2.1　短文本情感分析与观点抽取

2.1.1　情感关键句识别

随着我国互联网事业的迅速发展，网络作为一种新型媒体不但成为各种社会思潮、利益诉求和意识形态较量的场所，而且成为民众评议时政、谈论是非、交流观点的集散地。有关网络舆情监测和分析的研究由此引起研究人员的重视。抽取出一篇文章的情感关键句，对了解社会动态和舆情状况有着重要的作用。在如今这个大数据时代，海量信息层出不穷，同时处理这么多信息无疑是件费时费力的事情。因此，我们需要一种情感关键句抽取技术来帮助我们自动地从海量信息中抽取出与主题相关的情感关键句，这是一项既有学术意义又有实用意义的研究课题。

情感关键句又称为主题情感句，主要包含两个要素：主题关键词和情感关键词。主题关键词用来概括篇章的主题；情感关键词用来概括情感倾向。目前，关于情感关键句抽取方面的研究并不多，尚不系统和成熟，还处于起步阶段，而中文语言的灵活性及表达的多样性，也使情感关键句抽取的研究相对更加困难。目前情感关键句抽取的方法大多是基于规则或基于统计的，鲜有二者结合的方法。而且在抽取过程中只进行了浅层语义分析，没有挖掘句子的深层信息。因此，本章提出将情感关键句的抽取问题归类为机器学习问题，将情感关键句的抽取看作"是否是情感关键句"的二分类问题，挖掘词汇语义和提取句法依存特征并构造分类器将句子划分为情感关键句与非情感关键句两类。

1. 基于词汇语义的识别

情感词和主题词是情感关键句的两个重要组成成分，因此我们通过情感词典扩充和关键词词典构建来获取词汇语义信息。

1) 情感词典扩充

一般来说，文本内容表达的情感倾向主要通过情感词来体现，而情感词典的全面性和领域相关性将直接影响情感分析的效果，所以情感词典在情感分析中占据着十分重要的地位。目前，文本情感分析研究领域还没有一部完整且通用的情感词典。本章采用知网 hownet①和简体中文的 NTUSD②构成基础情感词典。基础情感词典中包含的情感词是有限的，而中文的表述千变万化，因此仅靠基础情感词典来进行情感分析是远远不够的，对基础情感词典进行扩充，构建出一个领域相关的情感词典就变得非常必要了。

(1) 点间互信息

点间互信息(point mutual information，PMI)是基于互信息提出的，通常被用于计量两个单词之间的联系。互信息(mutual information)表示的是两个随机变量之间的关联性，是非常重要的信息量度。在实际情况中，应用最为广泛的是点间互信息，主要用于计算词语间的语义相似度，通过语义相似程度对情感词典进行扩充。其基本思想就是统计两个词在同一个句子中的出现概率，如果出现概率越大，其相关性就越强，联系越紧密。考虑到 PMI 简单、不依赖于语料内容的特点，本章采用 PMI 进行情感词典扩充。

两个词语 w_1 和 w_2 的 PMI 值计算公式如下：

$$\mathrm{PMI}(w_1, w_2) = \log_2\left[\frac{P(w_1 \,\&\, w_2)}{P(w_1)P(w_2)}\right] \tag{2-1}$$

式中，$P(w_1 \,\&\, w_2)$ 表示 w_1 和 w_2 在同一个句子中共同出现的概率；$P(w_1)$ 和 $P(w_2)$ 分别表示两个词语单独出现的概率。其中两个词语的共现概率和单个词语的出现概率，都可以通过对语料集合的统计得到。

$$P(w_1 \,\&\, w_2) = \mathrm{num}_{\mathrm{sen}}(w_1 \,\&\, w_2) / N \tag{2-2}$$

$$P(w_1) = \mathrm{num}_{\mathrm{sen}}(w_1) / N \tag{2-3}$$

$$P(w_2) = \mathrm{num}_{\mathrm{sen}}(w_2) / N \tag{2-4}$$

式中，$\mathrm{num}_{\mathrm{sen}}(w_1 \,\&\, w_2)$ 表示既出现 w_1 又出现 w_2 的句子数；$\mathrm{num}_{\mathrm{sen}}(w_1)$ 表示出现 w_1 的句子数；$\mathrm{num}_{\mathrm{sen}}(w_2)$ 表示出现 w_2 的句子数；N 表示语料集合的全部句子数。

(2) 基于点间互信息的情感词扩充算法

基于点间互信息的情感词扩充算法过程如下所示。

① 首先对语料进行预处理，主要包括分词、词性标注、去除停用词。

② 然后在预处理过的语料集合中，按词性筛选出名词、动词和形容词作为候选词。

---

① http://www.keenage.com/html/c_index.html.

② http://www.datatang.com/data/11837.

③ 然后分别计算上面构建的基础情感词典中每个词与这些种子词之间的点间互信息，对于情感词典中的每个词，选取至多前 5 个与之互信息最高的种子词作为扩展，同时过滤掉 $P(w_1 \& w_2)$、$P(w_1)$、$P(w_2)$ 为零的情况。

④ 最后将扩展所得词语加入基础情感词典，生成最终领域相关的情感词典。

通过点间互信息算法可以有效地扩展情感词典，不仅弥补了基础情感词典数量不足、覆盖率不高的缺点，又在一定程度上丰富了与领域相关的情感词，使其具有更强的领域适应性。

2) 关键词词典构建

关键词词典(keywords lexicon，KL)构建，就是从一篇给定的文本中自动抽取出若干有意义的词语或词组，抽取方法既可以通过训练语料构建模型实现，也可以借助于词语之间的关系直接从文本本身抽取。关于无监督关键词抽取方法的研究，主流方法可归纳为三种：基于 TF-IDF(term frequency-inverse document frequency)统计特征、基于主题模型和基于词图模型的关键词抽取方法。本章首先提出了一种新的加权方法 PCFO(position, coverage, frequency, co-occurrence)，然后采用 LDA(latent dirichlet allocation)和 TextRank[1]相结合的词图模型进行关键词抽取，构建关键词词典。

(1) PCFO：一种图模型混合加权方法

对于图中的任一节点 v 来说，其重要性得分由其相邻节点的贡献组成，而其本身的得分也将被转移到相邻节点。通过观察发现，一个节点对相邻节点集的影响力主要可以分解为四个组成部分：位置(position)重要性的影响力、覆盖(coverage)重要性的影响力、频度(frequency)重要性的影响力和共现(co-occurrence)重要性的影响力。因此，本章提出一种新的图模型混合加权方法 PCFO。

令 w_{ij} 表示节点 v_i 和 v_j 的整体影响力权重，α，β，γ，δ 分别表示这四类不同的影响力所占的比重，则两节点之间的权值可以设为以下形式：

$$w_{ij} = \alpha w_{\text{pos}}(v_i, v_j) + \beta w_{\text{cov}}(v_i, v_j) + \gamma w_{\text{freq}}(v_i, v_j) + \delta w_{\text{co-occur}}(v_i, v_j) \tag{2-5}$$

式中，$\alpha+\beta+\gamma+\delta=1$。

① $w_{\text{pos}}(v_i, v_j)$ 表示节点 v_i 的位置影响力传递到 v_j 的权重，计算公式如下：

$$w_{\text{pos}}(v_i, v_j) = \frac{P(v_j)}{\sum_{v_t \in \text{Out}(v_i)} P(v_t)} \tag{2-6}$$

式中，$P(v_j)$ 表示节点 v_j 的位置重要性得分，具体赋值方式如下：

$$P(v) = \begin{cases} \lambda, & v\text{所对应的词语在标题中出现} \\ 1, & v\text{所对应的词语在标题中不出现} \end{cases}$$

式中，λ 是一个比 1 大的数字，经过验证选择 $\lambda = 1.5$。

② $w_{\text{cov}}(v_i, v_j)$ 表示节点 v_i 的覆盖影响力传递到 v_j 的权重，计算公式如下：

$$w_{\text{cov}}(v_i, v_j) = \frac{1}{|\text{Out}(v_i)|} \tag{2-7}$$

式中，$|\text{Out}(v_i)|$ 表示节点 v_i 的出度。

③ $w_{\text{freq}}(v_i, v_j)$ 表示节点 v_i 的频度影响力传递到 v_j 的权重，计算公式如下：

$$w_{\text{freq}}(v_i, v_j) = \frac{f(v_j)}{\sum_{v_t \in \text{Out}(v_i)} f(v_t)} \tag{2-8}$$

式中，$f(v_j)$ 表示节点 v_j 所代表的词语在文章中出现的次数。

④ $w_{\text{co-occur}}(v_i, v_j)$ 表示节点 v_i 的共现影响力传递到 v_j 的权重，计算公式如下：

$$w_{\text{co-occur}}(v_i, v_j) = \frac{\text{Co}(v_i, v_j)}{\sum_{v_t \in \text{Out}(v_i)} \text{Co}(v_i, v_t)} \tag{2-9}$$

式中，$\text{Co}(v_i, v_j)$ 表示节点 v_i, v_j 所代表的词语在一定窗口内共现的次数。

(2) 考虑主题分布的词图模型构建

TextRank 的思想来源于 PageRank，通过把文本分割成若干组成单元并建立图模型，利用投票机制对文本中的重要成分进行排序。但传统的词图模型中每个节点是以相等的概率随机跳转的，这种方法容易产生局部最优的情况。因此，在随机游走的过程中考虑文章的主题分布，把每一个词属于特定主题的概率 $P(z|w)$ 作为该主题下词的随机跳转概率，即 $P(z_t|v_i) = P(z|w)$，$P(z|w)$ 由 LDA 模型求得。因此，在考虑主题分布的词图模型中，根据 TextRank 的打分策略，按照式 (2-10) 给每一个词赋予一个不同主题下的得分：

$$R_{z_t}(v_i) = \lambda \sum_{j: v_j \to v_i} \frac{w(v_j, v_i)}{\text{Out}(v_j)} R_{z_t}(v_j) + (1-\lambda) P(z_t|v_i) \tag{2-10}$$

式中，λ 是一个阻尼因子，表示每个节点都有 $1-\lambda$ 的概率随机跳转到图中的其他节点；$w(v_j, v_i)$ 表示节点 v_j 到 v_i 的边的权值（由上面 PCFO 方法求得）；$\text{Out}(v_j)$ 表示由 v_j 出发的所有边的权值之和；$P(z_t|v_i)$ 表示 v_i 节点所代表的词属于当前主题的概率；$R_{z_t}(v_i)$ 表示节点 v_i 在主题 z_t 下的得分，迭代上述式子，直到收敛。

最后按照式 (2-11) 对所有主题下的得分加权求和得到一个最终的得分，排序取排名较高的节点作为最终的关键词提取结果。

$$R(v_i)=\sum_{t=1}^{k}R_{z_t}(v_i)\times P(z_t\mid d) \tag{2-11}$$

式中，$R_{z_t}(v_i)$表示节点v_i在主题z_t下的得分；$P(z_t|d)$表示该篇文档属于主题z_t的概率；$R(v_i)$表示节点v_i的最终得分。

因此，关键词提取算法如算法 2-1 所示。

算法 2-1　关键词提取算法

输入：语料集 corpus。

输出：每篇文档对应的关键词词典 KL。

```
    for doc in corpus:
    for sen in doc:
    分词，词性标注，去除停用词；
    for topic in doc:
    构建图模型 G=(V,E)；
按式(2-10)迭代计算每一个节点在特定主题下的得分；
按照式(2-11)计算每一个节点的最终得分；
按照最终得分对节点排序；
KL=节点代表的词+最终得分
    return KL
```

2. 基于句法依存信息的识别

依存关系反映的是中心词和与其相互依存的附属词之间的语义依赖关系，能深刻地反映情感关键句的深层句法结构。

1) 依存句法分析

依存句法分析主要通过语言单位的各个组成部分来体现句子中的结构信息。依存关系文法中将每个句子的谓语动词作为一句话的中心，认为它可以支配其他成分而它本身是不受其他任何成分的制约的，其他所有被支配的成分都附属于其支配者并存在某种依存关系。依存句法结构的主要要素之一是句中的语义依存关系，即在一个句子中，存在一个中心词和附属词，依存关系为这一词对的二元关系。依存关系反映的是中心词和与其相互依存的附属词之间的语义依赖关系。依存句法分析系统用于对汉语进行句法分析，将句子由一个线性序列转化为一棵结构化的依存分析树，通过依存弧反映句子中词汇之间的依存关系，弧的方向是由核心词指向依存词，弧上的标记表示依存关系的类型。

例如，句子：即将到来的中美领导人会见，无疑将为未来数年的中美关系奠下第一块基石。对其进行依存关系分析，结果如图 2-1 所示。

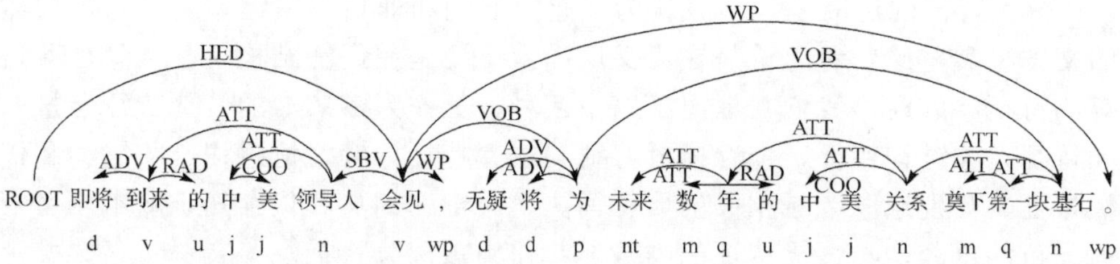

图 2-1　依存关系分析结果

2) 面向情感关键句的依存模板提取算法

对于情感关键句，我们希望根据词汇与词汇之间的依存关系，挖掘它们隐藏的结构信息。为此我们首先使用哈尔滨工业大学 LTP 的依存句法分析模块来分析待识别的句子，找到该句的中心词 HED，然后与上面扩展后的领域相关的情感词典和 hownet 主张词一起作为中心特征词，然后以这些词为起点，对附属或依存于该词的词汇进行关系提取，然后统计它们相互之间的关系，根据统计数据提取出符合要求的依存关系模板。依存模板提取算法如算法 2-2 所示。

算法 2-2　依存模板提取算法

输入：经过预处理得到的语料 T。

输出：依存知识库 D。

Step 1：依次遍历一条语句的所有词语，如果该词语在上面构建的领域相关情感词典或 hownet 主张词中出现，或者依存分析结果中 relate=HED，则把它作为 CoreWord。

Step 2：将与 CoreWord 有依存关系的词语存入依存词的集合 dpWords 中。

Step 3：遍历 dpWords 中的每个词与 CoreWord 的关系，如果其关系为 COO，将它作为 CoreWord 重复 Step2；而若其依存关系为 WP，则将其从 dpWords 中删除。

Step 4：将情感关键句中所有包含在 CoreWord、dpWords 中的词与其 FatherNode 相互之间的依存关系存入情感关键句模板集合中，并且不改变其出现顺序，如“领导人(SBV)会见(HED)为(VOB)”。

Step 5：从 Step4 中得出的模板集合中按“一个前面的词与中心词的关系+中心词+一个后面的词与中心词的关系”“一个前面的词与中心词的关系+中心词”“中心词+一个后面的词与中心词的关系”三种方式作为提取方法，对于同一个中心词取最长模板，并统计其各自在情感关键句、非情感关键句中出现的概率。

Step 6：将候选模板集合中在情感关键句中出现的概率大于在非情感关键句中出现概率的模板提取出来，与它在非情感关键句中的出现概率一起加入依存关系知识库，形成最终的依存知识库。

3. 融合词汇语义和句法依存信息的情感关键句识别

在分类特征的选取上，本章认为情感关键句和非情感关键句属于两个截然不同的文本种类，此二者无论是在语义层面上，还是在语法结构上都会隐含着自身独有的特征。为此，我们共提出了以下四种特征作为 SVM 的候选特征向量：情感词特征、关键词特征、依存模板特征和位置特征。针对情感词、关键词和依存模板特征，分别选取领域相关的情感词典、关键词词典和依存知识库中排名较高的前 n 位的得分，与该类特征的维数一起作为该部分特征。

由于中文文章的结构不外乎“总-分-总”“分-总”“总-分”“分-分-分”，而上面第四种形式是非常少见的，因此有关作者主观情感及看法的句子，即情感关键句，一般都出现在文章的开头或结尾。所以，基于以上分析，位置特征在情感关键句抽取中起着至关重要的作用。实验中，如果设一篇文章句子个数为 n，我们选择两种位置打分方法进行实验，第一种采用改进后的正态分布 Normal 形式为文章中的句子打分，打分函数如下：

$$\mathrm{score}_{\mathrm{sen}}[\mathrm{pos(sen)}]=\frac{1}{\sqrt{2\pi}\sigma}\left[1-\mathrm{e}^{-\frac{(\mathrm{pos(sen)}-\mu)^2}{2\sigma^2}}\right] \tag{2-12}$$

式中，$\mu=\frac{n}{2}$，pos(sen) 表示句子在文章中的位置。

第二种采用抛物线 Parabola 的形式为文章中的句子打分，打分函数如下：

$$\mathrm{score}_{\mathrm{sen}}[\mathrm{pos(sen)}]=a\times \mathrm{pos(sen)}^2+b\times \mathrm{pos(sen)}+c \tag{2-13}$$

式中，$-\frac{b}{2a}=\frac{n}{2}$，$a>0$，$b<0$，pos(sen) 表示句子在文章中的位置。

这样就满足了文章开头结尾得分较高，而中间部分得分较低的要求。

本章情感关键句识别的主要流程如图 2-2 所示。

(1) 对语料进行预处理，主要包括分词、词性标注、去除停用词。

(2) 分别对句子进行词汇语义和句法依存分析：扩展情感词典、构建关键词词典，提取依存模板构建依存知识库。

(3) 根据扩展后的情感词典和构建的关键词词典，按规则的方法对句子进行过滤，获取含有情感词和关键词的候选情感关键句。

(4) 生成候选情感关键句的 4 种特征：情感词、关键词、依存模板和位置特征。

(5) 使用 SVM 进行分类，判别一个句子是否是情感关键句。

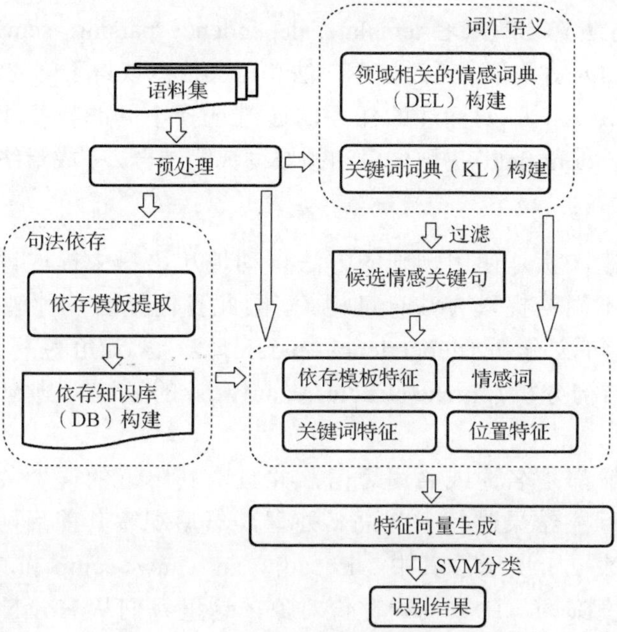

图 2-2　情感关键句识别的方法流程

2.1.2　评价对象的抽取

1. 融合领域词典与特征组合的评价对象抽取

近年来随着微博在中国的兴起，越来越多的人利用微博进行实时讨论。微博的数量巨大，讨论的范围广泛，仅靠人工的方法难以应对微博海量信息的收集和处理。采用自然语言处理技术对中文微博进行分析，已经成为当前研究的热点。

评价对象抽取(opinion target extraction)是抽取评论文本中情感表达所面向的对象。现有的抽取算法，主要分为两大类：基于监督学习和非监督学习的抽取方法。

微博语言和其他的媒体语言有所不同。它有着本身的特点。①长度较短，结构差异性大。微博的发布字数被限制在固定的字数内，如新浪微博限制在 140 字内。②交互性，不规范文本多。虽然长度短，但是结构差异大，不规则程度高。③特征关键词数量少，存在大量的变形词和新词。微博的网络结构决定了其网络词语多且新词出现概率高的特点。不同时刻，网络词都会有特定的倾向性。而现存的评价对象抽取方法大多都只考虑了词法特征，并没有挖掘潜在的句法和语义知识。为了解决这个问题，本章提出一种基于句法和语义的融合领域词典与特征组合的评价对象抽取方法，并且同时将微博的这些特点考虑在内。本章提出一种领域词典构建的混合方法 PDSP(POS template, dependency parsing, semantic role labeling, phrase structure analysis)，并且通过挖掘句法和语义信息获得不同的特征组合，然后把评价对象提取看成一个序列标注的任务，通过选择不同的特征组合进行实验，将 CRF(conditional random field)提取结果和领域词典相结合，完成最终的评价对象提取。

1) 领域词典构建

领域词典构建，就是使用规则的方法自动地从语料中提取评价对象。领域词典构建的好坏与不同的提取方法息息相关，因此我们提出一种融合词性模板(POS template)、依存句法分析(dependency parsing)、语义角色标注(semantic role labeling)和短语结构分析(phrase structure analysis)的领域词典构建方法。

(1) 词性模板

评价对象一般都是名词或名词短语，并且与其附近的词性关系紧密。因此，我们首先对分词标注结果进行一些语义处理，然后观察其前后两个词的词性，提取出词性模板如表 2-1 所示。其中，n、adj、adv、aw、cmp 和 OT 表示名词、形容词、副词、程度副词、比较词和评价对象，这里我们从 HowNet[①]获得副词和程度副词，从文献[2]获得比较词。

表 2-1　词性模板

模板	例子
n+adv+adj	屏幕/OT 很好
n+adj	外观/OT 漂亮
aw+n	认为蒙牛/OT
adj+的+n	轻薄的机身/OT
n+cmp+n	iPhone/OT 不如三星/OT
n+n	蒙牛牛奶/OT

(2) 依存句法分析

当我们向一个产品发表评论时，常常需要一些评价词来表达观点，而这些评价词往往是和评价对象有着很强的语义联系的。因此，我们将知网 HowNet 和台湾大学的情感词典 NTUSD[②]作为评价词的集合，同时使用哈尔滨工业大学的 HIT-LTP[③]进行依存分析，主要研究分析结果中评价词和评价对象中的“ATT(attribute)定中”“SBV(subject-verb)主谓”关系，已知评价对象和未知评价对象的“COO(coordinate)并列”关系。例如，“效率和画质都好于一般摄像头。”，它的依存分析结果如图 2-3 所示。从图 2-3 中可以看到，我们可以从评价词“好”

① http://www.keenage.com/html/c_index.html.
② http://www.datatang.com/data/11837.
③ http://www.ltp-cloud.com/.

与“效率”的 SBV 关系，得出“效率”为评价对象，然后通过“效率”和“画质”的 COO 并列关系，得出“画质”为评价对象。

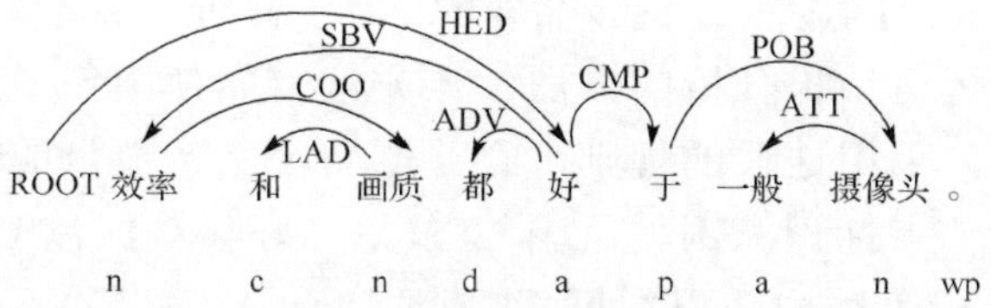

图 2-3　依存分析结果

(3) 语义角色标注

作为浅层语义分析的一部分，语义角色标注[3]在词汇语义分析中占据着非常重要的地位。观点句中，人们通常通过评价词来表述观点，而形容词和动词则为评价词的两种主要形式。通过观察，我们发现，当评价词为形容词时，施事者 A0 为评价对象；当评价词为动词时，受事者 A1 为评价对象。图 2-4 为“尼康 D7000 的外观很漂亮”和“我喜欢尼康 D7000”的语义角色标注结果。

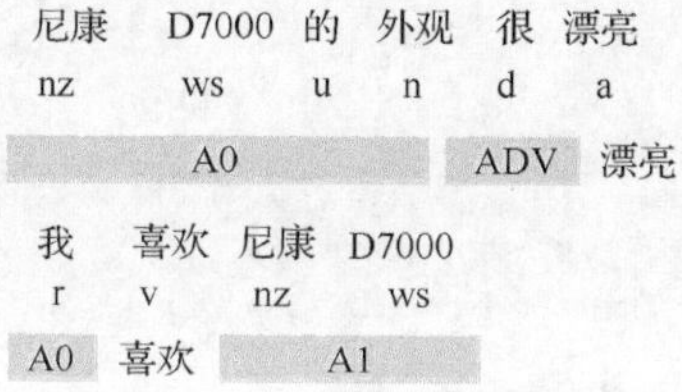

图 2-4　语义角色标注结果

最后，我们对语义角色标注结果进行分析，提出了基于语义角色的评价对象抽取算法如算法 2-3 所示。

算法 2-3　评价对象抽取算法

输入：分词结果，词性，情感词，语义角色标注结果

输出：评价对象

　对分词结果中的每一个词：

　　若词在情感词集合中：

　　　该词词性为形容词：

　　　　　返回语义角色标注 SRL=A0 的词语

　　　该词词性为动词：

　　　　　返回语义角色标注 SRL=A1 的词语

通过此算法，我们可以提取出“尼康 D7000 的外观”和“尼康 D7000”作为评价对象。

(4)短语结构分析

观察分词结果时，我们发现，“奥迪 A4”“三星 i9300”经常被分为“奥迪，A4”“三星，i9300”，而这显然是不够准确的。为了评价对象抽取的边界识别能力，我们采用一种基于短语结构分析的方法。该方法首先使用句子结构分析器对句子进行短语结构分析，采用迭代的规则，合并同一个父亲节点的评价对象，并记录两个评价对象的父节点标识。例如，图 2-5 为“好喜欢红色的奥迪 A4，比奔驰 C200 好很多。”的短语结构分析结果，“奥迪”和“A4”并不是作为一个整体的节点“奥迪 A4”，因此我们记录其父节点标识的组合序列 NR+CD，通过进一步分析，对于尚未识别出的“奔驰”“C200”进行进一步组合，最终提取出“奥迪 A4”和“奔驰 C200”作为该句对应的评价对象。

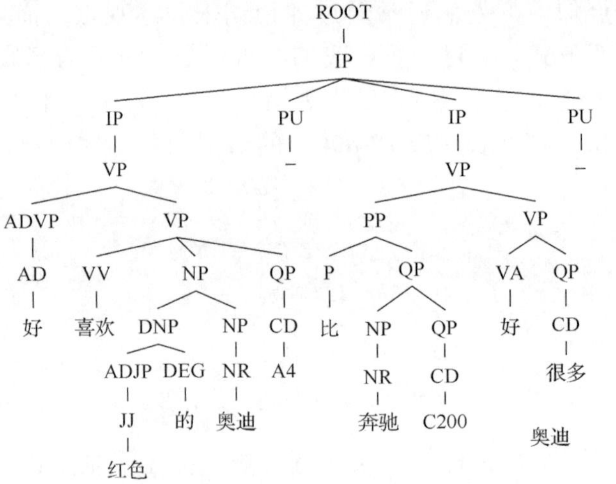

图 2-5 短语结构树

最后，我们总结出领域词典构建的 PDSP 方法如下。

使用表 2-1 中的 6 个词性模板对语料中的句子进行匹配，选择匹配句子中的名词或名词短语作为评价对象，并加入集合 A。

对句子进行依存分析，通过分析依存结果中的“SBV 主谓”、“ATT 定中”和“COO 并列”关系，提取出另一部分评价对象作为集合 B。

运行算法 2-3 的基于语义角色的评价对象抽取算法，提取出一部分评价对象作为集合 C。

对集合 A，B，C 取并集，作为集合 D。

遍历集合 D，合并在语料中相邻的评价对象，并根据短语结构分析，记录已合并评价对象的父节点标识，然后根据标识组合识别出一部分新的评价对象，以此完成领域词典的构建工作。

2) 特征组合选择

在 CRF 模型中，最关键的是特征的选取问题，由于基于条件随机场的中文评价对象抽取的研究并不多，我们参考国外基于该算法的英文特征进行对比。本章参考 Niklas 等[4]在英语中常用的评价对象提取的特征，并且根据中文特殊语法现象引入新的特征，对这些特征进行分类，分组进行试验，比较特征之间的差别，最终选取出最优特征。本章我们根据特征的来源把特征分为以下四类：基本词法特征、依存关系特征、相对位置特征和语义特征。下面分别对这些特征进行简单的介绍。

采用以下句子为例(其中情感词为“合理”，当前词为“键位”)，介绍各个特征。

例句：尼康 D7000 的键位设置合理。

(1) 基本词法特征

该特征来源于基本的词或者词法，如词语本身、词语的词性等。

① 词特征，即选择当前词为特征，例句中选择“键位”为特征。词本身可以很好地对评价对象进行指示，但是词语本身存在一定的局限性，不具有特征的通用性。由于中文的词语多且产生歧义的情况比较频繁，所以词特征对英文评价对象抽取的作用更加明显。但是在某一领域中，在一定的训练语料基础下，词特征对结果的影响也非常显著。

② 词性特征，即选择当前词的词性为特征，例句中选择“键位”的词性即名词词性为特征。对于评价对象的抽取上，评价对象一般都会以名词的形式出现，动词和形容词作为评价对象的概率就会比较小，并且评价对象前后的词性分布相同的概率比较大。所以词性特征的选择，对评价对象的抽取和评价对象边界的确定都有非常重要的影响。

(2) 依存关系特征

依存语法通过分析语言单位内成分之间的依存关系揭示句法结构，主张句子中核心动词是支配其他成分的中心成分，而它本身却不受其他任何成分的支配，所有受支配成分都以某种依存关系从属于支配者。依存分析反映了句子中词语间的语法依存关系，由于其表示了句子内部逻辑，有助于对句子进行进一步的分析。

① 最短路径特征，表示当前词同中心词之间的直接依存关系，根据分析，情感词是指示评价对象很好的特征。依存于评价词或中心词的名词一般属于评价对象。

② 依存关系，识别当前词与中心词之间依存关系的类型。在评价性句子中，评价词可以很好地表征评价对象的位置信息。在例句中，当前词“键位”和情感词“合理”之间存在依存关系。

③ 父亲词本身：在依存分析中，识别出的当前词的父亲词。

④ 父亲词词性：在依存分析中，识别出的当前词的父亲词词性。

(3) 相对位置特征

词距离特征：在汉语句子中，词语之间的相对位置可以决定词跟词之间的关系。由于评价词一般对评价对象具有修饰作用，所以在情感词周围的词中出现评价对象的概率比较大。通过语料也可以发现这个特征。因此我们选择当前词与中心词的距离是否小于 5 作为该部分特征。

(4) 语义特征

① 是否是情感词：识别当前词是否是情感词。

② 语义角色名：在句子层面，语义分析在形式上利用其句法结构及动词词义推导出句子释义。作为实现语义分析这一目的的语义角色标注主要利用“谓语动词(或名词)-角色”表示结构，赋予句中的语义角色以特定语义。例如，对于句子“他出生在河南”和“他的老家是河南”，在句法分析中，虽得出的结构可能会不尽相同，但所体现的深层次语义却是一致的。语义角色标注的任务即挖掘指定句子中谓语动词的语义角色成分：中心语义角色和附属语义角色。因此，我们选择语义角色标注结果中当前词的语义角色作为该部分特征。

③ 句中情感词词性：在前面我们已经介绍过，评价对象的提取不仅和语义角色有关，而且与句子情感词的词性(形容词、动词)密切相关。因此，我们选择该句中情感词的词性作为该部分特征。

综上所述，评价对象识别流程如图 2-6 所示。首先对语料进行预处理，包括分词、词性标注、依存分析、语义角色标注；然后针对分析结果，通过词性序列模板匹配、依存结果类型分析和语义角色信息提取构建评价主体的领域词典，得出置信度更高、覆盖率更广的领域词典，最后将此领域词典与词汇、语义角色、相对位置、依存特征一起作为 CRF 的特征抽取评价主体，得出最终的评价主体抽取结果。

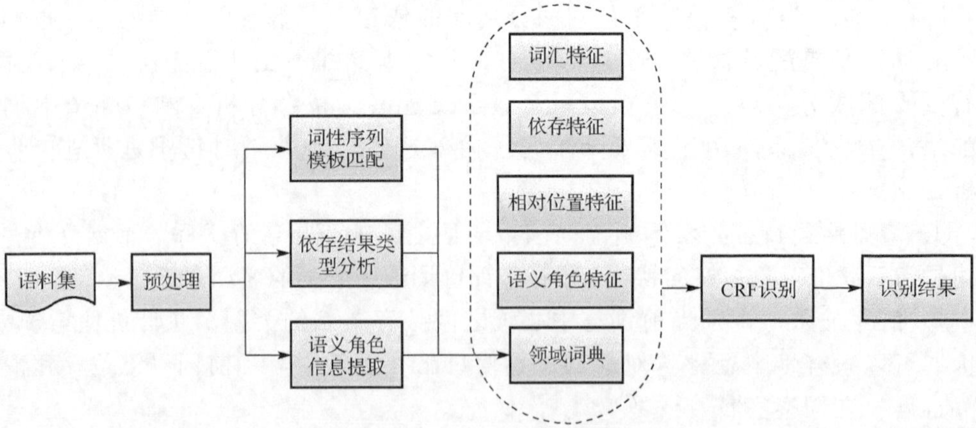

图 2-6　评价对象识别流程

2. 使用 Word Embedding 的评价对象词典扩展

Word Embedding[5]用来表示词，通常称为 Word Representation 或 Distributed Representation，中文俗称词向量。NNLM 是 Neural Network Language Model 的缩写，即神经网络语言模型。NNLM 采用的是 Word Embedding，即每个词被表示为一个浮点向量。其模型如图 2-7 所示。

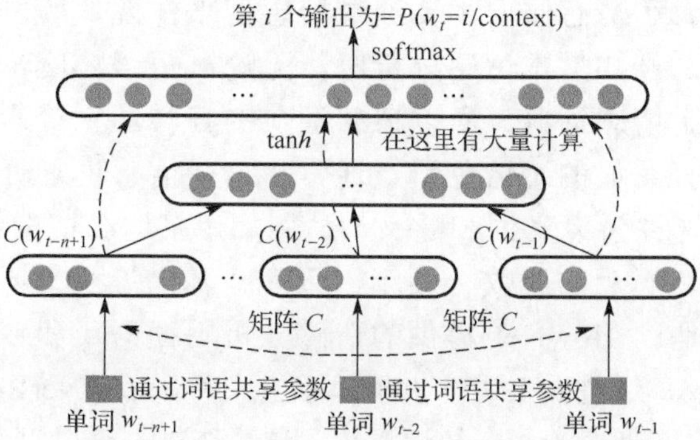

图 2-7　三层神经网络模型

图 2-7 中，每个输入词都被映射为一个向量，该映射用 C 表示，所以 $C(w_{t-1})$ 为 w_{t-1} 的词向量。g 为一个前馈或递归神经网络，其输出是一个向量，向量中的第 i 个元素表示概率 $p(w_t = i \mid w_{t-1})$。

在利用 Word Embedding 获取每个词的词向量之后，对领域词典中的词语和语料中的词分别计算语义相似度，取领域词典中每个词相似度得分最高的三个名词作为扩展，加入领域词典，从而获取到扩展后的评价对象词典，具体如图 2-8 所示。

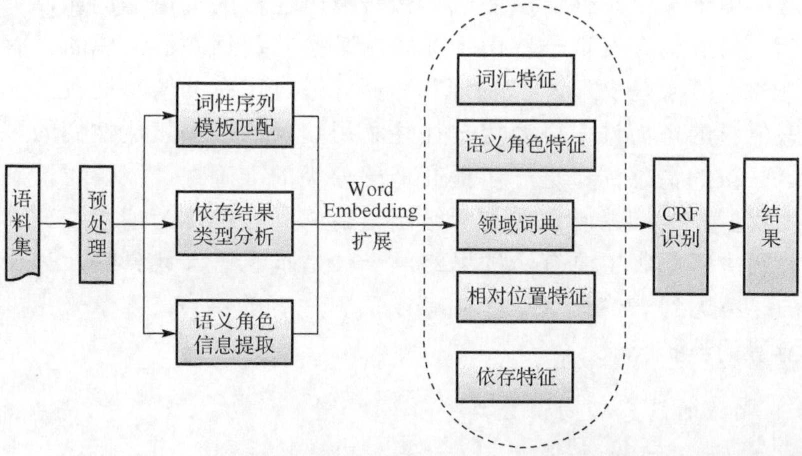

图 2-8　加入 Word Embedding 扩展的融合领域词典与特征组合的评价对象抽取流程

2.1.3 情感倾向性分类

1. 情感词典构建

情感词是文本情感分析过程中重要的情感特征，其具体是指在文本内容中具有情感倾向性的词语，一般是名词、形容词、副词、动词以及一些习惯用语等。通常情况下，文本表达情感倾向主要通过情感词来体现，所以情感词是情感倾向性判定的重要依据之一。文本情感分析时，无论从短语粒度、句子粒度，还是篇章粒度，都强依赖于情感词典。所以情感词典的好与坏直接影响着情感分析的结果。情感词通常具有明显的感情色彩，通常将这些情感词划分为两类：正向情感词和负向情感词，也称为褒义词和贬义词。例如，表达心情的愉快、兴奋、激动、高兴等褒义词，表达思想的腐败、颓废、堕落、腐化等贬义词。

基础情感词典是以 HowNet 提供的情感分析用词语集和台湾大学总结整理的中文情感词典为基础，通过人工进一步整理而生成的。HowNet10 是中国科学院董振东教授花了逾十年时间创建的一个知识系统，该系统是一个以汉语和英语的词语所代表的概念为描述对象，以揭示概念与概念之间以及概念所具有的属性之间的关系为基本内容的常识知识库。自 2007 年 10 月起 HowNet 发布了“情感分析用词语集(beta 版)”，共包含 12 个文件夹，“中文情感分析用词语集”与“英文情感分析用词语集”各为 6 个，并且作者已经根据词语情感倾向将其分为 6 类，即“主张词语”“正面情感词语”“正面评价词语”“负面情感词语”“负面评价词语”“程度级别词语”。

基础情感词典和网络用语情感词典囊括的情感词是有限的，而中文的含义表达是千变万化的，特别是在微博平台中，过去已经存在的且词语本身不具有情感色彩的词语，由于某个事件而演变成了带有情感色彩的词语，例如，“临时工”“躲猫猫”等。另外仍会发现一些由于互联网某些热门话题而出现的带有情感色彩的新词，例如，“宝马女”“手表哥”等词，通过已有的情感词典是无法辨别这些词的情感色彩的，而许多微博用户往往利用这类词语去表达他们的情感。为了能够识别这些新的情感词，进一步提高情感分类的准确性，需要对情感词典进行扩展，此处我们将基础情感词典与网络用语情感词典统称为情感词典。

当前扩展情感词典主要有两种思路，一种是基于语义计算的，另一种是基于语义词典的。考虑到 PMI 简单、不依赖于语料内容的特点，本章采用上面讲过的 PMI 进行情感词典扩充。

2. 话题相关的情感倾向性分类

情感分析是指分析说话者在传达信息时所隐含的情绪状态，对说话者的态度、意见进行判断或者评估。情感分析在微博海量数据上的应用，将有助于完善互联网的舆情监控系统，是自然语言处理中较前沿的研究领域。微博本身作为新生事物，其参与人数庞大，话题涉及广泛，已经成为大众日常生活中的重要部分，因此对其进行情感分析的研究有着十分重要的意义。

中文微博以“#topic#”的形式表征话题分类，与 Twitter 不同，中文微博的 topic 既可以为一个单独的词语，也可以为一个短句。传统的情感分析大多是与主题无关的，即不必考虑情感所针对的对象，而这样显然是不够精确的。例如，#三星 galaxy s6 没什么亮点，华为 P8 就可以秒它了，更不用说 mate8[拜拜]。该句对于主题“三星 galaxy s6”的情感判定为负向，而针对主题“华为 P8”和“mate8”的情感判定为正向。考虑到主题信息对微博情感判定的重要性，本章主要研究基于主题的中文微博情感分析。

1) LT-IGT 算法

(1) 基本思想

Salton 等[6]在 1975 年提出了 TF-IDF 算法，此后又论证了 TF-IDF 公式在信息检索领域的有效性。

TF-IDF 的计算公式如下：

$$\text{TF-IDF} = \text{TF} \times \text{IDF} = \frac{n_{w,d}}{N_{w,d}} \times \log_2 \frac{N_d}{n_{d,w}+1} \tag{2-14}$$

式中，TF (term frequency) 为词频；IDF (inverse document frequency) 为逆向文档频率；$n_{w,d}$ 为在文档 d 中词 w 的出现次数；$n_{d,w}$ 为出现词 w 的文档 d 的个数；$N_{w,d}$ 为文档 d 的总词数；N_d 为总文档数。

TF-IDF 的主要思想是如果一个词在特定的文本中出现的频率越高，即 TF 值越大，说明它在区分该文本内容属性方面的能力越强；如果一个词在文本中出现的范围越广，$n_{d,w}$ 越大，IDF 越小，说明该词区分文本内容的属性越低(如果某个词或短语在一篇文章中出现的频率高，并且在其他文章中很少出现，则认为此词或者短语具有很好的类别区分能力，适合用来分类)。

而针对本章基于主题的情感分类，仅仅依靠 TF-IDF 信息是远远不够的。主要是因为以下两点：①TF-IDF 没有考虑主题信息，仅根据出现频率对语料集进行统计，并不能很好地提升基于主题下情感分类的性能。② TF-IDF 没有考虑词的位置和共现信息，仅根据词频与逆向文档频率并不能很好地表征一个词的分类能力。

因此，本章提出了一个融合主题、位置、共现信息的 LT-IGT (local textrank-inverse global textrank) 算法，该算法分别在局部 (句子) 和全局 (每个 topic 下的所有句子)下构建图模型，按照改进的 TextRank 打分策略，给图 2-9 中每一个词赋予两个不同的得分：局部下的 TextRank 值(LT)和全局下的 TextRank 值(GT)。

根据 TF-IDF 算法思想，为了提取出更具有分类能力的特征，我们需提取局部重要性高、全局重要性低的词语作为特征词。因此，我们提出了一种融合主题、位置信息的 LT-IGT 算法，如图 2-9 所示，其主要公式为

$$\text{LT-IGT} = \text{LT} \times \text{IGT} = \text{TR}_{\text{lt}}(v_i) \times \frac{1}{\text{TR}_{\text{gt}}(v_i)} \tag{2-15}$$

式中，$\text{TR}_{\text{lt}}(v_i)$ 与 $\text{TR}_{\text{gt}}(v_i)$ 分别表示节点 v_i 在局部和全局下的 TextRank 得分。

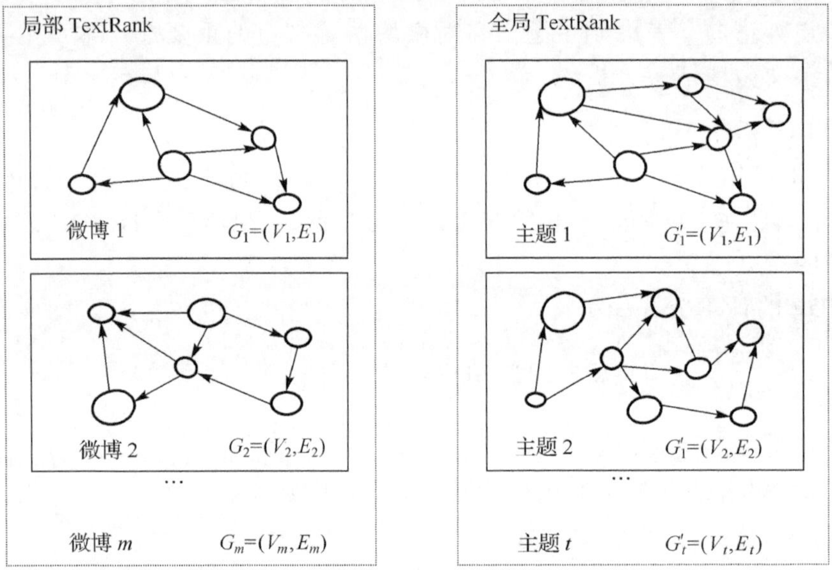

图 2-9　局部和全局 TextRank 词图模型

(2) 局部和全局 TextRank 词图模型的构建

局部 TextRank 是指以句子为单位，为每个句子建立一个图，得出每个节点的 LT 得分；全局 TextRank 是以主题为单位，为每个主题下的所有句子，建立一个图，得出每个节点的 GT 得分。

传统的 TextRank 词图模型中每个节点是以相等的概率随机跳转的，即 $p_{rj}(w_i)=\frac{1}{|V|}$，这种方法不仅没有考虑主题信息，而且容易产生局部最优的情况。考虑到词与主题的相关性，其更容易跳转到主题词，即该词的随机跳转概率更高。因此，区别于传统的随机游走策略，本章采用当前词与主题词的点间互信息值作为当前词的随机跳转概率。

$$p_{rj}(w_i)=\frac{\text{PMI}(v_i,\text{topic})}{\sum_{j=1}^{|V|}\text{PMI}(v_j,\text{topic})} \tag{2-16}$$

式中，$\text{PMI}(v_i,\text{topic})$ 表示当前节点 v_i 和主题词 topic 的互信息值；$|V|$为图模型中节点个数。其中，当在全局下的 TextRank 时，以句子为单位计算共现和单独出现的概率；当在局部下的 TextRank 时，以窗口为单位计算，经过实验，设置窗口大小为 5。

在构建图模型 $G=(V,E)$ 时，需要考虑的无非节点、边和权重三个要点。图模型节点集合 $V=\{v_1,v_2,v_3,\cdots,v_n\}$，由文档中的名词、形容词组成；其中连接两节点的边 $(v_i,v_j)\in E$，并且采用滑动窗口的方法确定两个节点之间是否存在边以及边的方向。该方法在一个大小为 window 个词的滑动窗口内，分别按照顺序从第一个词指向窗口内的其他词语，然后依次向后滑动。经过实验，设定 window 大小为 10。最后按 CST(coverage importance, semantic similarity importance, topic-related importance)方法为每一条边设置权重，完成局部和全局下的图模型构建。图模型建立完毕之后，分别利用式(2-16)迭代计算每一个节点的得分，由于每个节点得分的初值对最后的排序结果没有影响，所以本章全部设置为 1。最后，对于每一个节点，我们分别可以得到一个局部下的 TextRank 得分和全局下的 TextRank 得分。

2) 情感词典扩展

近几年,基于神经网络的 Word Embedding 方法在词语语义表示方面表现出很好的性能，受到广泛关注。Word Embedding 的任务是将语料库中的每个词表示为一个低维实数向量，建立离散词汇与实数域特征向量之间的映射，能够使语义类似的词语，其向量表示也较为接近。

任意两个词语的语义相关程度可以由二者向量的余弦相似度表示。利用该特点，本章首先通过 Word Embedding 对主题词进行扩展，再以主题词为中心进行解析，根据依存关系提取主题相关的情感词，最后对主题相关情感词进行聚类，将每句话中属于某一类别的情感词个数作为维度值，生成最终特征。

(1) 主题词扩展

例如，句子：“三星 S6 的做工很赞，屏幕不错，价格也给力。”其可视化的依存关系分析结果如图 2-10 所示。其中“做工”“屏幕”“价格”均可作为主题词“三星”“S6”的扩展词，并且情感词与“三星”“S6”并不存在依存关系，而其与扩展词却存在，如 SBV(做工，赞)、SBV(屏幕，不错)和 SBV(价格，给力)，这些扩展词与情感词的依存关系直接影响了基于主题的微博情感倾向性分析。

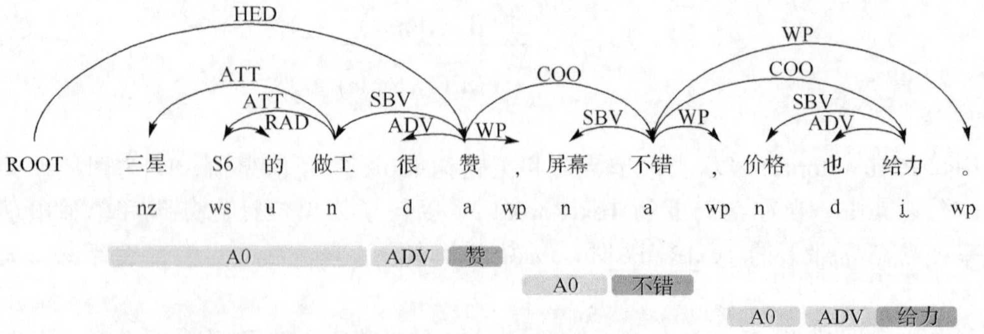

图 2-10　依存关系分析结果

获取词向量之后，我们分别计算每个主题下的名词与主题词的余弦相似度，取前 N 个词作为主题词的扩展词。至此，完成主题词的扩展工作。

(2) 主题相关情感词提取

众所周知，人们在表达情感时往往是针对一个特定的主题或对象。分析时主要考虑了以下三种关系类型：①动宾关系。情感词作为动词，话题词是动词的宾语。例如，“我喜欢三星。”，“喜欢”与“三星”存在动宾关系(VOB)。②主谓关系。情感词作为谓语，话题词作为情感词的主语。例如，“三星很漂亮。”，“三星”和“漂亮”存在主谓关系(SBV)。③定中关系。情感词作为定语，话题词作为定语中心语。例如，“无与伦比的三星设计！”，“无与伦比”和“三星”存在定中关系(ATT)。

因此我们针对微博的依存分析结果，设计了一个基于主题的情感词提取算法，算法 2-4 流程如下所示。

算法 2-4　基于主题的情感词提取算法

输入：依存分析结果 DP，扩展后的主题词 ETW。

输出：主题情感词 TSW。

```
for word in DP:
if word in ETW and word.relate in 'SBV','VOB','ATT':
    TSW+= word.parent;
if word.parent in ETW and word.relate in 'SBV','VOB','ATT':
    TSW+= word;
return TSW
```

最后，将 LT-IGT、情感词、TF-IDF 一起作为特征加入 SVM，完成基于主题的情感倾向性分析。

2.1.4 基于情感分析与观点挖掘的信息检索

1. 基于意图挖掘的短文本信息检索

1) 基于语义查询扩展的微博短文本检索

语义查询扩展研究的意义在于，填补用户输入的查询项与用户真实的查询意图之间的差距，使得检索结果能够尽可能地拟合用户的查询意图。本章借助于情感分析的结果，完成对蕴含在短文本字面内容之中的用户意图的挖掘。

(1) 基于情感分析的短文本意图挖掘研究。

(2) 基于概念的查询扩展研究。

(3) 基于马尔可夫随机场的潜概念扩展研究。

2) 短文本情感标签预测

通过情感分析技术，预测短文本的情感倾向，并根据预设粒度，为微博预测情感标签。

(1) 微博短文本的情感标签挖掘。

(2) 基于评价对象抽取的短文本结构化表示研究。

(3) 基于观点信息的产品评论推荐。

2. 基于情感分析的短文本相似度计算

1) 融合情感倾向性信息的短文本相似度计算

传统短文本相似度计算方法主要计算短文本的词语相似度或者语义相似度，本章将短文本的情感倾向性信息引入短文本相似度计算方法中，能够利用情感倾向性信息对语义相似度计算进行有效微调和矫正，进而实现识别语义相近而且情感倾向相近的短文本。

(1) 基于情感倾向性信息的排序融合策略。

(2) 情感信息和语义相似度信息的加权策略研究。

(3) 基于情感信息的语义相似度微调算法研究。

2) 基于观点极性信息的短文本分类

根据短文本极性方向，对短文本进行分类，将极性方向相同的短文本归为一类；对于极性方向相同的短文本，根据观点极性强弱信息(以及情感分析结果置信度信息)，对短文本进行排序。同时，可以引入极性强弱信息，调整分类粒度。

(1) 短文本观点极性粒度划分及量化研究。

(2) 基于观点极性强弱的短文本排序。

(3) 大规模短文本分类研究。

2.2 基于知识库的实体文档检索

近年来，开放领域大规模在线知识库(如 Wikipedia、Freebase[①]、Yago[②])在数量和质量上都有了长足的发展。在线知识库在问答系统、搜索引擎、专家系统等应用中提供数据支撑，发挥着极大作用。当前大规模在线知识库主要依赖于众包的方式维护和更新，但是由于网络信息的爆发式增长，参与知识库编辑和维护的志愿者人数远远不足以及时地更新知识库内容，会导致知识库更新滞后，尤其是某些非热门实体，因为获得的关注度低，其知识库内容往往得不到及时的更新，甚至滞后长达一年时间。累积引文推荐技术致力于解决这个问题。

本章中介绍的基于知识库的实体文档检索主要指累积引文推荐(cumulative citation recommendation，CCR)，该任务是知识库构建加速(knowledge base acceleration，KBA)的核心子任务，其主要目的是从海量网络文本中自动发现与知识库实体相关的文档作为知识库引文候选，经过相关模型判断之后按照不同的优先级推荐给知识库编辑人员。知识库维护和编辑人员只需要关注被推荐的相关文档，提取其中的相关内容，编辑对应的知识库实体页面，并将该文档作为引用添加到知识库中，从而实现知识库的更新。以维基百科为例，知识库累积引文推荐系统工作流程如图 2-11 所示。

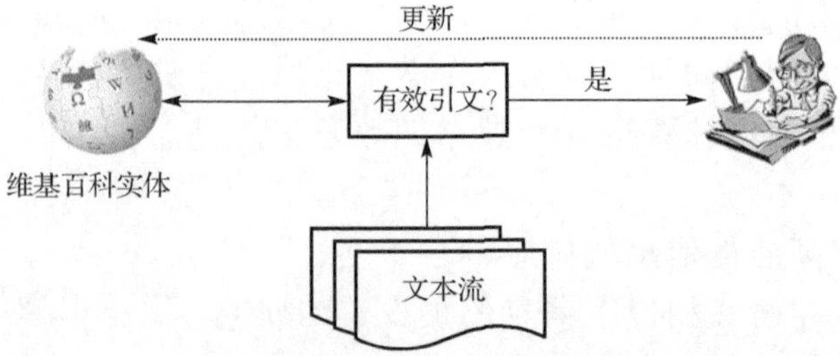

图 2-11 知识库累积引文推荐系统工作流程

问题描述：给定一组知识库实体 $\mathcal{E}=\{e_u\}(u=1,\cdots,M)$ 和文档集合 $\mathcal{D}=\{d_v\}(v=1,\cdots,N)$，引文推荐系统的目标是估算文档 d 与实体 e 之间的相关性，即 d 是否有

① https://www.freebase.com/.

② http://www.mpi-inf.mpg.de/departments/databases-and-information-systems/research/yago-naga/yago/.

可能作为 e 的引文被编辑到知识库中。本章沿用了 TREC-KBA(text retrieval conference - knowledge base acceleration)评测对累积引文推荐任务的定义，引文推荐系统需要为每个实体文档对生成相关性打分 $r(e,d)$，其中 $r(e,d)\in(0,1000]$，$r(e,d)$ 分值越高，文档推荐给知识库编辑人员的优先级越高，越有可能作为实体的引文被添加到知识库中。

大部分已有工作将引文推荐任务视为分类问题，但是由于文档实体之间不同相关程度的良序性(即 vital>useful>neutral>garbage)，引文推荐也可以视为排序学习(learning to rank)问题。2013 年 Balog 等[3]在 TREC-KBA-2012 数据集上的实验表明排序学习方法优于分类方法，但是 2014 年 Gebremeskel 等[7]在 TREC-KBA-2013 数据集上的实验表明分类方法优于排序学习方法。本章给出的知识库累积引文推荐系统处理流程如图 2-12 所示，首先根据给定的目标实体集合，对整个文档语料库做一遍过滤，去除与目标实体无关的文档，减小处理规模；然后计算过滤后的文档与目标实体之间的相关程度。

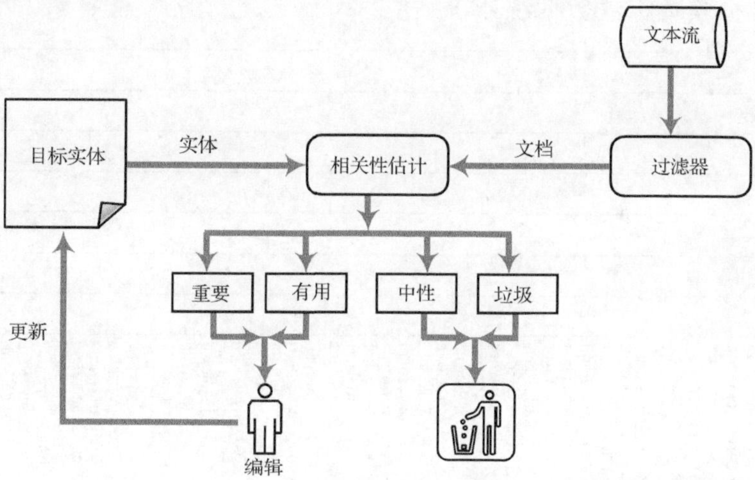

图 2-12　知识库累积引文推荐系统处理流程图

2.2.1　实体类型相关的判别式混合模型

监督式机器学习方法往往需要足够多的训练数据才能训练出满足实际需求的分类模型或者排序模型。对于知识库中的热门实体而言，网络文档流中存在大量相关文档，训练数据容易获取；然而对于非热门实体而言，由于其在网络文档中出现的次数很少，训练数据不容易获取。知识库实体的训练数据分布不均衡导致不能为每个实体训练出令人满意的相关性模型(relevance model)。一种简单的解决方法是利用所有训练数据为所有目标实体训练一个全局相关模型，正如本章中介绍的全局分类模型和全局排序模型。这种方法完全忽略了不同实体之间的差异和联系，在相关性判断中对所有的目标实体都使用相同的模型参数，如果目标实体集中目标实体类型比较多元化，这种方案的效果往往不能令人满意。例如，在TREC-KBA-2013数据集中既有计算机科学家Geoffery Hinton（人物实体），也有艺术博物馆（Appleton Museum of Art）（机构实体），全局相关模型完全忽略了二者的差异，对这两个不同类型的实体使用相同的分类参数，显然是不合理的。对于同类型的实体，相关模型应该使用相似的模型参数对于不同类型的实体，相关模型应该使用有所区别的模型参数。鉴于此，本章研究目的是在训练数据不足或者分布不均衡的条件下实现一种能充分地利用实体的类型信息和训练数据，训练出能灵活处理不同类型目标实体的相关模型。

通常数据集中的目标实体的训练数据分布并不均匀，一些热门实体的训练数据较多，而一些非热门实体的训练数据很少，甚至没有标注数据可用。经过统计发现数据集中实体训练数据数量符合长尾分布①，图2-13展示了TREC-KBA-2013数据集中部分实体标注数据统计。

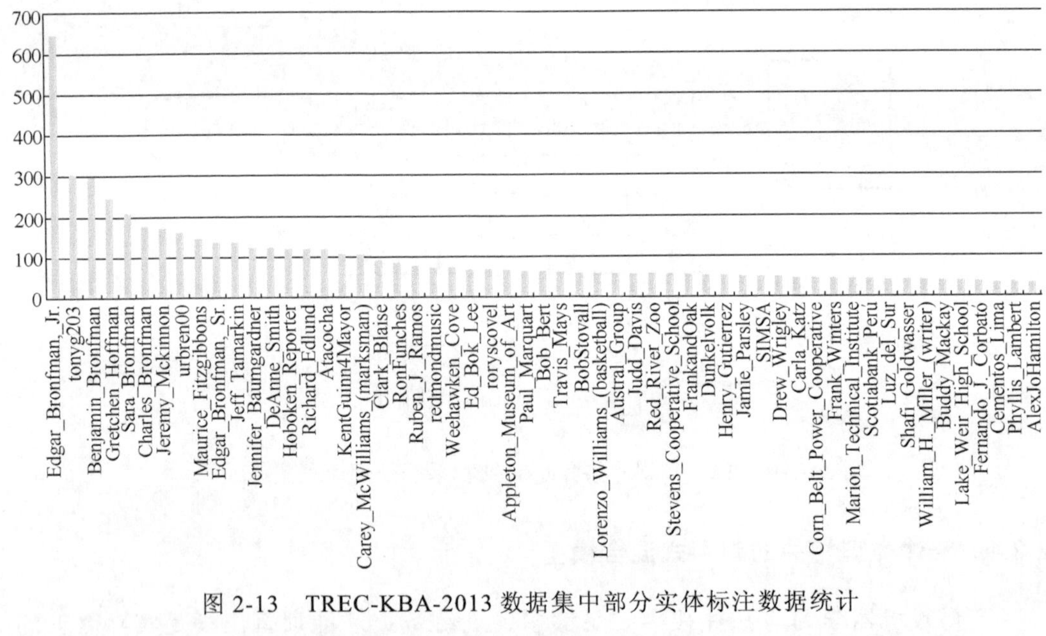

图 2-13　TREC-KBA-2013 数据集中部分实体标注数据统计

混合模型在处理训练数据不足和分布不均衡问题方面非常有效，已在信息检索多个研究领域得到应用，如专家检索（expert search）[8]、联合检索（federated search）[9]、图像检索[10]以及协同过滤[11]等。通过引入隐含变量实现为不同的

① https://en.wikipedia.org/wiki/Long_tail.

特征向量学习不同的参数，混合模型可以充分地利用现有数据实现较为满意的结果。

本节首先实现了一个基于逻辑回归的全局分类模型，然后通过在全局模型中引入表示实体类型的隐含层提出一种实体类别依赖的混合判别模型，该模型根据实体在隐含类别层的语义分布为不同实体选择不同的模型参数。在 TREC-KBA-2013 数据集上的实验表明该混合判别模型在处理多元化目标实体任务上有很大优势，在各项指标上均超过了全局判别模型。

1. 任务描述

知识库累积引文推荐任务可以描述如下：给定一组知识库目标实体 $\mathcal{E}=\{e_u\}(u=1,\cdots,M)$ 和文档集合 $\mathcal{D}=\{d_v\}(v=1,\cdots,N)$，累积引文推荐任务的目标是计算文档 d 和目标实体 e 之间的相关性，即计算条件概率 $P(r\,|\,e,d)$。每个实体文档对 (e,d) 可以表示为一组特征向量 $f(e,d)=[f_1(e,d),\cdots,f_K(e,d)]$，其中 K 表示特征的数量。此外，为了表示实体类别信息，每个目标实体也可以表示为一组特征向量 $g(e)=[g_1(e),\cdots,g_L(e)]$，其中 L 表示特征的数量。

本章使用监督学习方法来解决知识库累积引文推荐任务。监督学习的任务是学习一个模型，并应用这一模型，对给定的输入预测相应的输出，这个模型的一般形式为决策函数 $Y=f(x)$ 或者条件概率分布 $P(Y\,|\,X)$。监督学习方法又可以分为生成方法和判别方法，所学习到的模型分别称为生成模型(generative model)和判别模型(discriminative model)。生成方法由数据学习联合概率分布 $P(X,Y)$，然后求出条件概率 $P(Y\,|\,X)=\dfrac{P(X,Y)}{P(X)}$ 作为预测，典型的生成模型有朴素贝叶斯模型和隐马尔可夫模型。判别方法由训练数据直接学习决策函数 $f(x)$ 或者条件概率函数 $P(Y\,|\,X)$，典型的判别模型包括：K 近邻方法、感知机、决策树、逻辑回归模型、最大熵模型、支持向量机和条件随机场等。

相关研究证明判别模型具有更为充实的理论特性[12]，而且在信息检索的实际任务中往往优于生成模型[13]，因此本章采用判别模型来实现相关性模型。

2. 全局判别模型

使用逻辑回归模型来计算条件概率 $P(r\,|\,e,d)$，其中 $r[r\in(1,-1)]$ 表示实体文档对 (e,d) 之间的相关性。逻辑回归模型是统计学习中经典的分类方法，属于对数线性模型。如果文档 d 与实体 e 相关，r 的取值为 1，反之 r 取值为 -1。因此，(e,d) 相关的条件概率 $P(r=1\,|\,e,d)$ 计算公式为式(2-17)。

$$P(r=1\mid e,d)=\delta\left[\sum_{i=1}^{K}\omega_i f_i(e,d)\right] \tag{2-17}$$

式中，$\delta(x)=1/[1+\exp(-x)]$是标准逻辑函数；ω_i是特征向量中第i维的组合参数；K是特征向量维度。

如果(e,d)不相关，对应的条件概率表示为

$$P(r=-1\mid e,d)=1-P(r=1\mid e,d)=\delta\left[-\sum_{i=1}^{K}\omega_i f_i(e,d)\right] \tag{2-18}$$

对比式(2-17)和式(2-18)可以发现对于r的不同取值，$P(r\mid e,d)$唯一的区别是逻辑函数中的正负号，因此条件概率$P(r\mid e,d)$可以统一表示为式(2-19)中的形式。

$$P(r\mid e,d)=\delta\left[r\sum_{i=1}^{K}\omega_i f_i(e,d)\right] \tag{2-19}$$

$P(r\mid e,d)$的值表示文档d与目标实体e的相关程度，选择合适的分类阈值之后，根据$P(r=1\mid e,q)$的取值，实体文档对就可以被分为相关(正类)和不相关(负类)两类。

因为不区分实体之间的差别，对于所有的目标实体都使用完全相同的模型参数，本章中称此模型为全局判别模型(global discriminative model，GDM)，其图模型表示如图2-14所示，模型中需要学习的参数只有ω。

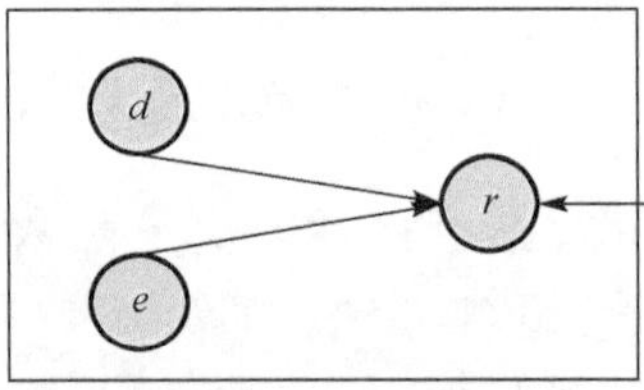

图2-14　全局判别模型的图模型表示

全局判别模型除了使用逻辑回归模型，也可以使用其他的分类模型来实现，如决策树或者支持向量机等，如在TREC-KBA-2013评测中排名第一的北京理工大学和微软亚洲研究院团队提交的方法即使用了决策树的全局判别模型[14]。

3. 实体类型相关的混合判别模型

全局判别模型的优化目标是通过学习一组固定的组合参数(即式(2-19)中的ω)来实现在整个数据集上的最优分类结果。但是正如2.2.1节所述，对于不同类型的实体而言，使用固定的模型参数并不合理而在线知识库中的实体类型丰富多样，

包括人物、地点、组织结构、事件等，针对不同类型的目标实体应该使用定制化的模型参数，例如，人物实体中同为科学家的实体应该使用相似的参数，而对科学家实体和音乐家实体使用的模型参数应该有所区别。

本节介绍一种实体类型相关的混合判别模型(entity class dependent discriminative mixture model，ECDMM)，考虑实体类别对分类相关性结果的影响，在全局判别模型中引入表示实体类别的隐含层来建立目标实体和隐含类别之间的关系。隐含变量 z 表示目标实体 e 属于哪个隐含类别，在分类过程中对应于哪组参数 $\omega_{z\cdot}=(\omega_{z1},\cdots,\omega_{zK})$，隐变量 z 的选择仅取决于目标实体 e。

相关性 r 和隐变量 z 的联合概率分布可以表示为

$$P(r,z|e,d;\alpha,\omega)=P(z|e;\alpha)P(r|e,d,z;\omega) \tag{2-20}$$

式中，$P(z|e;\alpha)$ 是混合模型的混合因子(mixing coefficient)，表示实体 e 属于隐类别 z 的概率，α 是相应的参数。$P(r|e,d,z;\omega)$ 表示混合模型中的分类函数，与全局判别模型一致，使用标准逻辑函数，其中 r 的取值为1或者 -1。$\omega=\{\omega_{zi}\}$ 是混合模型中的组合参数(combination parameter)，其中 ω_{zi} 是给定隐含变量 z 和实体文档对对应特征向量第 i 维的权重参数。通过计算隐变量 z 的边缘分布，对应的条件概率可以表示为

$$P(r|e,d;\alpha,\omega)=\sum_{z}^{N_z}P(z|e;\alpha)\delta\left[r\sum_{i=1}^{K}\omega_{zi}f_i(e,d)\right] \tag{2-21}$$

式中，N_z 是隐变量 z 的个数，即隐含层实体类型的个数。

计算实体 e 在隐含层实体类型上的分布 $P(z|e;\alpha)$ 可以选择多项式分布(multinomial distribution)，但是多项式分布只能处理训练集中出现的实体，不能扩展到处理训练集中未出现的实体数据，模型的灵活性和泛化能力会受到影响。为了解决这个问题，可选择式(2-22)所示的 softmax 函数来计算 $P(z|e;\alpha)$，其中 α_{zj} 表示特征向量第 j 维参数，Z_e 是归一化因子，旨在将指数值转换为合理的概率分布值。softmax 函数是分类概率分布的梯度对数归一(gradient-log-normalizer)形式，因此 softmax 函数经常被应用在多分类问题中，尤其是多项式逻辑回归。

$$P(z|e;\alpha)=\frac{1}{Z_e}\exp\left[\sum_{j=1}^{L_z}\alpha_{zj}g_j(e)\right] \tag{2-22}$$

在模型中，每个实体 e 是一组表示实体类别的特征 $[g_1(e),\cdots,g_{L_z}(e)]$，其中 L_z 表示实体类别特征向量的维度。将式(2-22)代入式(2-21)，得到式(2-23)。

$$P(r|e,d;\alpha,\omega)=\frac{1}{Z_e}\sum_{z=1}^{N_z}\exp\left[\sum_{j=1}^{L_z}\alpha_{zj}g_j(e)\right]\delta\left[r\sum_{i=1}^{K}\omega_{zi}f_i(e,d)\right] \tag{2-23}$$

因为 α_{zj} 与每一维实体类别特征相关联，而不是关联于每个具体的实体，根据实体在隐含类型上的分布，混合模型可以更为灵活地处理其他训练数据不足的实体以及训练集中未出现的实体。对于不同的目标实体，模型首先根据其实体类型特征计算其在隐含类别层的语义分布，不同的隐含变量对应不同的判别参数，最后加权计算得到最终分类结果。实体类别依赖的混合判别模型的图模型表示如图 2-15 所示，模型中需要计算的参数是 ω 和 α，z 代表隐变量。

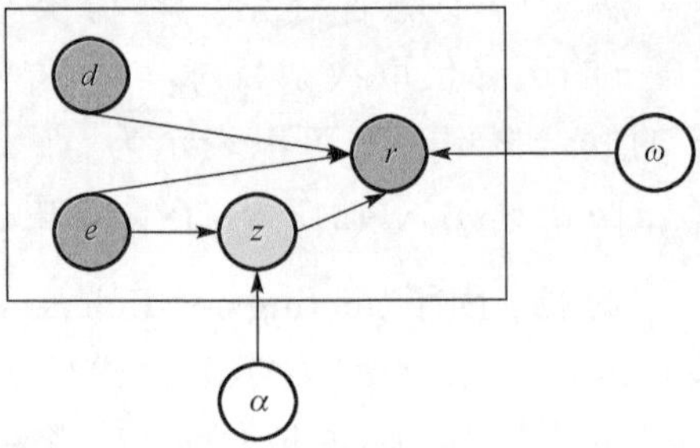

图 2-15　实体类别依赖的混合判别模型的图模型表示

将训练集中的实体文档对表示为 $\mathcal{T}=[(e_u,d_v)]$，$\mathcal{R}=\{r_{uv}\}$ 表示 (e_u,d_v) 对应的相关性判断(取值为 +1 或者 −1)，其中 $u=1,\cdots,M$，$v=1,\cdots,N$。假设 $\mathcal{T}$ 中的训练数据是条件独立生成的，训练集对应的似然函数可以表示为

$$P(\mathcal{R}|\mathcal{T})=\prod_{u=1}^{M}\prod_{v=1}^{N}P(r_{uv}|e_{uv}d_v)\prod_{u=1}^{M}\prod_{v=1}^{N}\left(\frac{1}{z_{e_u}}\sum_{z=1}^{N_z}\exp\left[\sum_{j=1}^{L_z}\alpha_{zj}g_j(e_u)\right]\delta\left[r_{uv}\sum_{i=1}^{k}\omega_{zi}f_j(e_u,d_v)\right]\right)\tag{2-24}$$

1) 模型参数估计

似然函数式(2-24)的对数形式如式(2-25)所示：

$$\mathcal{L}(\omega\,|\,\alpha)=\sum_{u=1}^{M}\sum_{v=1}^{N}\log\left(\sum_{z=1}^{N_z}\left(\frac{1}{z_{e_u}}\exp\left[\sum_{j=1}\alpha_{zj}g_j(e_u)\right]\right)\delta\left[r_{uv}\sum_{i=1}^{k}\omega_{zi}f_j(e_u,d_v)\right]\right)\tag{2-25}$$

式中，M 是训练集中目标实体数目；N 表示训练集中文档数目；$g_j(e_u)$ 表示第 u 个目标实体类别特征向量中第 j 维特征；r_{uv} 表示对 (e_u,d_v) 之间的相关性判断。

模型中的参数 ω 和 α 需要通过极大化对数似然函数来估计，这种问题没有解析解，只能通过迭代来求解，常用方法是期望最大化算法(expectation-maximization algorithm，EM)[15]，1977 年由 Dempster 等总结提出，用于含有隐变量的概率模型参数的极大似然估计或极大后验概率估计。EM 算法首先选取参数的初值，然后通过求期望的 E 步迭代和求极大化的 M 步迭代计算参数的估计值，直至收敛。

首先为参数 ω 和 α 生成随机的初值，然后依次迭代 E 步和 M 步进行求解。

E 步：在实体 e_u 和文档 d_v 的条件下计算隐变量 z 的后验概率。

$$P(z|e_u,d_v)=\frac{\exp\left[\sum_{j=1}^{L_z}\alpha_{zj}g_j(e_u)\right]\delta\left[r_{uv}\sum_{i=1}^{K}\omega_{zi}f_i(e_u,d_v)\right]}{\sum^{Z}\exp\left[\sum_{j=1}^{L_z}\alpha_{zj}g_j(e_u)\right]\delta\left[r_{uv}\sum_{i=1}^{K}\omega_{zi}f_i(e_u,d_v)\right]} \tag{2-26}$$

M 步：极大化式(2-26)，可以求出新一轮迭代的参数，计算方法如式(2-27)和式(2-28)所示。

$$\omega_z^*=\arg\max_{\omega_z}\sum^{uv}P(z|e_u,d_v)\log\left(\delta\left[r_{uv}\sum_{i=1}^{K}\omega_{zi}f_i(e_u,d_v)\right]\right) \tag{2-27}$$

$$\alpha_z^*=\arg\max_{\alpha_z}\sum^{u}\left[\sum_{v}P(z|e_u,d_v)\right]\log\left(\frac{1}{Z_{e_u}}\exp\left[\sum_{j=1}^{L_z}\alpha_{zj}g_j(e_u)\right]\right) \tag{2-28}$$

M 步的参数求解可以通过梯度下降方法，本章使用 minFunc 工具包①中的拟牛顿法(quasi-Newton strategy)来迭代计算式(2-27)和式(2-28)。

不断重复 E 步和 M 步，直到参数的值达到收敛条件，$\mathcal{L}(\omega,\alpha)$的值达到局部最优，将对应的参数值代入式(2-23)计算实体文档相关概率。因为 EM 算法只能保证达到局部最优，可以通过选择不同参数初始值多次运行 EM 算法来得到比较稳定的模型参数。

2) 混合模型优势

与全局判别模型相比，实体类别依赖的混合判别模型主要有以下优点。

(1) 混合模型对实体类别进行语义概率分布建模，使得每个实体可以跟多个隐含实体类别相关联。

(2) 模型中的组合参数可以根据不同的实体灵活地变化，使得模型更为普适。

(3) 混合模型可以解决某些实体训练数据缺失和分布不均衡问题。

3) 隐变量数目

模型中隐变量的个数可以通过某些模型选择标准来确定，本节使用赤池信息量准则(akaike information criteria，AIC)来确定隐变量数目[16]。AIC 是常用的模型评价方法，用于在给定一组数据的情况下评价不同统计模型的质量，McLachlan 等实验证明 AIC 适合用来确定混合模型中隐变量数目，计算方法如式(2-29)所示。

① http://www.cs.ubc.ca/~schmidtm/Software/minFunc.html.

$$\mathrm{AIC}2m - 2\mathcal{L}(\omega,\alpha) \tag{2-29}$$

式中，m 表示模型中参数的数量。

AIC 表示用某个模型生成数据的信息损失的度量，因此模型选择中通常选择实现最小 AIC 值的模型，确保模型在拟合数据和复杂度之间取得最佳平衡。

2.2.2　基于时空特性的实体特征扩展

本节主要介绍全局分类模型和实体类别依赖的混合判别模型中需要用到的两种特征：

(1) 实体文档特征 $f(e,d)$，用于全局模型和混合模型中的判别部分；

(2) 实体类别特征 $g(e)$，用于混合模型中计算混合因子。

1. 实体文档特征

分类方法和排序学习方法作为有监督机器学习方法，首先需要根据引文推荐任务设计和抽取特征，实体文档特征 $f(e,d)$ 主要包括语义特征(semantic)和时序(temporal)特征。

1) 语义特征

语义特征主要用于反映目标实体和文档之间的语义关系。Balog 等[3]将语义特征归结为三类：文档特征、实体特征和实体文档特征。表 2-2 中列出了 Balog 等[3]使用的语义特征集，在本节称为基准语义特征集。

表 2-2　基准语义特征集

特征	描述	
文档特征	log(length)	文档长度的对数值
	Source(d)	文档 d 来源，如新闻、社交媒体等
	Weekday	文档发表日期
实体特征	$N(e_{\mathrm{rel}})$	知识库介绍页面中目标实体 e 相关实体的数量
实体文档特征	$N(d,e)$	实体 e 在文档 d 中出现的次数
	$N(d,e_p)$	实体 e 的姓或名在文档 d 中出现的次数
	$N(d,e_{\mathrm{rel}})$	实体 e 的相关实体在文档 d 中出现的次数
	$\mathrm{FPOS}(d,e)$	实体 e 在文档 d 中第一次出现的绝对位置
	$\mathrm{FPOS}_n(d,e)$	实体 e 在文档 d 中第一次出现的相对位置(使用文档长度做正规化)
	$\mathrm{FPOS}(d,e_p)$	实体 e 的姓名或名氏在文档 d 中第一次出现的绝对位置
	$\mathrm{FPOS}_n(d,e_p)$	实体 e 的姓名或名氏在文档 d 中第一次出现的相对位置
	$\mathrm{LPOS}(d,e)$	实体 e 在文档 d 中最后一次出现的位置

续表

特征	描述	
实体文档特征	$\text{LPOS}_n(d,e)$	$\text{LPOS}(d,e)$ / length
	$\text{LPOS}(d,e_p)$	实体 e 的姓名或名氏在文档 d 中最后一次出现的绝对位置
	$\text{LPOS}_n(d,e_p)$	实体 e 的姓名或名氏在文档 d 中最后一次出现的相对位置
	$\text{Spread}(d,e)$	$\text{LPOS}(d,e)-\text{FPOS}(d,e)$，即实体 e 在文档 d 中出现的绝对跨度
	$\text{Spread}_d(d,e)$	实体 e 在文档 d 中出现的相对跨度
	$\text{Spread}(d,e_p)$	$\text{LPOS}(d,e_p)-\text{FPOS}(d,e_p)$
	$\text{Spread}_d(d,e_p)$	$\text{Spread}(d,e_p)$ / length

文档特征用于反映文档本身的语义信息，如文档长度、文档发表时间、文档来源等，如表 2-2 所示。

实体特征主要反映目标实体本身的语义信息，如目标实体的类别、目标实体页面中相关实体个数等，如表 2-2 所示。

表 2-2 列出了实体文档特征，用于反映文档和实体之间的各种联系，如目标实体是否在文档中出现、在文档中出现的位置等。

除了表 2-2 中的基准语义特征，针对知识库实体特有的信息，本节还介绍两种不同的语义相似度特征。

数据集中目标实体在知识库中存在主页，如维基百科实体的介绍页面(profile)、推特实体的主页。图 2-16 所示为目标实体 Alisher Usmanov 在维基百科中的主页，可以发现其主页上不仅包含了目标实体姓名、职业和个人资产等基本信息，还存在大量相关描述。因此目标实体主页包含了丰富的目标实体相关信息，可以用来设计语义特征。相比于不相关文档，与实体相关的文档与实体主页之间有着更高的语义相似度，因此可以计算候选文档和实体主页之间的语义相似度，并将其作为一种语义特征。对目标实体的知识库主页的进一步分析发现，其主页内容通常是按段落组织的，每个段落分别描述了实体相关的某个方面(属性)，例如，主页第一段往往是基本信息的介绍。为了使语义相似度计算更为准确，可以分别计算每个段落与候选文档之间的语义相似度作为特征。

对于大部分目标实体，在知识库中往往已经存在一部分引文，图 2-17 为目标实体 Alisher Usmanov 在维基百科中的已有引文。这部分引文是经过知识库编辑筛选通过的真实相关文档，因此这部分文档包含了丰富的目标实体相关信息，可以用来发现更多与目标实体相关的文档。候选文档和这些已有引文之间的语义相似度可以作为一种语义特征。

Alisher Usmanov

From Wikipedia, the free encyclopedia

Alisher Burkhanovich Usmanov (Russian: Алишéр Бурхáнович Усмáнов; Uzbek: *Alisher Usmonov*; born 9 September 1953) is an Uzbek-born Russian business magnate. According to January 2015 Forbes website data, the oligarch Usmanov is Russia's richest man, with a fortune estimated at $14.7 billion, and the world's 58th richest person.[1] According to the December 2013 Bloomberg Billionaires Index, he has an estimated net worth of $19.6 billion, making him the 37th richest person in the world.[4] In May 2014, *The Sunday Times* listed him as the second richest person in the UK with an estimated fortune of £10.65bn.[5]

He built his wealth through metal and mining operations, and investments,[6] and is the majority shareholder of Metalloinvest, a Russian industrial conglomerate, which consolidated in 2006 JSC Metalloinvest's assets (the Mikhailovsky GOK and the Ural Steel) with those of Gazmetall JSC (the Lebedinsky GOK and the Oskol Electrometallurgical Plant).[7]

He owns the Kommersant Publishing Houses. He is a co-owner of Russia's second-largest mobile telephone operator, MegaFon, and co-owner of the Mail.ru group,[8] the largest Internet company in the Russian-speaking world,[9] which owns stakes in popular web portals like Odnoklassniki, Vkontakte and others.

Usmanov is the largest investor of Digital Sky Technologies ("DST") funds, and holds shares in a number of international technology companies.[10]

Usmanov is the president of the FIE, the international governing body of fencing, and he has invested in fencing programs and fencing development around the globe.[11] He is also a shareholder in Arsenal Football Club.[12][13]

In February 2008, his Metalloinvest also became sponsor of Dinamo Moscow, the Russian capital's football team.[14][15] His Metalloinvest group's name replaced the Xerox Corporation's on its players' shirts as part of the $7 million deal.[16]

Alisher Usmanov

Born	Alisher Burkhanovich Usmanov 9 September 1953 (age 61) Chust, Namangan Province, Uzbek SSR, Soviet Union
Residence	Moscow, Russia
Nationality	Russian
Ethnicity	Uzbek
Alma mater	Moscow Institute of International Relations
Occupation	Investor and Philanthropist
Net worth	▼US$ 14.7 billion (January 2015)[1]
Religion	Islam[2][3]

图 2-16　目标实体 Alisher Usmanov 在维基百科中的主页

References [edit]

1. ^ a b "Alisher Usmanov". *Forbes.*
2. ^ Catherine Boyle (20 December 2012). "Russia's Richest Man Usmanov: Wait For Next Facebook Surge". CNBC. Retrieved 17 December 2013.
3. ^ Raghavan, Anita (3 December 2010). "The Hard Man of Russia". Forbes. Retrieved 17 December 2013.
4. ^ "Bloomberg Billionaires Index". Bloomberg LP.
5. ^ "'Rich List' counts more than 100 UK billionaires". BBC News. 11 May 2013. Retrieved 11 May 2014.
6. ^ a b "Alisher Usmanov". *Forbes.* 3 August 2007.
7. ^ Metalloinvest History
8. ^ "Digital Sky Technologies ("DST") Changes Name to Mail.ru Group I Business Wire". *www.businesswire.com.* Retrieved 23 September 2014.
9. ^ Mail.Ru Group: Main. Corp.mail.ru. Retrieved on 18 December 2012.
10. ^ "USM Holdings – Internet". Usm-group.com. Retrieved 17 December 2013.
11. ^ Russian Capitalist Wiki contributors, "Alisher Usmanov". Russian Capitalist Wiki. Retrieved 19 March 2014.
12. ^ "Usmanov Gunning for Bigger Arsenal Share". St Petersburg Times. 4 September 2007. Retrieved 18 September 2007. "Usmanov's purchase of nearly 15 percent in the club Thursday – the second investment by a Kremlin-friendly oligarch in a leading English Premier League team after Roman Abramovich bought Chelsea in 2003 – received a mixed reaction from the club's fans and the British media, with some fearing a Russian takeover."
13. ^ *Arsenal stakeholder aims to boost share*, Russia Today TV, TV Novosti, Moscow, 9 January 2007. Retrieved: 4 June 2008.

44. ^ "facebook-russian-billionaire-markets-faces-technology", *forbes.com*, 2009/05/27.
45. ^ Russian Tech Giant Cashes In on Facebook's Recovery
46. ^ Cutmore, Geoff, and Antonia Matthews, "My Alibaba investment up over 500%: Russian billionaire", *CNBC.com*, 24 November 2014. Retrieved 25 November 2014.
47. ^ Fedorinova, Yuliya. "Billionaire Usmanov Bets on Apple's Growth After Facebook". *Bloomberg* (Bloomberg). Retrieved 2 July 2013.
48. ^ "Hard man of Russia who made his pile through steel". *The Guardian* (London). 31 August 2007. Retrieved 23 April 2010.
49. ^ Metals Mogul Buys Music TV Channel, *Kommersant* (25 June 2007). Retrieved 27 September 2007
50. ^ USM Holding Media
51. ^ "USM Holdings – Company – Alisher Usmanov". Usm-group.com. Retrieved 17 December 2013.
52. ^ Cora (7 November 2013). "Russian Billionaire Alisher Usmanov's Immense Airbus A340". Luxedb.com. Retrieved 17 December 2013.
53. ^ "Russian buys Dein's Arsenal stake". *BBC News.* 30 August 2007. Retrieved 30 August 2007.
54. ^ "Usmanov increases stake". *SkySports.* 28 September 2007. Retrieved 3 October 2007.
55. ^ "Alisher Usmanov increases Arsenal stake". *Telegraph* (London). 15 February 2008. Retrieved 23 April 2010.
56. ^ Nakrani, Sachin (23 February 2008). "Arsenal warn Usmanov to beware of

图 2-17　目标实体 Alisher Usmanov 在维基百科中的已有引文

因此本节使用了两种不同的语义相似度计算方法：余弦相似度和 Jaccard 相似度。假设两篇文档的特征向量分别是 A 和 B，余弦相似度的计算公式为 $\frac{A \cdot B}{\|A\|\|B\|}$，Jaccard 相似度的计算公式为 $\frac{\|A \cap B\|}{\|A \cup B\|}$。表 2-3 列出了本章使用的四种语义相似度特征。

表 2-3　语义相似度特征

特征	描述
$\mathrm{sim}_{\cos}(d,s_i)$	文档 d 和目标实体 e 主页第 i 段内容之间的余弦相似度
$\mathrm{sim}_{\mathrm{jac}}(d,s_i)$	文档 d 和目标实体 e 主页第 i 段内容之间的 Jaccard 相似度
$\mathrm{sim}_{\cos}(d,c_i)$	文档 d 与目标实体 e 的已有引文 c_i 之间的余弦相似度
$\mathrm{sim}_{\mathrm{jac}}(d,c_i)$	文档 d 与目标实体 e 的已有引文 c_i 之间的 Jaccard 相似度

2) 时序特征

累积引文推荐系统的处理对象是时序化的文档流，并且实体信息也是实时更新的，仅使用语义特征不足以反映实体的动态变化特性。为了解决这一问题，本章提出基于突发(burst)的时序特征作为特征向量的补充。

据观察，文档流数据中实体的出现次数并不随时间均匀分布，而是突发期和非突发期间隔出现。当某个时间段实体的出现次数突然上升时，这个时间段称为该实体的一个突发期(bursty period)。突发期的出现往往代表该段时间有关于实体的重要信息出现，出现在实体突发期内的文档比出现在非突发期的文档更可能与目标实体相关。图 2-18 展示了一个实例，目标实体 BNSF Railway 的 VITAL 相关文档出现在突发期内。

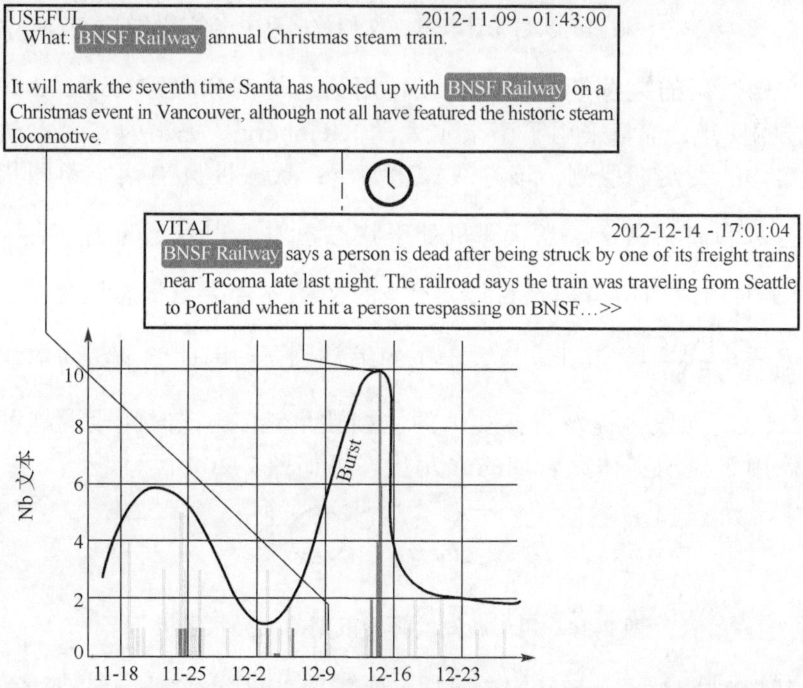

图 2-18　重要文档出现在突发期

实体突发期的检测可以通过两部分数据来源计算：文档数据流本身或者第三方的统计数据(如维基百科页面访问统计和谷歌趋势等)。图 2-19 为实体 Nassim Nicholas Taleb 在维基百科中的主页被访问的次数统计和其在文档数据流中出现次数的统计，可以看到两条曲线呈现正相关的关系，都能用来检测实体的突发期。

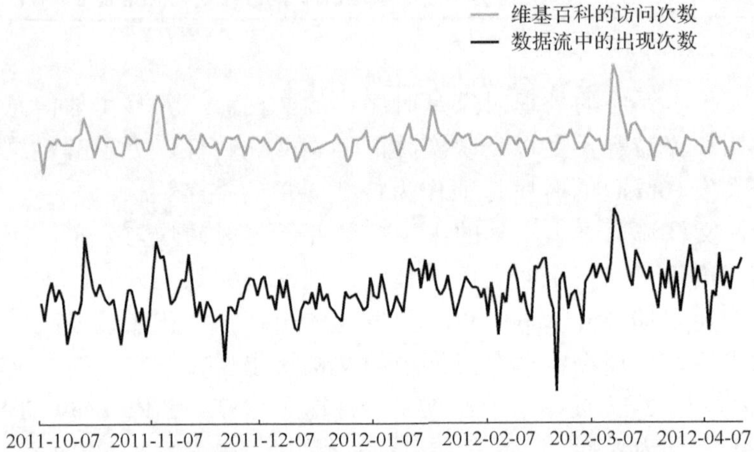

图 2-19　实体 Nassim Nicholas Taleb 在维基百科中的主页被访问的次数统计和其在文档数据流中出现次数的统计

基于文档数据的突发期检测，可以使用话题检测和跟踪(topic detection and tracking)技术实现。本章采用了康奈尔大学 Kleinberg[17]提出的二元自动状态机方法来实现实体的突发期检测。该方法描述如下：状态机 $\mathcal{A}$ 有两个不同状态，分别称为低状态 q_0 和高状态 q_1。当状态机处于状态 q_0 时，出射率为 $\beta_0 = \frac{|R_d(e)|}{T}$，其中 $R_d(e)$ 表示 T 时间段内所有提及目标实体 e 的文档集合；当状态机处于状态 q_1 时，出射率为 $\beta_1 = s \cdot \frac{|R_d(e)|}{T}$，其中 s 是大于 1 的缩放因子，因此 $\beta_1 > \beta_0$，本章的实验中 s 取值为 2。某时间段内提及目标实体的文档数量越多，该时间段就越可能被识别为突发期。用于检测实体突发期的二元状态机如图 2-20 所示。

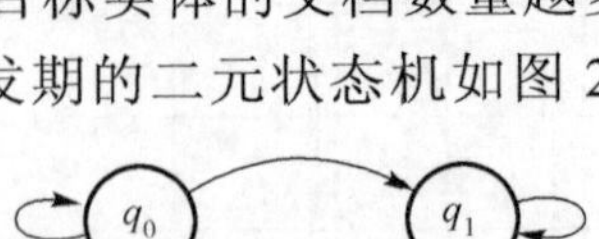

图 2-20　用于检测实体突发期的二元状态机

如果某段时间 $[t_{\text{start}}, t_{\text{end}}]$ 内状态机 $\mathcal{A}$ 处于高出射率状态 q_1，那么该时间段 $[t_{\text{start}}, t_{\text{end}}]$ 为目标实体 e 的一个突发期，该突发期的权重 $\text{bw}_{(t_{\text{start}}, t_{\text{end}})}(e)$ 被定义为该时

间段内从 q_0 到 q_1 需要克服的成本(cost improvement)。当状态机从状态 q_i 到状态 q_j 时，成本函数定义为 $\tau(i,j)$，计算公式如下：

$$\tau(i,j)=(j-i)\cdot\gamma\cdot\ln n,\ i,j\in\{0,1\} \tag{2-30}$$

状态机只有从低状态 q_0 切换到高状态 q_1 时才会触发成本函数，从高状态切换到低状态成本为 0。自动状态机 $\mathcal{A}$ 有两个参数 s 和 γ 。

给定一组文档时间间隔序列 $x=(x_1,x_2,\cdots,x_n)$，需要找到生成给定文档序列的状态序列 $q=(q_{i_1},\cdots,q_{i_n})$ 。假定状态机 $\mathcal{A}$ 发生状态改变的概率为 p ，序列 q 中发生状态转换的次数为 b，则生成序列 q 的先验概率为

$$P(q)=p^b(1-p)^{n-b}=\left(\frac{p}{1-p}\right)^b(1-p)^n \tag{2-31}$$

已知观察序列 x，需要计算对应状态序列的概率，根据贝叶斯定理，该概率可以表示为

$$P(q|x)=\frac{P(q)P(x\,|\,q)}{P(x)} \tag{2-32}$$

因此，条件概率 $P(x\,|\,q)$ 的计算公式如下：

$$P(x\,|\,q)=\prod_{t=1}^{n}f_{i_t}(x_t) \tag{2-33}$$

相应地，后验概率 $P(q\,|\,x)$ 可以表示为

$$P(q\,|\,x)=\frac{1}{Z}\left(\frac{p}{1-p}\right)^b(1-p)^n\prod_{t=1}^{n}f_{i_t}(x_t) \tag{2-34}$$

式中，Z 是归一化常数。使得后验概率最大的序列 q 为所求的最优状态序列，目标函数可以表示为

$$-\ln P(q\,|\,x)=b\ln\frac{1-p}{p}+\sum_{t=1}^{n}-\ln f_{i_t}(x_t)-n\ln(1-p)+\ln Z \tag{2-35}$$

显然，式(2-35)中后两项与状态序列无关，优化问题转化为式(2-36)，式(2-36)中第一项最大值为 b，即发生状态转换的次数。

$$b\ln\left(\frac{1-p}{p}\right)+\sum_{t=1}^{n}-\ln f_{i_t}(x_t) \tag{2-36}$$

优化目标即用最少的状态转换次数生成序列 q，状态转换之间的成本函数已经定义为 $\tau(i,j)$，代入式(2-35)可得整体的成本函数，如式(2-37)所示。

$$c(q\,|\,x)=\sum_{t=0}^{n-1}\tau(i_t,i_{t+1})+\sum_{t=1}^{n}-\ln f_{i_t}(x_t) \tag{2-37}$$

式(2-37)的优化可以通过 Viterbi 算法计算。Viterbi 算法[18]是一种动态规划算法，由 Viterbi 于 1967 年提出，用于寻找最有可能产生观测事件序列的隐含状态序列问题，已经在语音识别、计算语言学和生物信息学等领域中得到广泛应用。对于检测到的每个突发期，定义突发强度如式(2-38)所示。

$$bw_{(t_{\text{start}},t_{\text{end}})}(E)=\sum_{t=t_{\text{start}}}^{t_{\text{end}}}[\ln f_1(x_t)-\ln f_0(x_t)] \tag{2-38}$$

需要注意的是，对于不同的目标实体，有的目标实体可能会检测到多个突发期，但是有的实体可能在整个文档流时间内都没有突发期。

基于第三方统计数据的突发检测，因为第三方统计数据已经提供实体在每一时刻的访问次数或者热度，所以突发检测可以采用简单的移动平均(moving average)法[19]。

本节主要使用两种统计数据，包括维基百科提供的实体页面日均查看次数，以及谷歌趋势提供的实体日均热度①。如图 2-21 所示，对于每个目标实体 e，维基百科的日均统计可以提供序列 $v=(v_1,\cdots,v_T)$， v_i 代表归一化之后的在第 i 天的访问次数(或热度)。

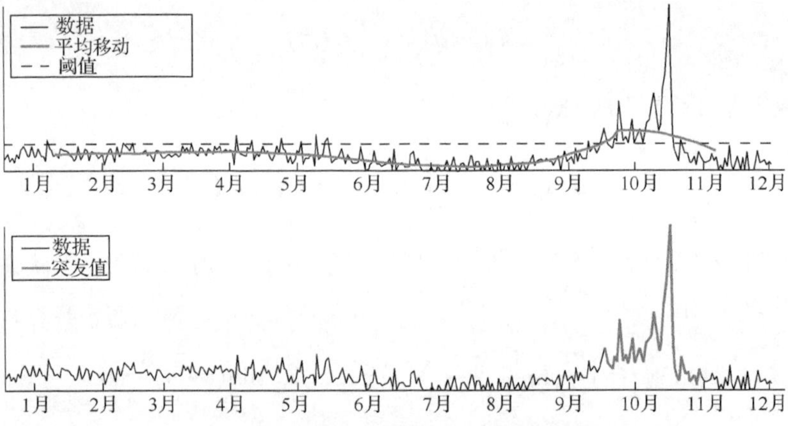

图 2-21　移动平均的突发检测方法

对于每个 v_i，突发期计算方法如下所示。

(1)计算长度为 w 序列的移动平均值。

$$\text{MA}_w(i)=\frac{v_i+v_{i-1}+\cdots+v_{i-w+1}}{w} \tag{2-39}$$

(2)根据前面的移动平均值序列 $\text{Pre}_{\text{MA}}=[\text{MA}_w(1),\cdots,\text{MA}_w(i)]$ 计算阈值(cutoff) $c(i)$。

① https://www.google.com/trends/.

$$c(i) = \text{mean}(\text{Pre}_{\text{MA}}) + \beta \cdot \text{std}(\text{Pre}_{\text{MA}}) \tag{2-40}$$

(3) 检测突发日序列 d，其中 $d = \{i \mid \text{MA}_w(i) \geqslant c(i)\}$。

(4) 计算每个突发期的权重 $w = (w_1, \cdots, w_T)$。

$$w_i = \begin{cases} 0, & i \notin d \\ \dfrac{\text{MA}_w(i)}{c(i)}, & i \in d \end{cases} \tag{2-41}$$

(5) 将序列 d 中连续的突发日合并为一个突发周期 $[t_{\text{start}}, t_{\text{end}}]$，其权重 $bw_{(t_{\text{start}}, t_{\text{end}})}$ 由其所属的所有突发日的权重求平均值可得。

3) 时序特征表示

对于给定的实体文档对 (e,d)，定义突发值 $b(e,d)$ 来表示文档 d 和实体 e 之间的时序关系。如果文档 d 的发表时间为 t，并且 t 属于实体 e 的某一个突发期 $[t_{\text{start}}, t_{\text{end}}]$ 内，突发值 $b(e,d)$ 的计算方式如式(2-42)所示。

$$b(e,d) = \left(1 - \frac{t - t_{\text{start}}}{t_{\text{end}} - t_{\text{start}}}\right) \cdot bw_{(t_{\text{start}}, t_{\text{end}})}(e), \quad t \in [t_{\text{start}}, t_{\text{end}}] \tag{2-42}$$

式中，$1 - \dfrac{t - t_{\text{start}}}{t_{\text{end}} - t_{\text{start}}}$ 是衰减因子，使得出现在突发期开始阶段的文档比出现在突发期结束阶段的文档具有更高的突发值。如果 t 不属于实体 e 的任何一个突发期，则突发值 $b(e,d) = 0$。

2. 实体类别特征

实体类别特征用来学习混合模型中的混合因子。实体类别的先验信息主要包括基于实体主页的类别特征和基于实体类别标签的特征。

1) 基于实体主页的类别特征

每个目标实体对应一个主页，主页中包括实体的基本信息，例如，姓名、地址和经历等。相同类型实体的主页内容极为相似，因此实体主页可以建模实体的隐含类别。为了获得目标实体集的主页特征，首先利用爬虫工具获取目标实体的主页集合，抽取主页内容；然后去除停用词、去掉高频与低频词；最后应用词袋模型，建立目标实体主页类别的特征向量，各词项的权重由 TF-IDF 确定。本章用 $g^p(e)$ 表示实体 e 主页的特征向量。

2) 基于实体类别标签的特征

百科知识库如维基百科为每个实体提供了分类标签，且这些分类标签是由编辑人员进行维护的，因此其分类类别是相对准确的。例如，实体 Geoffrey Hinton

在维基百科被标注的类别包括加拿大计算机科学家(Canadian computer scientists)、人工智能研究者(artificial intelligence researchers)和AAAI会士(Fellows of the Association for the Advancement of Artificial Intelligence)等。再如，计算机科学家Liskov，她在维基百科中的分类标签包括美国计算机科学家、编程语言设计者等。仔细查看这两个实体的分类标签时，发现两者没有共同的分类标签。可是顺着两者分类标签的父标签查看，两者共同的分类标签有计算机科学家(computer scientists)、研究人员(researchers)等。因此，对于每个目标实体，除了提取直接的分类标签，还需要考虑直接标签父类的分类标签。这样可以处理相同类型的实体，因为它们具有相似类别的问题。由于某些目标实体缺失了分类信息，为了能覆盖所有的类型实体，这里引入三个元实体类型，分别是人物实体(person)、设施实体(facility)和组织机构实体(organization)。如果目标实体缺失了分类信息，那么人工手动为其标注这些元实体类型。

同词袋模型一样，采用类别词袋模型为目标实体的类型进行建模。实体 e 的类别特征向量表示为 $g^c(e)=(c_i(e),\cdots c_N(e))$，这里 N 是所有类别的数量。如果实体具有第 i 个类别，$c_i(e)$ 被赋值为1，否则为0。

因此，给定目标实体集 E，每个实体 e 生成两个类别特征向量，分别是基于实体主页的特征向量 $g^p(e)$ 和基于实体类别的特征向量 $g^c(e)$。

2.2.3 基于知识库的实体文档检索

1. 相关性模型

1)查询扩展

查询扩展方法属于非监督学习方法。首先为文档集建立全文索引，查询扩展方法可以作为用于后续比较的基准方法。给定目标实体，其基本查询由实体名和其别名组成。基本查询虽然可以从索引中检索出提及实体(或别名)的文档，但是不能区分重名实体，也不能准确区分不同文档与目标实体之间的相关程度。

解决实体消歧的最通用有效的方法是利用目标实体在文档中的上下文信息。本章提出一种以目标实体为中心的查询扩展方法，该方法中基本查询的扩展项是与目标实体的相关实体。相关实体主要从以下几个来源抽取：①目标实体在知识库中的主页；②训练语料中目标实体的相关文档(即标注为vital和useful的文档)；③目标实体在知识库中的已有引文。

对于维基百科实体，使用JWPL API抽取其维基主页中的内链(inlink)实体和外链(outlink)实体作为其相关实体。对于推特实体，使用 Stanford 命名实体识别工具从其主页中识别命名实体作为其相关实体。同样地，可以从目标实体的训练文档和已有引文中抽取更多的相关实体。需要注意的是，对于推特实体，因为其主页中很少包含引文，本章提出了一种伪引文(pesudo citation)抽取算法为每个推特实体抽取五篇伪引文作为其相关实体的抽取对象，伪引文抽取算法见算法 2-5。

算法 2-5　伪引文抽取算法

输入：目标实体 e，伪引文数量 N。

输出：伪引文集合 C。

```
在搜索引擎(Google)中检索 e。
爬取检索结果列表 L。
for all l ∈ L do
    if l 是死链或者广告链接 then
        continue;
    else
        抽取链接 l 对应的文档 c;
        if c ∈ C then
            continue
        else
            将文档 c 添加到集合 C 中;
            if |C| == N then
                break;
            end if
        end if
    end if
end if
```

通过为每个目标实体抽取相关实体后，将这些实体作为扩展项与基本查询组合形成新的查询在索引中进行重新检索，返回的文档列表作为目标实体的相关文档，同时根据文档在列表中的位置生成 $(0,1000]$ 范围内的相关性打分。

为了验证伪引文抽取算法的有效性，可实现两种查询扩展方法：不使用伪引文抽取的查询扩展方法和使用伪引文抽取的查询扩展方法。

2）分类方法

将引文推荐任务视为二分类问题，给定目标实体将文档分类为相关(vital 与

useful)和不相关(neutral 与 garbage)两个类别，或者 vital 和非 vital 两个类别。有监督学习工作中已经有支持向量机(support vector machine)方法、语言模型、逻辑回归、随机森林分类器和马尔可夫随机场等，其中随机森林分类模型效果最好，所以本章实验中采用了基于随机森林的分类模型。分类方法使用 weka 工具包中基于随机森林的分类实现。

因为 TREC-KBA-2013 数据集中训练数据不足以为每一个目标实体训练一个单独的分类器，有的目标实体在训练集中甚至没有 vital 文档，所以本章利用所有的训练数据为所有目标实体训练一个通用的分类模型。

3) 排序学习

由于文档实体之间不同相关程度的良序性(vital>useful>neutral>garbage)，引文推荐任务也可以视为排序学习问题，给定目标实体，将候选文档按照与目标实体的相关程度从高到低排序。为了便于与分类方法比较，排序模型也使用基于随机森林的排序方法实现。同样地，因为训练数据不足以为每个目标实体单独训练排序器(ranker)，所以使用所有训练数据为所有实体训练一个通用的排序模型。

2. 实体与文档相关性

实体与文档之间的相关性被标注为四个不同的相关程度，分别是重要(vital)、有用(useful)、中性(neutral)、垃圾(garbage)，TREC-KBA 对四个不同的相关程度的定义如表 2-4 所示。

表 2-4　TREC-KBA-2013 数据集中实体文档相关程度定义

重要(vital)	文档中包含实体相关的重要实时信息，如描述实体当前状态发生改变的文档等，该信息会触发编辑人员对知识库中目标实体页面进行编辑和更新操作
有用(useful)	文档中包含可能被知识库引用的信息，但不是实时信息。如只是关于该实体的背景信息等
中性(neutral)	不会被知识库引用的中性信息，文档中未提及目标实体任何信息
垃圾(garbage)	不包含任何相关信息的垃圾文档，如广告、垃圾邮件等

3. 文档过滤

因为文档集合中包含近 10 亿篇网络文档，如果全部处理需要耗费大量的计算资源和时间。为了提高引文推荐系统的处理效率，首先需要降低文档集的规模。据 Frank 等[20,21]的研究统计，大部分与实体相关(即 vital 和 useful)的文档都会在其内容中明确提及该目标实体。因此，在正式开始实体文档相关性判断之前，需要根据目标实体集合先对整个文档集做一次过滤，减小文档集的规模以便后续处理。

本节选择为文档集合建立索引的方法来完成文档集的过滤。首先利用 ElasticSearch[①]为整个文档语料库建立全文索引，ElasticSearch 是基于 Lucene 的分布式全文检索工具，只对文档的四个字段建立索引，如表 2-5 所示。

表 2-5　建立索引的文档字段

字段	详细介绍
stream id	每篇文档唯一的标识符
content	文档的文本内容
source	文档来源
timestamp	标识文档发表时间的时间戳

完成对整个文档集的索引之后，可以使用多种查询方式完成对整个文档集的过滤。最简单的过滤方法是对文档做实体名精确匹配(exact match)，即根据文档中是否提及目标实体来过滤文档集，只保留文本中明确提及目标实体名的文档作为候选引文，丢弃未提及目标实体名称的文档。这种过滤方式有如下两个缺点：①仅根据实体名称来过滤会丢掉很多含有别名(重定向名)实体的相关文档，以 New York City 为例，相关文档中可能出现 NYC 或者 Big Apple 等别名。如果仅考虑目标实体名称，会丢失大量相关文档，导致系统召回率偏低。②这种方法不能区分重名实体。如对于文档中出现的迈克尔·乔丹(Michael Jordan)，可能是指著名机器学习科学家迈克尔·乔丹，也可能是指著名篮球运动员迈克尔·乔丹。

一种改进方案是基于查询扩展的过滤方法，包含两个步骤：①别名扩展，为每个目标实体生成尽可能多的可信别名(称为 Surface Form)；②查询扩展，将这些别名用作精确匹配的扩展项来过滤文档集。

1) 别名扩展

对于目标实体中的维基实体，抽取它们在维基百科中的重定向名[②]作为其别名。以维基百科实体 Barack Obama 为例，其重定向名包括 Barack、Obama 以及 Barack Hussein Obama。对于推特实体，通过 Twitter API 抽取其推特显示名称以及其推特 ID 作为其别名。以推特实体@AlexJoHamilton 为例，其推特显示名称为 Alexandra Hamilton，这两个名字都被作为别名用于查询扩展。

2) 查询扩展

对于每个目标实体 e，首先为其建立一个相关文档集，表示为 $C(e)$。$C(e)$ 主要由三部分文档组成：

---

① http://www.elasticsearch.org/.

② https://zh.wikipedia.org/wiki/Wikipedia:%E9%87%8D%E5%AE%9A%E5%90%91.

(1) 实体在知识库中的主页；

(2) 知识库中已存在的该实体的引文；

(3) 训练语料中已经标注的相关文档(即标注为 vital 和 useful 的文档)。

然后，对于 $C(e)$ 中每篇文档 d 进行命名实体识别，从中找出与目标实体 e 共现的相关实体集合，表示为 $R(e)$。$R(e)$ 中的实体为用于查询扩展的扩展项。

文档 d 和目标实体 e 之间的相关程度表示为 $\mathrm{rel}(d,e)$，计算方法如式(2-43)所示。

$$\mathrm{rel}(d,e)=\sum_{e_i\in R(e)}\omega(e,e_i)\cdot \mathrm{occ}(d,e_i) \tag{2-43}$$

式中，$\mathrm{occ}(d,e_i)$ 为相关实体 e_i 在文档 d 中出现的次数；$\omega(e,e_i)$ 为实体 e_i 与目标实体 e 之间的先验相关性权重，使用 e_i 在文档集 $C(e)$ 中的逆向文档频率来计算，计算方法见式(2-44)。

$$\omega(e,e_i)=\log_2\frac{|C(e)|}{|\{j:e_i\in d_j\}|} \tag{2-44}$$

式中，$|C(e)|$ 代表文档集 $C(E)$ 中文档的数量；$|\{j:e_i\in d_j\}|$ 表示有相关实体 e_i 出现的文档数量。

通过设置合理的相关阈值，我们可以先从整个文档集中过滤出目标实体的文档子集，可以在规模较小的文档集上进行进一步的相关性判断，这大大地减小了文档数据规模，提高了系统处理效率。

2.3 基于社团成员层次结构的信息检索及排序

社团成员归属于社团的程度是不同的。例如，一个研究领域中，既有推进核心理论的专家，也有初出茅庐的研究者，他们对该领域的贡献或参与程度都是不同的。衡量成员归属于社团的程度，既有助于重叠社团的检测，又能加深理解成员的特性。本节关注和研究同一社团内的成员性质，称其为社团成员的层次结构。同一社团的成员由于归属于社团的程度不同而形成多个层次，每个层次起着各自的作用。例如，有些成员节点和其他成员节点连接紧密，处于社团的核心位置，对于社团整体的控制和稳定性起着重要的作用。而另一些成员节点和两个社团的成员都有连接，处于社团的边缘，对于社团之间的信息传播有着重要的作用。为了检测社团成员的层次结构，本章阐明国内外相关研究现状，提出应用广泛的种子社团检测，以及社团成员层次结构检测框架，并提出应用广泛的社团成员层次结构检测方法。

2.3.1　社团成员层次结构定义

社团的成员由于归属程度的不同而形成多个层次。本节称这个层次结构为社团成员层次结构(hierarchical structure of member，HSM)[22]。该结构既可以反映社团的多种分辨率，还可以反映社团成员的性质。首先给出社团成员层次结构的严格定义。

对于一个社团 C，其成员层次结构定义为

$$\text{Hier}(C)=\{\text{level}_i\},\quad i=1,2,\cdots,K \tag{2-45}$$

式中，K 是层次数。每一层 level_i 是社团 C 中成员的子集，并受到以下约束

$$\bigcup_i \text{level}_i = S_C \tag{2-46}$$

$$\text{level}_i \cap \text{level}_j = \varnothing,\quad \forall i \neq j \tag{2-47}$$

$$\text{Max}\{\text{BC}(\alpha),\quad \alpha\in\text{level}_i\} < \text{Min}\{\text{BC}(\beta),\quad \beta\in\text{level}_j\},\quad \forall i > j \tag{2-48}$$

式中，S_C 是社团 C 的成员集合；$\text{BC}(\alpha)$ 指成员 α 归属于社团 C 的程度。level_1 的归属程度最大，其成员称为核心成员；level_k 的归属程度最小，其成员称为边缘成员。

除了以上有关结构的基本定义，社团成员层次结构还应具有以下性质。

(1) 连续性：对于任意 level_k，每一对成员 $\alpha,\beta\in\bigcup_{i=1}^{k}\text{level}_i$，都存在一条路径 α、p_1、$\cdots$、p_r、β，其中 $p_i\in\bigcup_{i=1}^{k}\text{level}_i$。换言之，归属程度靠前的成员只需借助归属程度相等或更高的成员来达到连通，与归属程度更低的成员无关。此性质保证了由层次结构构成的多种分辨率下的社团都是连通结构。

(2) 可比较性：成员对于同一社团的归属程度能够比较。多数归属程度度量方法以成员为中心对归属程度进行归一化，它们不满足此性质。

(3) 一致性：成员在同一层次内的归属程度相近，在不同层次之间的归属程度相差较大。

(4) 稳定性：给定层次数 k，前 k 层可以构成稳定的社团结构。稳定的社团结构指从当前社团中移除或添加任意节点都会降低社团质量。

2.3.2　社团成员层次结构检测

1. 社团成员层次结构检测框架

为了检测社团成员层次结构，本节在传统社团检测框架的基础上，提出社团

成员层次结构检测框架。传统的社团检测的目标是对图进行划分。如图 2-22 所示，该检测框架的带阴影部分被广泛地应用于社团检测中[23-28]。给定一个图，首先要寻找其中的种子社团，该过程在第 3 章进行了介绍。然后每个种子社团被扩展成一个社团。最终多个社团被收集起来形成了一个图的划分。而本章所关注的社团层次结构检测相对于社团扩展部分，即度量归属度和检测层次。为了检测社团层次结构，该框架首先根据给定的种子社团衡量成员的归属程度。然后根据成员的归属程度对成员划分层次，最终得到社团成员的层次结构。每个层次都可以构建一种分辨率下的社团结构，根据需要选取其中的一种分辨率，即可组成一种图的划分。

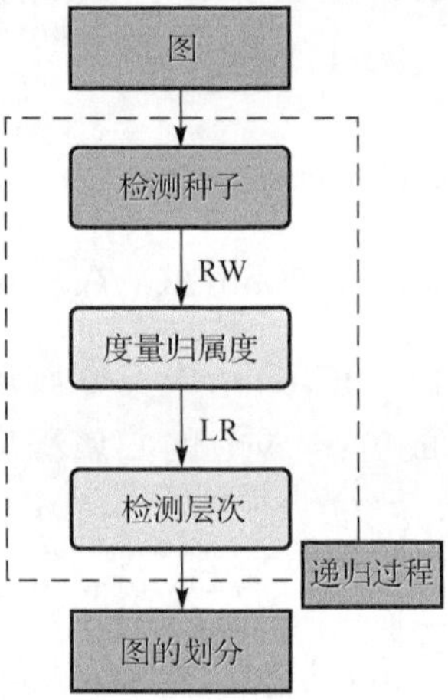

图 2-22　社团检测和社团成员层次检测框架(见彩图)

2. 基于随机游走和线性规划的社团成员层次结构检测方法

本节关注社团成员层次结构检测部分。根据上面的框架，需要实现归属度度量和层次划分这两步。下面给出基于随机游走的归属度度量方法和基于线性规划的层次划分方法，整个算法简记为 RWLR(random walk and linear regression)。

1) 归属度度量

归属度描述的是成员与社团核心联系的紧密水平。归属度最高的成员是核心成员。一方面，为了保证由层次结构所构成的多种分辨率下的社团都是连通的，需要归属度满足连续性，即归属度高的成员之间互相连通，不需要经过归属度低的成员。另一方面，归属度还需要满足可比较性，这是当前大多方法不能满足的。当前方法大多是基于点的度量，以节点为中心将其归属于所有社团的程度进行归一化。这种处理方便节点选择要加入的社团，但破坏了节点之间的比较性，尤其会抑制重叠节点的归属程度。例如，图 2-23(a)所示的样例网络结构，其中有蓝色和粉色两个社团。节点 4 是重叠节点，其既属于左边的社团也属于右边的社团。由于节点 5、6 和 7 只属于一个社团，所以它们归属于粉色社团的程度为 1。由于节点 4 也归属于蓝色社团，所以它归属于粉色社团的程度小于 1。然而，节点 4 与粉色社团的所有点都相连，相比节点 5、6 和 7 与社团连接更加紧密，应当有更高的归属程度。这是面向点的归属度度量方法所不能做到的，因此本节提出一种面向社团的归属度度量方法。

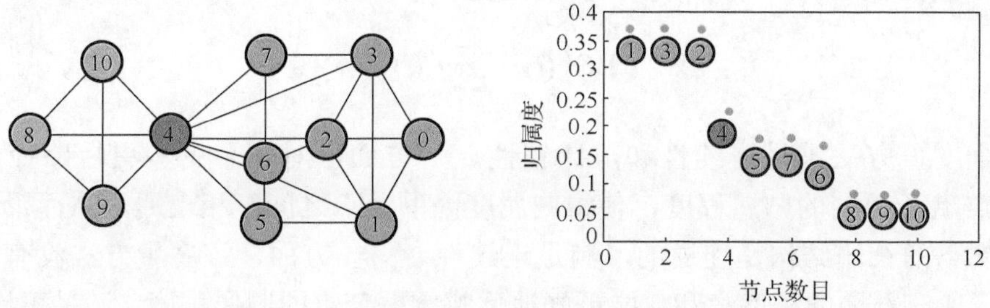

(a) 网络结构图　　　　(b) 归属度序列中元素与归属度的关系图

图 2-23　样例网络(见彩图)

为了满足连续性和可比较性，本节在随机游走的基础上设计了面向社团的归属度度量方法。随机游走方法在社团检测方面也得到应用[29-31]。从源点开始，对于每一步，行走者在一个节点，随机选择相邻的另一个节点移动。随着步数的增加，到达节点的概率逐渐减少。这个过程保证了从源点到任意点都存在一条到达概率非增的路径(推论 2-1)。这意味着到达概率高的节点之间保证是连通的。

推论 2-1　在连通图中，从任意点到源点都存在一条到达概率非减的路径。

证明　假设节点 i 位于当前路径中，若节点 i 为源点，则路径已找到；否则，寻找不在路径中的邻居 j 满足 $\mathrm{BC}(j) > \mathrm{BC}(i)$，从节点 i 移动到节点 j，重复上述步骤即可找到路径。下面通过反证法证明满足条件的邻居 j 一定是存在的。假设满足条件的邻居 j 不存在，并且节点 i 不是源点。在所有 i 的邻居中，可以将 i 与源点连接的节点集合记为 S。由于在连通图中，任意两点间存在路径，所以集合 S 不为空。对于任意 S 中的节点 j，j 在一条从 i 到源点的路径上，j 比 i 离源点更近，因此 $\mathrm{BC}(j) > \mathrm{BC}(i)$，与假设不符。因此，对于节点 i，沿着 BC 递增的方向移动，一定可以达到源点。

下面给出严格的描述。对于每一步，从节点 i 到节点 j 的转移概率为

$$p_{ij} = \frac{A_{ij}}{d_i} \tag{2-49}$$

式中，$A_{ij}=1$表示节点i和j之间有边；否则$A_{ij}=0$。d_i是节点i的度数。对应的矩阵P称为转移矩阵。给定源点s，从节点s走t步到节点i的概率为

$$q_s^t(i) = \sum_{j=1}^{N} q_s^{t-1}(j) Q_{ij} \tag{2-50}$$

式中，Q在转移矩阵的基础上，$Q_{si}=0, \quad i=1,\cdots,N$。于是定义节点$i$归属于以$s$为核心的社团的程度为从节点$s$在$T$步内到达节点$i$的概率

$$\mathrm{BC}_s^T(i) = \sum_{t=1}^{T} q_s^t(i) \tag{2-51}$$

这个度量方法满足连续性和可比较性。一方面，对拥有更多更短路径到达源点的节点赋予更高的归属程度，使得归属度高的节点之间互相连通，从而形成的多种分辨率下的社团结构是连通的，满足连续性。另一方面，该度量方法没有限制节点归属于所有社团的程度之和，能更好地反映重叠节点的归属程度，满足可比较性。

关于时间复杂度。计算$q_s^t(i)$时，只需遍历节点i的邻居节点，因此更新一步的复杂度是$O(|E|)$，其中$|E|$是网络中的边数。总的时间复杂度和步数T有关，为$O(TM)$。如文献[31]分析的，经过一定步数后，归属度序列将会随着步数的增加维持不变。实验中讨论了步数T的选取。

2) 层次划分

根据上述过程得到的成员归属程度，可以对成员进行层次划分。划分需要保证如 2.1 节所述的一致性和稳定性，即层次内的成员归属度相似，层次间的成员归属度相差较大，以及由层次结构可形成良好的社团结构。

首先将归属度序列按降序排列，称该序列为L。观察样例网络中的归属度序列，如图 2-23(b)所示，处于同一层的成员的归属度序列近似为一条线段，整个序列则由多条线段所组成。从理论上来看，由于同一层成员的归属度相近，其序列可近似为一条线段。相同的现象也出现在实际社会网络中。因此这里通过将序列映射到多条线段上来描述一致性。如式(2-52)所示，一致性的度量ε定义为

$$\varepsilon = \frac{1}{\sum_{k=1}^{K} \sum_{i=n_{k-1}+1}^{n_k} (y(i) - L_i)^2} \tag{2-52}$$

$$y(i) = wi + b \tag{2-53}$$

式中，K为层次数；将成员按照归属程度从高到低排列，n_k是第k层中成员的起

始序号，$n_0=0$，L_i是第i个成员的归属程度。这种一致性的度量不仅可以反映同一层成员归属度的相似，还可以反映层次间的“间隙”，同一层内含有越多越大的“间隙”，一致性就越低。

给定层次数K，需要选出$K-1$个断点来将序列划分为K段，同时最优化一致性。为了解决这个最优化问题，本章设计一个高效的动态规划算法。最大化ε即最小化$1/\varepsilon$，称为不一致性。因此只需关注最小化不一致性。定义状态f_{ij}为序列中前j个成员加入前i层的不一致性的最小值。遍历最后一个断点k，转移函数为

$$f_{ij}=\min[f_{i-1,\ k}+\text{cost}(k+1,\ j)],\quad k=(i-1)\cdots(j-1) \tag{2-54}$$

$$g_{ij}=\arg\min_{k}[f_{i-1,\ k}+\text{cost}(k+1,\ j)],\quad k=(i-1)\cdots(j-1) \tag{2-55}$$

式中，g_{ij}记录了f_{ij}所选择的断点；$\text{cost}(p,q)$是将序列中从第p个到第q个成员的归属程度映射到线段残差的最小值，其定义为

$$\text{cost}(p,q)=\sum_{i=p}^{q}[y(i)-L_i]^2=\sum_{i=p}^{q}(wi+b-L_i)^2 \tag{2-56}$$

最小化残差可以通过最小二乘法计算，其中线段的参数w和b由式(2-57)和式(2-58)给出。

$$w=\frac{n\sum_i iL(i)-\sum_i i\sum_i L(i)}{n\sum_i i^2-\sum_i i\sum_i i} \tag{2-57}$$

$$b=\frac{\sum_i i^2\sum_i L(i)-\sum_i i\sum_i iL(i)}{n\sum_i i^2-\sum_i i\sum_i i} \tag{2-58}$$

式中，$i=p,\cdots,q, n=q-p+1$。迭代地计算f，可以得到层次的划分，其中断点存储在g中。

进一步地，该算法的时间复杂度还可降低。计算完状态f_{ij}之后，选择断点$g_{ij}=k$，因为任意$p<k$，断点k都会比断点p更优。即序列$\{\text{node}_{p+1},\cdots,\text{node}_k\}$和序列$\{\text{node}_{k+1},\cdots,\text{node}_j\}$是不一致的。对于之后的状态$f_{ij'>j}$，如果$\{\text{node}_{p+1},\cdots,\text{node}_j\}$和$\{\text{node}_{j+1},\cdots,\text{node}_{j'}\}$是不一致的，$f_{ij'}$也应当选择断点$k$（相对于断点$p$）；否则，$f_{ij'}$应当选择断点$p$（相对于断点$k$）。然而，后者情况更难满足，因为已经知道序列$\{\text{node}_{p+1},\cdots,\text{node}_k\}$和序列$\{\text{node}_{k+1},\cdots,\text{node}_j\}$是不一致的。所以，对于后续的$f_{ij'>j}$状态，相对断点$p$会更倾向于选择断点$k$，断点$p$在后续都不会被考虑。换言之，决策是单调非降的。

观察真实网络中，决策单调的出现情况。在表 2-6 所示的真实网络中，统计满足 $g_{ij} > g_{ij-1}$ 的决策数量，并显示结果在表 2-6 中。其中超过 99%的决策都是单调的。于是可以假设，若 $f_{i-1,k} + \text{cost}(k+1, j) \leqslant f_{i-1,p} + \text{cost}(p+1, j)$，其中 $p<k$，则 $f_{i-1,k} + \text{cost}(k+1, j+1) \leqslant f_{i-1,p} + \text{cost}(p+1, j+1)$。根据此假设，层次划分的时间复杂度可以从网络规模的平方 $O(K\,|V\,|^2)$ 降低到与网络规模呈线性 $O(K|V|)$ 关系，其中 $|V|$ 是网络的规模。详细证明见推论 2-2。虽然有不到 1%的情况不满足此假设，本算法在实验中依旧表现良好。

表 2-6　真实网络中决策单调的出现情况

网络	非降率
Karate[34]	0.968944
Dolphins[35]	0.972244
University[36]	0.978979
Amazon[37]	0.999925
DBLP[37]	0.999980
YouTube[37]	0.999650
平均	0.997158

推论 2-2　当计算 f_{ij} 时，如果 $f_{ij} + \text{cost}(k+1, j) \leqslant f_{i-1p} + \text{cost}(p+1, j)$，其中 $p<k$，那么将 p 从 $f_{ij'>j}$ 的备选决策中移除，计算 f_{KN} 的时间复杂度可以被降低至 $O(KN)$。

证明　按照 i=1 到 i=K，j=1 到 j=N 的顺序计算 f_{ij}，用一个队列来维护备选决策。对于 f_{ij}，将新决策 k=j–1 加入队尾中，同时不断移除队首决策 p，满足 $p<k$，$f_{i-1,k} + \text{cost} \leqslant f_{i-1,p} + \text{cost}$。此时队列首端的决策为 f_{ij} 的最佳决策。对于每个决策 k，其仅被加入队列中一次且从队列中移除一次。因此计算 f_i 的时间复杂度为 $O(N)$，总的时间复杂度为 $O(KN)$。

最后需要讨论总的层次数 K 的确定。随着 K 的增加，越多的线段可以更好地拟合序列，导致一致性增加。当 K 达到节点数时，每个成员都是各为一层，层次结构也就失去了意义。因此本章将用尽量少的层次来得到稳定的社团结构。拥有局部最优社团质量的社团结构是稳定的。社团结构的质量可由式(2-59)和式(2-60)度量，

$$\text{FL}_k = \text{Fitness}\,(C_k) = \frac{d_{\text{in}}}{d_{\text{in}} + d_{\text{out}}} \tag{2-59}$$

$$C_k = \bigcup_{i'=1}^{k} \text{level}_{k'} \tag{2-60}$$

式中，C_k 是由前 k 层组成的社团；d_{in} 与 d_{out} 分别为社团内部成员的入度和出度。Fitness 函数由 Radicchi 等[32]提出，并得到广泛应用。初始设 K=1，从各个层

次组成的多种分辨率下的社团中选择最佳的社团结构，若该质量随着层次的增加而提高，则增加层次数 K 为 $K+1$ 并且继续测试；否则，取 K 作为最终的层次数。

实验中，计算得到的层次数 K 为 2～8 层，可近似为常数。由于层次数的选择过程并不影响层次划分的时间复杂度，其依旧为 $O(KN)$，近似与网络节点数呈线性关系。算法 2-6 的描述如下所示。

算法 2-6　社团成员层次结构检测算法 RWLR

输入：网络 $G(V,E)$，种子 S，步数 T=50。

输出：社团成员层次结构$\{\text{level}_1,\cdots,\text{level}_K\}$。

步骤 1：计算每个节点 i 对于种子 S 的归属程度 BC(i)。

步骤 2：初始化前 i 个节点位于层次 $K=1$ 的状态 $f_{1,i}=\text{cost}(1,i)$，$g_{1,i}=-1$。

步骤 3：增加层次数 K=K+1，对于每个节点 i 计算 $f_{K,i}$ 和 $g_{K,i}$。

步骤 4：令 $k=K$，$i=|V|$，将状态转换为层次划分结果。

(1) 清空 level'_k，将第 i 到 $g_{k,i}-1$ 节点加入 level'_k 中。

(2) 令 $i=g_{k,i}$，$k=k-1$，若 k>0 则转到步骤 4(1)，否则继续步骤 5。

步骤 5：计算当前最优的社团质量 $\max(\text{FL}_i, i=1,\cdots,K)$，若有提高，则更新社团成员层次结构为当前的划分 $\{\text{level}_1,\cdots,\text{level}_K\}=\{\text{level}'_1,\cdots,\text{level}'_K\}$，转到步骤 3；否则输出 $\{\text{level}_1,\cdots,\text{level}_K\}$。

2.3.3　实验结果及分析

本节分两部分来分析提出的社团成员层次结构检测算法。首先，在多个小规模真实网络和人工网络中展示检测到的层次结构，给出定性分析。其次，在大量人工网络中定量地测试算法的准确率和运行效率，并根据真实网络给出算法中的参数设定。

1. 数据集

实验采用人工网络和真实网络。人工网络分为人工重叠网络和人工层次网络两种，均由文献[33]提出。真实网络包括 3 个小规模网络和 3 个大规模网络，其拓扑信息如表 2-7 所示。

表 2-7　真实网络的拓扑信息

网络	节点数	边数	网络直径
Karate[34]	34	78	5
Dolphins[35]	62	159	4

续表

网络	节点数	边数	网络直径
University[36]	81	577	4
Amazon[37]	334863	925872	44
DBLP[37]	317080	1049866	21
YouTube[37]	1134890	2987624	20

2. 定性分析

为了展示社团成员层次结构的性质，首先在三个小规模网络中进行实验，这些网络均有已知的社团划分结果作为参照。

第一个实验的网络是经典的空手道俱乐部网络[34]，其由 34 个空手道俱乐部会员组成。这个网络的特别之处在于，因为教练和主席的争吵，会员划分为两个派系，分别支持两人，从而构成了两个社团。实验以教练(节点 34)为种子节点检测社团成员的层次结构，结果如图 2-24 所示，其中位于不同层次的节点用不同的颜色标明，即橘黄色、黄色、浅蓝色和深蓝色，种子节点 34 被标为红色。

计算得出的层次数为 2，即图 2-24(a)中由绿色虚线划分的两个部分。这个划分与真实的划分相符，除了位于第一层末尾的节点 8。增加层次数到 3，本章方法将第一层分为橘黄色和黄色两层。橘黄色层次对应的高分辨率下的社团结构与文献[30]中的检测结果一致。与文献[38]的结果不同，它将橘黄色节点识别为最后一层，而本节算法能够正确识别社团的多种分辨率。随着层次数的增长，蓝色层次分成浅蓝色和深蓝色两层，浅蓝色节点即重叠节点。

成员归属程度的序列显示在图 2-24(b)中，其中序列拟合的线段用红色虚线标明。图 2-24(b)中，线段反映了层次内的一致性。第 7 个节点和第 8 个节点之间的“间隙”，以及第 17 个节点与第 18 个节点的“转折”，都能被算法捕捉到。观察社团质量的变化，可以看到局部最优的社团质量往往对应着归属度序列的“间隙”或“转折”，这说明本章的算法是有效的，能够检测到有意义的社团结构。

如果只以最优化社团质量为目标，那么结果是整个网络为一个社团，这是无意义的。局部扩展方法为了防止这种情况，取局部最优的社团(即稳定的社团)为结果。对应到此网络上为前 10 个节点构成的社团，然而这 10 个节点的归属程度并不是一致的。将社团的稳定性和归属度的一致性组合以来，本章方法可以得到更合理的社团结构。

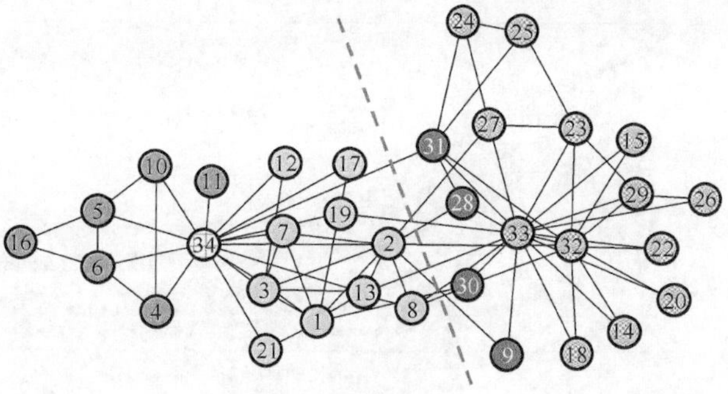

(a) 网络结构图

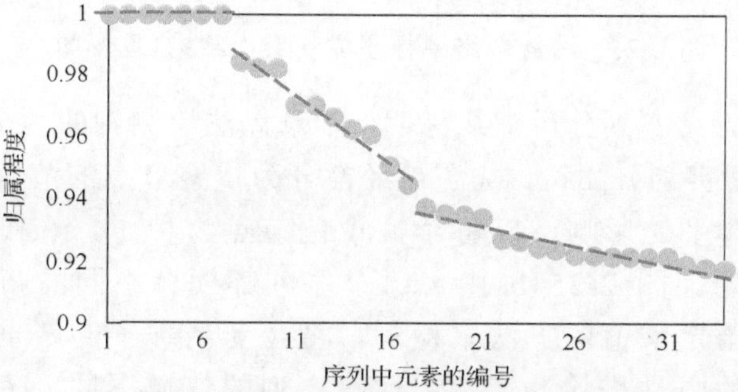

(b) 归属程度序列与归属度的关系图

图 2-24　空手道俱乐部网络中的社团成员层次结构(见彩图)

第二个实验的网络是居住在新西兰的海豚网络[35]。节点表示海豚，边表示观察期间两只海豚经常有来往。这个网络的特别之处在于，一只海豚离开后，整个群体分成了两个群体。实验以节点 9 为种子检测社团成员的层次结构。海豚网络中社团成员层次结构如图 2-25 所示。

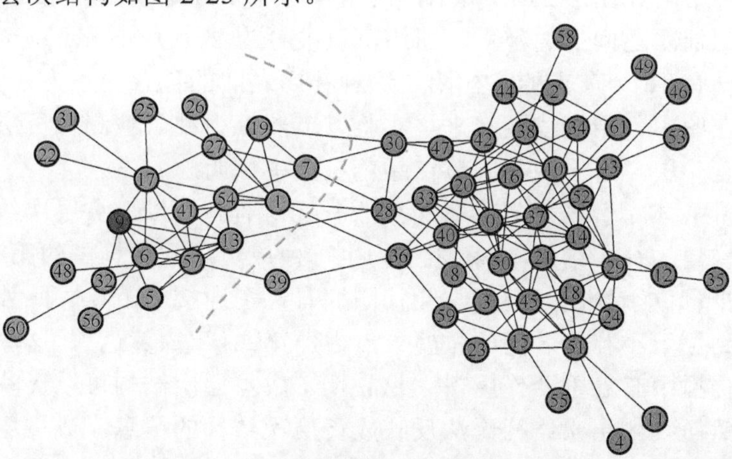

(a) 社团成员层次结构

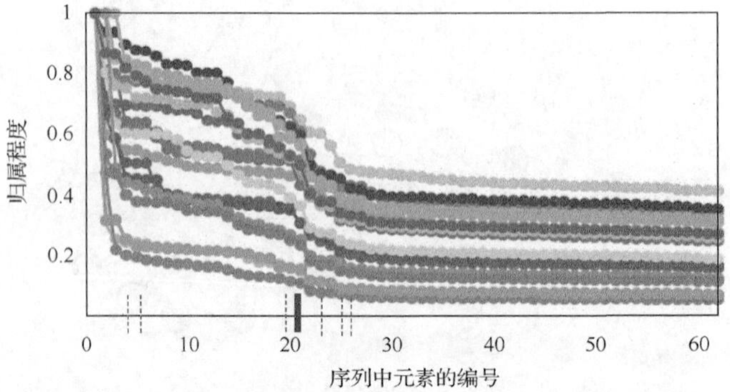

(b) 以橘黄色节点为种子的各个归属度序列

图 2-25　海豚网络中社团成员层次结构(见彩图)

图 2-25(a)中，真实划分用虚线标明，本章算法检测到的两个层次，橘黄色层次和蓝色层次与真实划分相符，除了被经常分为重叠节点的节点 39。为了分析种子的不同对划分结果的影响，以每个橘黄色节点为种子，在图 2-25(b)中绘制对应的归属度序列。图 2-25(b)中，每个序列都拥有不同的归属程度范围。可见，如果用设定固定阈值的方法来检测，将会受到种子的严重影响，因此，通常使用模糊阈值的方法来检测[39,40]。尽管序列的值域不同，序列的形状和走势都是相似的，即层次划分是相似的。大部分的层次划分对应于图 2-25(a)中的真实划分，用粗红色虚线标出。因此，本节的方法可以在一定程度上适应种子社团。

为了分析社团层次结构(hierarchical structure of communities，HSC)与成员层次结构(hierarchical structure of members，HSM)的关系，实验生成一张含有社团层次结构的网络。如图 2-26(a)所示，网络中含有 128 个节点和 1228 条边，其中社团内的边比社团之间的边密集。网络可以被分为 2 个大社团，每个大社团又可被分为 4 个含有 16 个节点的小社团。这种社团之间的包含关系为社团层次结构。所有的社团在图中都用虚线圈起来。实验以节点 1 为种子检测成员层次结构，得到的结果含有 4 层，每层用不同节点颜色在图中标明。

图 2-26 中，本节算法可以准确得到小社团结构，即以成员层次结构中的第一层(橘黄色)构建的社团结构。大社团结构也可由成员层次结构中的第三层(浅黄色)构建，除去少量位于社团之间且与此社团拥有许多连接的节点。此外，本节算法还可以检测到位于小社团之间的重叠节点，即第二层(深黄色)，这些节点在社会网络的信息传播中有着重要作用[41]。这说明，成员层次结构可以反映社团层次结构的信息，然而社团层次结构无法反映成员层次结构的信息。成员层次结构比社团层次结构蕴含更多的信息。

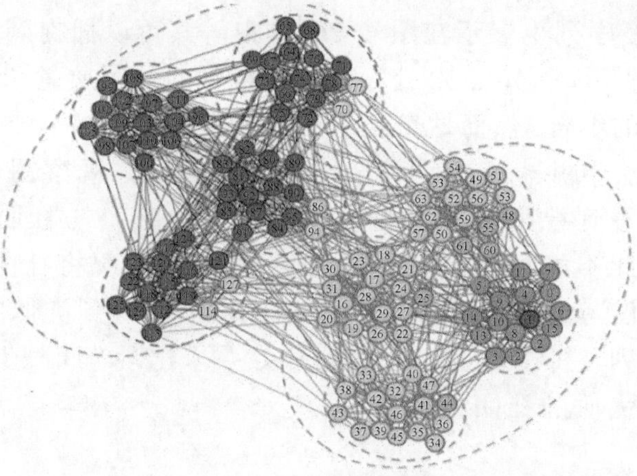

(a) 真实的社团是两个大社团，分别用虚线标记，每个大社团包含四个小社团。以红色节点1为种子的成员层次结构用节点的颜色标记

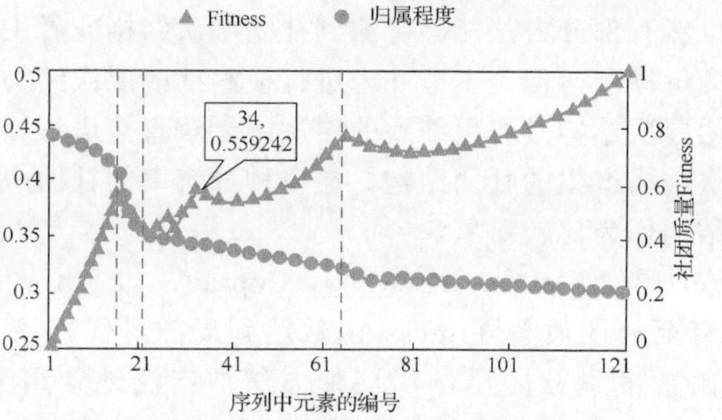

(b) 成员归属度序列与社团质量的关系图

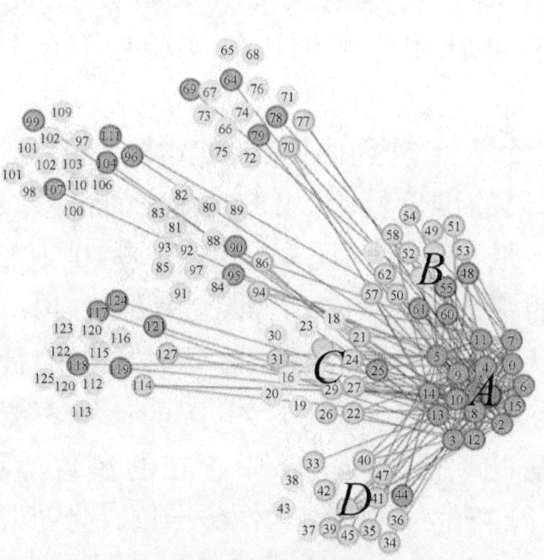

(c) 社团A及其相邻的节点

图 2-26　人工层次网络中的社团成员层次结构(见彩图)

成员的归属度序列也展示在图 2-26(b)中，其可以捕捉到局部最优的社团质量。如图 2-66(b)所示，在节点 32 处存在局部最优的社团质量，其对应着图 2-26(c)中小社团 A 和 B 的组合。然而这个处于局部最优的结构却不能作为社团。一方面，在网络的生成算法中并未指定这种情况。另一方面，观察图 2-26(c)中社团 A 的邻居点，可以看到社团 A 不仅与社团 B 连接紧密，与社团 C 和社团 D 的连接也很紧密，因此不能再排除社团 C 和社团 D 的情况将社团 A 和社团 B 视作一个社团。如果仅考虑社团质量的局部最优，则会得到类似的错误社团。若同时观察归属度序列，其在错误的社团划分处并未出现“间隙”，从而说明 RWLR 方法能够寻找到优质的社团结构。

3. 准确度分析

在准确度分析中，本节方法将与当前的重叠社团检测方法在社团检测质量方面进行比较。虽然有部分方法能够检测到社团层次结构或者生成含有社团层次结构的网络作为度量标准，但是本节并未进行检测社团层次结构的实验。因为成员层次结构比社团层次结构具有更细致的层次，无法直接进行比较，所以本节主要比较由成员层次结构产生的社团结构。在多种分辨率的社团中，选取具有最佳社团质量的社团结构作为比较对象。

参与比较方法为 LFM[25]、UEOC[31]、Copra[39]。LFM 从一个种子节点贪心地扩展社团，直至社团质量 Fitness 函数达到局部最优。该方法与本章方法都选用 Fitness 函数度量社团质量，该种方法被广泛地应用于社团检测方法。UEOC 结合随机游走和模拟退火来检测社团结构。与本节类似，它们都采用了随机游走方法来度量归属程度，只是细节上略有不同。Copra 是基于动态过程的社团检测方法，在重叠社团检测的比较实验中有着良好表现[41]。该方法作为本次实验的基准。

测试集由 4×1100 个人工重叠网络构成。人工重叠网络由 LFR[33]方法生成，用 NMI 方法来度量结果的准确性[25]。LFR 方法的参数设定类似文献[42]：网络规模 n=1000 或 5000；最小的社团规模 $C_{\min}=10$ 或 20；最大的社团规模 $C_{\max}=5\times C_{\min}$；节点的平均度数为 16，最大度数为 40；指数参数 $t_1=-2, t_2=-1$；社团之间连边的比例为 0.1；每个节点能够同时属于的社团数为 2。重叠节点的比例 on/n 从 0 以 0.05 为间隔遍历到 0.5。对于每一组参数，实验生成 100 个网络以抵消随机因素带来的影响。待比较方法中存在的参数都设定为默认参数。LFM 中的 alpha 参数为 1，使得 Fitness 函数同本章一致。为了使 Copra 获得良好的结果，实验将每个节点能够同时属于社团的数量设置为 2，同网络生成参数一致，并且重复该算法 10 次，取最佳结果展示。

人工网络上的社团检测比较结果显示在图 2-27 中。从图 2-27 中可看到，本节方法 RWLR 并不受网络规模的变化影响，然而 UEOC 在规模较大的网络表现有所下降。Copra 也有类似的表现，其不随网络规模或社团规模的变化影响。在所有情况下，本节方法 RWLR 的表现都优于 UEOC 和 Copra，说明检测到的社团成员层次结构是有意义的。当社团规模较大时，RWLR 的表现优于所有方法。由于 UEOC 也采用随机游走方法，所以常应用于较大规模的社团检测。

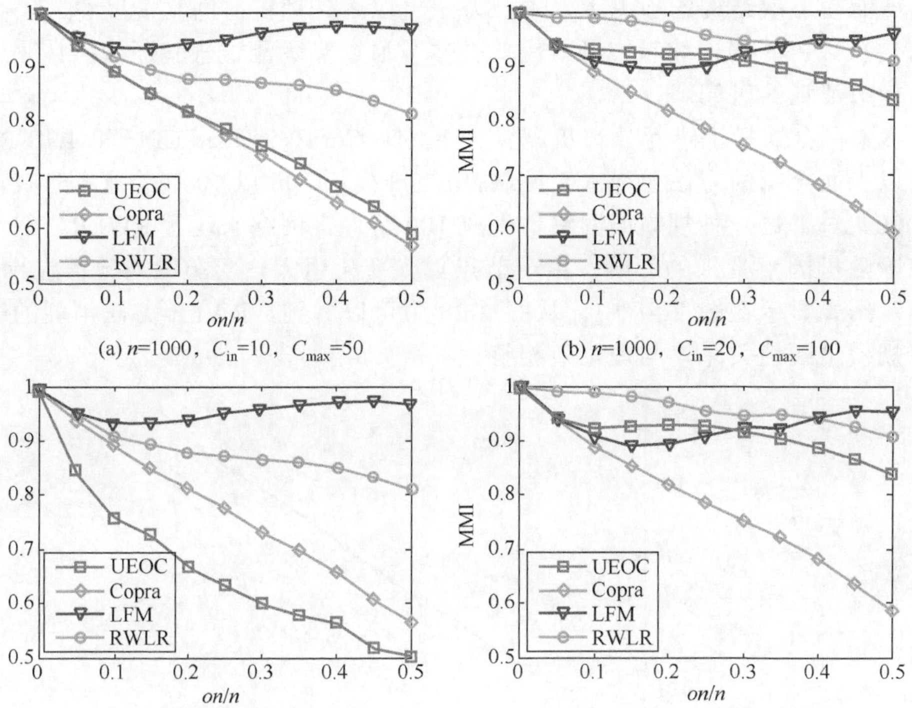

(a) n=1000，C_{in}=10，$C_{\max}$=50　　(b) n=1000，C_{in}=20，$C_{\max}$=100

(c) n=5000，C_{in}=10，$C_{\max}$=50　　(d) n=5000，C_{in}=20，$C_{\max}$=100

图 2-27　人工网络上的社团检测比较结果(见彩图)

局部扩展方法 LFM 在小规模社团检测中效果好。然而，在真实社会网络中，社团的规模变化多样，大规模的社团往往在网络中处于更重要的作用。因此本节提出的 RWLR 比 LFM 更适合应用于真实社会网络。尽管在检测小规模社团时，RWLR 比 LFM 的 NMI 度量值略低，其仍可以保持 0.8 以上的准确率。

随着重叠节点的增多，社团之间的划分越发模糊，检测结果的 NMI 值将会降低。本节提出的 RWLR 和 UEOC 在社团规模较大时的表现类似，但降低速度慢于 UEOC 和 Copra。有意思的是 LFM 随着社团划分的模糊，NMI 值先下降后提高。当社团之间重叠规模小时，RWLR 可以在较小规模社团上达到 0.8 以上的准确率，在较大规模社团上达到 0.9 以上的准确率。综上分析，本节提出的 RWLR 可以检测良好的社团结构，尤其是在社团规模较大且重叠规模较小的情况下。

4. 效率分析

本节提出的方法不仅能够检测社团结构，还能检测出多种分辨率下的社团结构。相比于只检测一种分辨率社团结构的方法，本节方法在效率方面并不具有优势。然而在层次结构的检测上，本节方法可以达到理论时间复杂度 $O(KN)$，其中 K 为层次数，N 为网络节点数。因此，本节通过实际测试来验证检测社团成员层次结构所消耗的时间。

实验在台式机上进行，该机配置为 Intel® Core™2 Quad CPU 和 4GB RAM。实验以上面介绍的方法生成人工网络，节点规模从 100 以 10 倍的速率一直增长到 100000。对于每一种规模的网络，生成 100 个人工网络来运行 RWLR，取平均值以消除随机因素带来的影响。由于节点规模变化巨大，实验取对数值显示在 XY 轴上。结果显示在图 2-28 中。从图 2-28 中可以看到，RWLR 方法消耗的时间与节点规模呈线性关系，与理论值相符。

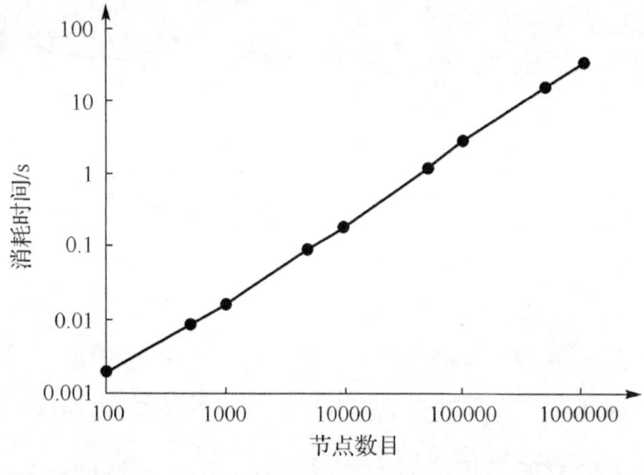

图 2-28　RWLR 方法的运行速度与网络规模的关系图

5. 参数分析

本节分析式(2-51)中的随机游走步数 T 的取值。每走一步，节点的归属程度要进行更新，归属度序列的顺序也会产生变化。直到序列达到稳定，不再随着步数的增加而变化，与源点紧密连接的节点将处于序列中靠前的位置。图 2-29 绘制了步数和序列变化的关系。其中两个序列 O_1 和 O_2 的差异定义为 $nnz(O_1-O_2)$。实验对表 2-6 中的六个真实网络中进行测试。

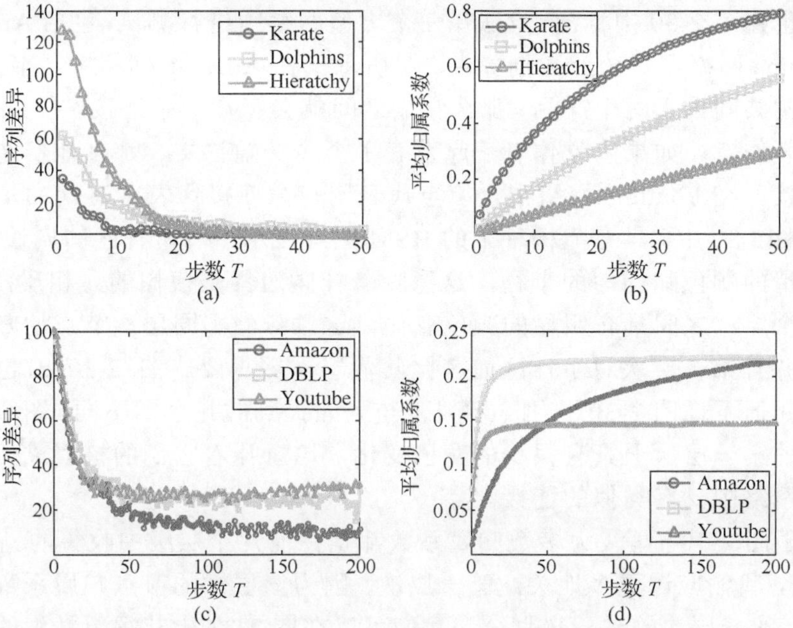

图 2-29　参数 T(随机游走步数)的分析(见彩图)

(a)和(c)为不同网络规模下的步数 T 与序列差异的关系，(b)和(d)为不同网络规模下的步数 T 与平均归属系数的关系

图 2-29(a)中显示小规模网络的情况，可以看到序列在经过 20 步后就达到稳定。对于大规模网络，20 步不足以走完所有的节点。在分析成员层次结构时，通常只关注前几层，因此，在此处关注序列中的前 100 个节点。图 2-29(c)中，序列可以在 50 步之后达到收敛。因此，将步数设为 50 足以应对大部分社会网络。

步数不仅影响序列的收敛，还会影响归属程度的值域。图 2-29(b)、(d)展示了随着步数的增长，在各规模网络中，归属程度的平均值的变化。可以看到，小规模网络的归属程度高于大规模网络，因此随机游走者在少量节点间行走拥有更大的到达概率。这就解释了为什么图 2-27 中的归属度在 0.9 以上，而图 2-29 中的归属度要小得多。

2.3.4　基于社团成员层次结构的信息检索

在大型网络中很难观察到整个图形，因此 HSM 可以用来分析大型真实网络信息检索结果。在 HSM 的帮助下，方法将相似的节点映射到同一层次，并获得被观察种子在整个网络中的整体图像。在图 2-30 中，白色圆圈表示层次。每个圆的半径表示该层级包含的成员数量。从暖色到冷色，对应节点的归属系数从高到低。由于节点数量很大，我们会在规范化它们之前先记录它们。每个层次的原始节点数也在图 2-30 中标出。方法在三个大型网络中进行测试，包括 Amazon、DBLP 和 Youtube 网络，其统计数据如表 2-7 所示。在 Amazon 网络中，节点代表产品。如果经常共同购买两个产品，那么它们之间就会存在一条连接。在 DBLP 网络中，节点代表作者。如果两位作者一起发表了至少一篇论文，那么他们之间就会存在一条连接。在 Youtube 网络中，节点代表用户，连接代表友谊。

在图 2-30 中，具有随机种子的 HSM 图片显示了每个社区的属性。图 2-30(c) 具有平滑的颜色和均匀的半径，这意味着社区边界是模糊的。相反，图 2-30(b) 在前两个层次之间具有明显的颜色变化，这意味着不同层次节点的归属系数差距很大，并且第一层次对于社区而言比其他层次更重要。图 2-30(d) 也具有明显的颜色变化但不像图 2-30(b) 那样清晰。与上面提到的几个图不同，图 2-30(a) 和 (e) 在它们的第一层次上具有很少的颜色变化，这意味着它们的核心成员同样重要，并且在网络中具有类似的连接。

对于图 2-30 而言，大多数归属系数都是在前几个层级中收集的。在图 2-30(b) 和 (f) 中，我们应该更多地关注第一层次，因为该层次的节点归属系数的总和几乎等于 1。随着层次的进一步划分，我们可以在图 2-31 中获得更精细的分辨率。从图 2-31 中，我们可以知道前 10 个节点的连接更紧密，但它们并不像图 2-30(a) 和 (e) 中的第一层次那么强。更精细层次的颜色与原始层次一样平滑，这表明它们的节点在归属系数方面是一致的。

不同社区种子的 HSM 结构不同，同一社区的种子具有相似的 HSM，如图 2-32 所示。因此，HSM 可以全面观察大型网络中的社区。

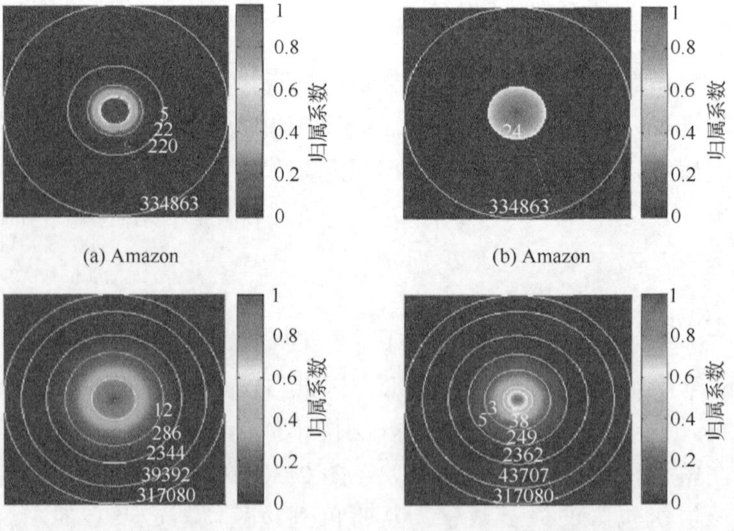

(a) Amazon　(b) Amazon

(c) DBLP　(d) DBLP

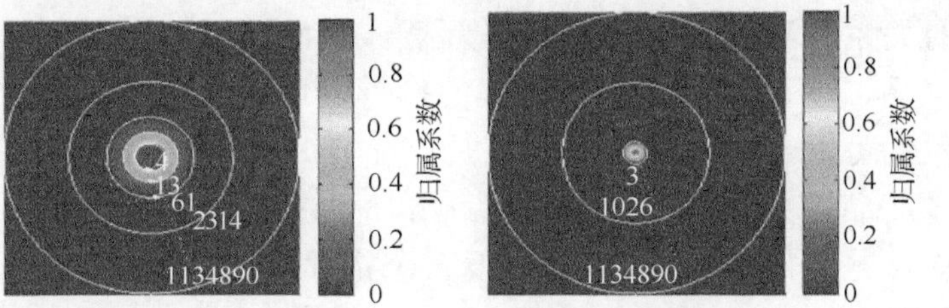

(e) Youtube　　(f) Youtube

图 2-30　可视化大型网络中的不同社区(见彩图)

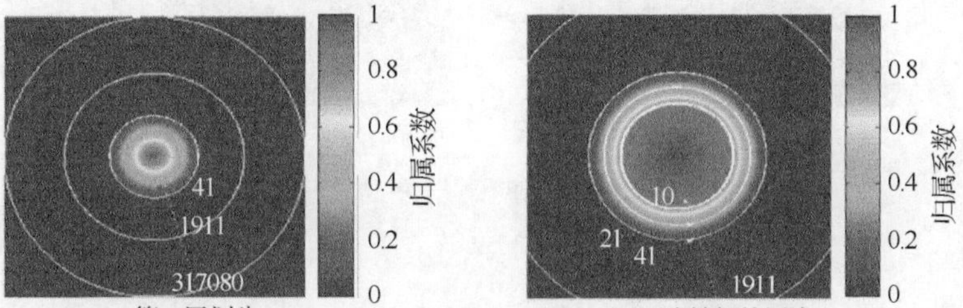

(a) 第一层划分　　(b) 更为精细的层次

图 2-31　具有不同层次的 HSM(见彩图)

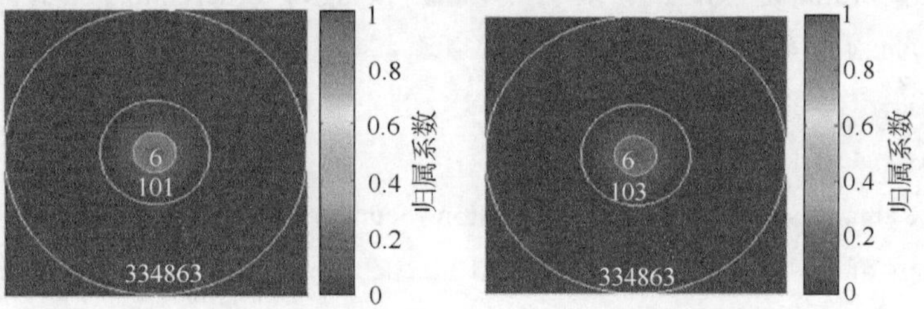

(a)　　(b)

图 2-32　两个 HSM 在同一社区中的种子(见彩图)

2.3.5　信息检索的排序方法

对检索结果进行排序进而向用户提供推荐是信息检索的一个重要应用。对于购买了某些特定产品的用户，我们可以根据产品共同关系，使用 HSM 提供交互式建议。传统方法通常根据其相似性得分推荐前 K 个产品。然而，K 值小则具有高精度低召回率，而 K 值大则具有高召回率低精度。交互式推荐可以是一种更好的解决方案，它可以提供具有动态 K 的多层次产品。用户可以选择下一层次产品或放大当前层次进行产品选择，在同一层次中的产品，购买概率是一致的。我们以产品 ID7438 为例，其 HSM 如图 2-33(a)所示。在该图中，第一层次的产品具有最相近的关系，我们可以将它们作为第一推荐。如果用户在第一推荐中没有找到感兴趣产品，他可以要求下一层次的推荐，即第二层次。通过文献[37]中标注的类别，我们可以看到这两个层次正是产品 ID7438 的两个类别。由于在第二层次存在太多产品，如图 2-33(b)所示，用户可以缩放层次，将其进一步划分为更精细的层次，并将前 22 个产品作为下一个推荐。

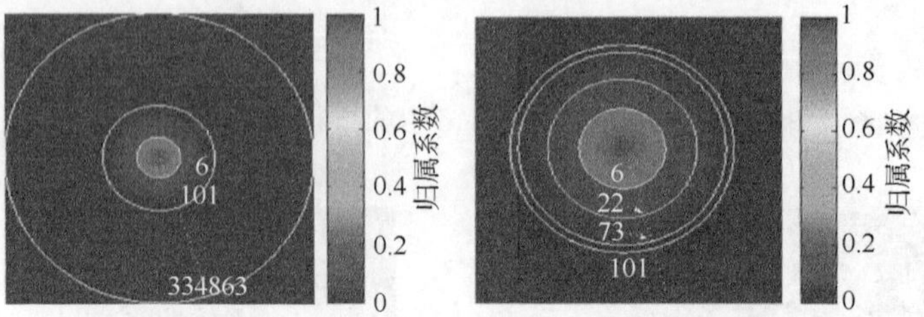

(a) ID7438的HSM　　(b) 第二层次划分中的更精细层次

图 2-33 亚马逊网络中产品(见彩图)

参 考 文 献

[1] Mihalcea R, Tarau P, Mihalcea R. TextRank: Bringing order into text[J]. UNT Scholarly Works, 2004: 404-411.

[2] 张辰, 冯冲, 刘全超, 等. 基于多特征融合的中文比较句识别算法[J]. 中文信息学报, 2013, 27(6): 110-116.

[3] Balog K, Ramampiaro H. Cumulative citation recommendation: Classification vs. ranking[C]. Proceedings of the 36th International ACM SIGIR Conference on Research and Development in Information Retrieval, Dublin, 2013: 941-944.

[4] Niklas J, Iryna G. Extracting opinion targets in a single-and cross-domain setting with conditional random fields[C]. Proceedings of the 2010 Conference on Empirical Methods in Natural Language Processing, Cambridge, 2010: 1035-1045.

[5] Tomas M, Kai C, Greg C, et al. Efficient estimation of word representations in vector space[C]. Proceedings of Workshop at ICLR, New York, 2013: 1-12.

[6] Salton G, Yu C T. On the construction of effective vocabularies for information retrieval[J]. ACM SIGPLAN Notices, 1975, 10: 48-60.

[7] Gebremeskel G G, He J, de Vries A P, et al. Cumulative citation recommendation: A feature aware comparison of approaches[C]. The 25th International Workshop on Database and Expert Systems Applications(DEXA), New York, 2014: 193-197.

[8] Fang Y, Si L, Mathur A. Discriminative probabilistic models for expert search in heterogeneous information sources [J]. Information Retrieval, 2011, 14 (2): 158-177.

[9] Hong D, Si L. Mixture model with multiple centralized retrieval algorithms for result merging in federated search[C]. Proceedings of the 35th International ACM SIGIR Conference on Research and Development in Information Retrieval, Portland, 2012: 821-830.

[10] Jin R, Si L, Zhai C. A study of mixture models for collaborative filtering[J]. Information Retrieval, 2006, 9 (3): 357-382.

[11] Wang Q, Si L, Zhang D. A Discriminative Data-Dependent Mixture-Model Approach for Multiple Instance Learning in Image Classification[M]. Berlin: Springer, 2012: 660-673.

[12] Ng A Y, Jordan M I. On Discriminative vs. Generative Classifiers: A comparison of logistic regression and naïve Bayes[M]. Advances in Neural Information Processing Systems 14. Cambridge: MIT Press, 2002: 841-848.

[13] Genkin A, Lewis D D, Madigan D. Large-scale Bayesian logistic regression for text categorization [J]. Technometrics, 2007, 49 (3): 291-304.

[14] Wang J, Song D, Liao L, et al. BIT and MSRA at TREC KBA CCR Track 2013[C]. Proceedings of the 22nd Text Retrieval Conference, Austin, 2013.

[15] Dempster A P, Laird N M, Rubin D B. Maximum likelihood from incomplete data via the EM algorithm [J]. Journal of the Royal Statistical Society Series B (Methodological), 1977, 39: 1-38.

[16] Akaike H. A new look at the statistical model identification[J]. IEEE Transactions on Automatic Control, 1974, 19 (6): 716-723.

[17] Kleinberg J M. Bursty and hierarchical structure in streams[J]. Data Mining and Knowledge Discovery, 2003, 7 (4): 373-397.

[18] Viterbi A J. Error bounds for convolutional codes and an asymptotically optimum decoding algorithm[J]. IEEE Transactions on Information Theory, 1967, 13 (2): 260-269.

[19] Vlachos M, Meek C, Vagena Z, et al. Identifying similarities, periodicities and bursts for online search queries[C]. Proceedings of the ACM SIGMOD International Conference on Management of Data, Paris, 2004: 131-142.

[20] Frank J R, Kleiman-Weiner M, Roberts D A, et al. Evaluating stream filtering for entity profile updates in TREC 2012, 2013, and 2014[C]. Proceedings of Text Retrieval Conference, Amsterdam, 2014.

[21] Frank J, Bauer S J, Kleiman-Weiner M, et al. Evaluating stream filtering for entity profile updates for TREC 2013[C]. Proceedings of Text Retrieval Conference, Austin, 2013.

[22] Chen F, Li K. Detecting hierarchical structure of community members in social networks[J]. Knowledge-Based Systems, 2015: 87(C): 3-15.

[23] Chen D, Shang M, Lv Z, et al. Detecting overlapping communities of weighted networks via a local algorithm. Physica A: Statistical Mechanics and its Applications, 2010, 389(19): 4177-4187.

[24] Gleich D F, Seshadhri C. Vertex neighborhoods, low conductance cuts, and good seeds for local community methods[C]. Proceedings of the 18th ACM SIGKDD International Conference on Knowledge Discovery and Data Mining, Beijing, 2012: 597-605.

[25] Lancichinetti A, Fortunato S, Kertész J. Detecting the overlapping and hierarchical community structure in complex networks[J]. New Journal of Physics, 2009, 11(3): 19-44.

[26] Lee C, Reid F, McDaid A, et al. Detecting highly overlapping community structure by greedy clique expansion[J]. arXiv:1002.1827, 2010.

[27] McDaid A, Hurley N. Detecting highly overlapping communities with model-based overlapping seed expansion[C]. 2010 International Conference on Advances in Social Networks Analysis and Mining (ASONAM), Washington, 2010: 112-119.

[28] Whang J J, Gleich D F, Dhillon I S. Overlapping community detection using seed set expansion[C]. Proceedings of the 22nd International Conference on Information and Knowledge Management, San Francison, 2013: 2099-2108.

[29] Bo Y, Liu J. Feng J. On the spectral characterization and scalable mining of network communities[J]. IEEE Transactions on Knowledge and Data Engineering, 2012, 24(2): 326-337.

[30] Fortunato S. Community detection in graphs[J]. Physical Reports, 2010, 486 (3): 75-174.

[31] Jin D, Yang B, Baquero C, et al. A Markov random walk under constraint for discovering overlapping communities in complex networks[J]. Journal of Statistical Mechanics: Theory and Experiment, 2011, 5: 5-31.

[32] Radicchi F, Castellano C, Cecconi F, et al. Defining and identifying communities in networks[J]. Proceedings of the National Academy of Sciences of the United States, 2004, 101: 2658-2663.

[33] Lancichinetti A, Fortunato S. Benchmarks for testing community detection algorithms on directed and weighted graphs with overlapping communities[J]. Physical Review E, 2009, 80(1): 016118-016125.

[34] Zachary W. An information flow model for conflict and fission in small groups1[J]. Journal of Anthropological Research, 1977, 33(4): 452-473.

[35] Lusseau D. The emergent properties of a dolphin social network[J]. Proceedings of the Royal Society B: Biological Sciences, 2003, 270(Suppl 2): 186-188.

[36] Nepusz T, Petrczi A, Ngyessy L, et al. Fuzzy communities and the concept of bridgeness in complex networks[J]. Physical Review E, 2008, 77(1): 016107.

[37] Poria S, Gelbukh A, Cambria E, et al. Enriching senticnet polarity scores through semi-supervised fuzzy clustering[J]. The 2012 IEEE 12th International Conference on Data Mining Workshops, Brussels, 2012.

[38] Havemann F, Heinz M, Struck A, et al. Identification of overlapping communities and their hierarchy by locally calculating community-changing resolution levels[J]. Journal of Statistical Mechanics: Theory and Experiment, 2011, 1: 1-23.

[39] Gregory S. Finding overlapping communities in networks by label propagation[J]. New Journal of Physics, 2010, 12(10): 103018.

[40] Ren W, Yan G, Liao X, et al, Simple probabilistic algorithm for detecting community structure[J]. Physical Review E: Statistical, Nonlinear, and Soft Matter Physics, 2009, 79(2): 036111.

[41] Xie J, Kelley S, Szymanski B K. Overlapping community detection in networks: The state of the art and comparative study[J]. ACM Computing Surveys, 2011, 45(4): 1-35.

[42] Gregory S. Fuzzy overlapping communities in networks[J]. Journal of Statistical Mechanics: Theory and Experiment, 2010, 2(2): P02017.

第 3 章　社交网络的个性化推荐

随着社交网络的蓬勃发展，用户可以随时随地分享文字、图片等状态信息，极大地丰富了用户的日常生活，但是同时也为用户获取数据造成了困难。因此，如何从这些海量的数据中筛选出真正有价值并且用户真正关心的数据呈现给用户，是非常具有现实性意义的，这也是社会网络的个性化推荐亟待解决的问题。

3.1　研 究 背 景

社交网络分布于计算机网络中，已经成为互联网上的重要应用。各类社交网站的规模在不断扩大，同时，社交网站的用户数量也呈现较快的上升趋势。截至 2019 年 6 月，美国社交网站 Facebook 的月度活跃用户人数为 24.1 亿人，日活跃用户人数平均值为 15.9 亿人；中国社交媒体平台新浪微博的月活跃用户达 4.86 亿，环比增长 2100 万人，日活跃用户也比上季度增长 800 万人至 2.11 亿人。伴随着社交网络信息的飞速增长，从其中获取适合用户兴趣偏好的项目变得越来越难。为了提高用户黏性，进一步促进用户、商家及社交网络的良性循环，个性化的推荐服务受到了工业界和学术界的大量关注，如何利用社交网络属性来改善和提升推荐系统的模型与算法已成为研究的热点。

以基于地理位置信息的社交网络(location-based social network，LBSN)为例，其在移动互联网中产生并迅速发展，与众不同的体验也得到众多用户的认可，由此也确保了其长久的生命力。相比于传统的社交网络，LBSN 与地点的联系开启新的市场，拥有更多潜力。这为企业和学者开发、研究 LBSN 提供了机会，用于优化用户体验，研究 LBSN 的商业模式。传统社交网络中有大量的推荐功能，如用户推荐、动态推荐、广告推荐等。然而在实际应用中，由于用户的时间和精力的限制，每个用户对项目的评分是有限的，大部分项目被评分的次数极少。近年来，数据稀疏性对推荐系统的影响越来越严重，导致推荐算法经常受到冷启动和可扩展性等问题。如何解决这些问题，提高用户个性化推荐的准确性，都是我们本章要介绍的内容。

综上所述，由于社会媒体的大量涌现，这些带有社会关系属性的数据在推荐系统中将发挥巨大的价值，因此社会推荐(social recommendation)近年来受到越来越多的关注。我们可以简单地将社交推荐定义为基于用户社交网络数据的个性化推荐，通过社交媒体平台挖掘用户的社交网络信息(如该用户的朋友信息、信任关系、社交标签、用户点击行为等)，来对用户做出更精准的个性化推荐。

3.2　研究现状及面临的挑战

3.2.1　国内外研究现状

各种推荐算法在不断涌现。清华大学 Tang 等[1]通过学习异构网络来帮助推断目标网络中的社会关系。中国科学院计算技术研究所 Niu 等[2]提出了一种 top-*k* 排序学习框架，包括标签、排名和评估，可以有效地应用于实际的基于社交网络的个性化推荐系统。

协同过滤是较为经典的推荐算法之一，它根据关注点不同可以分为基于用户的协同过滤 (user-based collaborative filtering)[3]和基于项目的协同过滤 (item-based collaborative filtering)[4]。这里的项目表示推荐系统推荐的物品，如电商网站推荐的商品、视频网站推荐的电影以及 LBSN 中推荐的兴趣地点。根据推荐物品不同，交互有不同的含义，在电商网站中交互是指购买、浏览、收藏等行为，在视频网站中交互通常是观看、评分等行为，而在 LBSN 中的交互一般为签到、访问等行为。

基于用户的协同过滤，根据用户交互过的项目的集合，计算任意两个用户之间的相似度，然后找到和目标用户最相似的 N 个用户，将这 N 个用户交互过的项目的并集作为结果推荐给目标用户。基于项目的协同过滤使用交互过某个项目的用户集合作为该项目的表示，计算任意两个项目之间的相似度，然后根据目标用户访问的项目集合依据相似关系进行扩充，并将结果推荐给目标用户。

协同过滤方法是一种简单有效的方法，具有良好的解释性，但是推荐性能依赖于用户与项目的交互记录，在较稀疏的数据集上效果欠佳。香港科技大学 Xue 等[5]提出了一种新的协同过滤框架，将基于记忆和基于模型的协同过滤方法的优点进行集成，来解决数据稀疏性和可伸缩性，并用集群平滑来解决缺失值的问题。

矩阵分解是一类应用于用户-项目评分矩阵的推荐算法，通过将不完整的评分矩阵分解成用户隐因子矩阵 P 和项目隐因子矩阵 Q，通过 $P\cdot Q^{\mathrm{T}}$ 来恢复原始矩阵，使得重建误差最小。在矩阵重建的同时也预测出用户对其他尚未交互项目的喜好程度，由此可以选择用户喜好程度高的项目进行推荐。

奇异值分解(singular value decomposition，SVD)[6,7]是矩阵分解的一种经典算法，将矩阵分解成左右奇异矩阵和对角的奇异值矩阵，奇异值表明矩阵分解的不同分量的重要程度。传统奇异值分解要求矩阵是稠密的，而实际应用中的矩阵往往是不完整的，所以应用奇异值分解之前需要使用均值或者统计方法进行填充。奇异值分解计算过程中需要计算矩阵的逆，因此奇异值分解难以应用于大规模的数据集。为了解决奇异值分解计算复杂度的问题，Sarwar 等[6]提出迭代版本的SVD，通过矩阵中原始值与预测值的差来计算重建损失，并使用基于梯度的方法来优化模型。SVD++算法在 SVD 的基础上，加入用户的浏览、收藏等数据来引入隐反馈信息，利用隐反馈数据来提升推荐性能。Koren[8]假设用户的偏好是随着时间变化的，并提出 TimeSVD++模型，在 TimeSVD++模型中，用户和物品的偏置以及用户的隐因子都随时间变化，由此来学习随时间变化的偏好，实现模型的与时俱进。

概率矩阵分解(probabilistic matrix factorization，PMF)从概率的角度解释矩阵分解算法，使用图模型来建模用户评分的过程，PMF 假设用户隐因子矩阵和项目隐因子矩阵以及后验分布都服从高斯分布，通过最大似然估计来得到优化目标，并通过梯度下降算法来求解模型。

上述这些矩阵分解方法虽然有不错的性能，但是分解得到的隐因子矩阵中的元素可正可负，而负值往往是不可解释的。针对这个问题，Lee 等提出非负矩阵分解算法(non-negative matrix factorization, NMF)，该方法在矩阵分解的基础上添加隐因子矩阵必须是非负矩阵的约束，并通过乘法更新规则来保证参数非负[9]。

矩阵分解在评分数据等显式反馈的数据集上有非常好的效果，但是在很多应用场景中，实际的数据是隐反馈的，如 LBSN 中的用户通常只对其喜欢的项目进行评价，而忽略掉不喜欢的项目，这就使得 LBSN 记录的数据中只有正向的，而没有记录的项目可能是未访问的，也可能是不喜欢的。直接使用矩阵分解会让模型将未访问的项目归为不喜欢的类别。针对这种隐反馈问题，Rendle 等[10]提出贝叶斯个性化排序算法(Bayesian personalized ranking，BPR)。BPR 假设每个用户都有自己的项目排序偏好，排序时用户交互过的项目都排在未交互的项目前面，并通过用户对项目的评分来表示这个排序，通过给定三元组(u,i,j)将排序问题转换成二分类问题，即用户 u 喜欢的是 i 还是 j。BPR 通过要求已交互的项目评分比未交互的项目评分高来训练模型，这样就不需要强制将未交互的项目看作用户不喜欢的项目[11-15]。

3.2.2　面临的挑战

个性化推荐已成为推荐系统的研究热点，在理论研究和工程实践方面仍面临着大量挑战。

(1)个性化推荐要求推荐系统具有实时性，对用户的历史和当前行为数据有足够的敏感性，同时还需要对用户的兴趣偏好有较好的理解。

(2)随着深度学习和表示学习的发展，利用表示学习的技术，可以将用户、交互的项目、文本、图像等信息映射到向量空间中，利用向量表示，可以将深度学习的方法应用到个性化推荐任务中，通过递归神经网络可以处理签到历史数据，使用卷积神经网络可以处理文本和图像数据。

(3)传统的个性化推荐方法没有考虑社交网络因素的影响，如用户的社会属性、时间等。社交网络的相关研究表明，具有相似兴趣的人具有互相联系的倾向，且在实际应用中，用户的兴趣是随着事件发生变化的。将这些社交网络因素融入个性化推荐方法中，是提升个性化推荐效果的关键因素。

3.3　协同过滤算法

协同过滤算法是推荐系统领域的经典算法，它的主要思想是利用相似用户之间的相似喜好，来为用户推荐感兴趣的内容，与此同时，用户再对推荐来的内容进行相应的评价，用以改善推荐的效果。协同过滤因其思想简单，模型复杂度低，适用面广并且拥有不错的推荐效果而被广泛地应用在各种领域的推荐系统。协同过滤算法的发展主要经历了三个阶段。首先，协同过滤算法早期被用来解决电子邮件的筛选分类问题，通过记录用户的反馈，为用户选出感兴趣的邮件以优先接收。后来，发展到第二阶段，协同过滤被应用在新闻的推荐上，通过利用用户对阅读过的新闻的评价，挖掘出用户的兴趣点，并进行新闻的推荐。第三阶段也是最著名的阶段，协同过滤算法被网络购物平台亚马逊应用在电子商务领域，亚马逊通过该算法为用户推荐感兴趣的图书。该服务不仅使亚马逊名声大噪，而且也使协同过滤算法被大家所熟知并广泛地运用在各个推荐领域。

根据关注的对象的不同，协同过滤算法主要可以分为三种：基于用户的协同过滤、基于物品的协同过滤和基于模型的协同过滤。下面我们将从这三个方面对协同过滤进行介绍。

3.3.1 基于用户的协同过滤

User-based CF 是 CF 中最早被使用的算法，它的理论基础是用户之间的相似度，即具有相似爱好的用户，他们所喜欢的物品也应该相似。但与传统的基于人口统计学的推荐算法不同，User-based CF 的用户相似度不是通过用户的基本信息(如年龄、性别等)计算而来的，而是通过用户对物品的打分记录计算出来的。其基本思想是两个相似用户 1 和 2，他们对同一物品的打分也应该相似，因此，通过找到与用户 1 相似的用户 2 打分较高而用户 1 没有打过分的物品，然后推荐给用户 1。

User-based CF 首先利用用户对物品的打分记录建立用户的特征向量，然后利用特征向量计算该用户与其他用户之间的相似度。用户之间相似度的度量有很多种方式，常用的有皮尔逊相关系数、余弦相似度等。计算出某用户和其余用户的相似度分值之后，就可以利用相似的用户进行推荐了。常用的方法是先选取与该用户相似度最高的 n 个用户，然后在这 n 个用户中挑选出出现频率最高但是并没有出现在目标用户的特征向量中的物品，推荐给该用户。Yuan 等[16]挖掘用户在特定时间的行为模式，将用户的时间特性作为用户的特性之一，结合 User-based CF 的算法进行推荐工作。

在用户数据丰富的条件下，User-based CF 能够获得较高的准确率，并且在计算时只需考虑用户特征，而不必对物品特征进行建模，简化了推荐的流程，有着不错的运行效率。但是，由于推荐系统要计算所有用户两两之间的相似度，当用户数量较多时，会严重影响计算的效率，使推荐的等待时间变长；并且当有新的用户加入时，由于没有该用户的打分记录，无法计算该用户与其他用户的相似度，就会造成推荐系统冷启动的问题，这些都是 User-based CF 的不足之处。

3.3.2 基于物品的协同过滤

Item-based CF 与 User-based CF 理论基本相似，只不过 Item-based CF 将关注对象从用户转移到了物品本身。其基本思想是如果用户曾经购买过物品 1，那么，该用户也可能会喜欢与物品 1 相似的物品 2。

Item-based CF 首先需要利用用户对该物品的打分建立该物品的特征向量，然后利用该向量计算所有物品两两之间的相似度，之后根据相似度值从大到小进行物品推荐。最简单的方法就是一旦用户购买了一个物品，那么我们就可以根据物品的相似度，给用户推荐与这个物品最为相似的 n 个物品给用户。另一种方法是对于用户没有购买过的物品，利用其与用户已经够买过的物品进行相似度的计算从而预测用户对该物品的打分，最终按照预测分数从高到低的顺序，将物品推荐给用户。

对于大型电子商务网站，用户的数量往往是大于物品的数量的，因此，计算物品之间相似度的运算量大大小于计算用户之间相似度的运算量。并且，对于网站，物品的数据是已知的，而用户是未知的，因此可以采用离线计算的方式计算物品的相似度，然后对用户进行实时推荐，这样就大大提高了推荐的效率，可以做到当用户购买过一个物品后立即为用户推荐新的商品。然而，Item-based CF 忽略了用户之间的差异，这就导致了推荐效果略差于 User-based CF。并且，User-based CF 也没有很好地解决数据稀疏性和冷启动的问题。

3.3.3　基于模型的协同过滤

与 User-based CF 和 Item-based CF 不同，Model-based CF 利用已有的数据，构建出一个模型，然后利用该模型进行推荐。最常用的模型是矩阵分解模型。下面我们简单地介绍一下该模型。

如表 3-1 所示，User1、User2、User3 分别表示 3 个用户，Item1、Item2、Item3、Item4 分别表示四个物品，作为矩阵的两个纬度，其中的值 R_{ij} 表示了 User$i$ 给物品 j 的评分，但是在实际的场景中，矩阵中某些值可能缺失，因为用户可能并没有买过该物品，所以，如何利用这个稀疏矩阵，预测出缺失的值，就是模型需要做的事情。矩阵分解的目标就是把表 3-1 中这个 User-Item 评分矩阵分解成两个矩阵：User 因子矩阵和 Item 因子矩阵，即 User-Item 矩阵＝User 因子矩阵乘以 User 因子矩阵，其中 User 因子矩阵为 3×4 维，Item 因子矩阵为 k×4 维，其中 k 相当于 User 和 Item 的特征维度。具体如表 3-1 所示，k＝3。因此，我们就希望能够预测出 User 因子矩阵和 Item 因子矩阵，通过对这两个矩阵相乘进而还原出 User-Item 评分矩阵中未知的值。

表 3-1　用户评分矩阵

Score	Item1	Item2	Item3	Item4
User1	R_{11}	R_{12}	R_{13}	R_{14}
User2	R_{21}	R_{22}	R_{23}	R_{24}
User3	R_{31}	R_{32}	R_{33}	R_{34}

这个过程中首先需要做的就是对 User 因子矩阵和 Item 因子矩阵进行初始化，一般情况下使用高斯函数对这两个矩阵中的值进行初始化，然后使用最小二乘法作为损失函数，最后用梯度下降的方法进行损失函数的优化从而得到相乘后最接

近原始 User-Item 评分矩阵的 User 因子矩阵和 Item 因子矩阵。这就是矩阵分解的基本思想。

矩阵分解因其具有容易实现、精准度高、扩展性好等优势，被大量地用在推荐系统当中。例如，当有大量用户和物品的情况下，矩阵分解模型就会遇到数据稀疏的问题，文献[17]和[18]中使用了低秩矩阵分解的方法来进行推荐工作。文献[6]和[19]提出了奇异值分解(singular value decomposition，SVD)的方法，通过此方法来减少项目空间维数，但降维会导致信息损失，从而难以保证推荐效果[20]。

3.4 排序学习算法

排序学习主要用于信息检索领域，综合考虑多个排序特征，来对搜素结果进行排序。本章所使用的基于群组偏好的贝叶斯个性化排序(group preference based Bayesian personalized ranking，GBPR)[11]方法，就是基于排序学习的思想实现的，因此在本节中，我们将介绍排序学习的相关概念和类型。

3.4.1 排序学习的相关概念

最近几年排序学习是非常热门的研究领域，而传统的排序也有大量成熟的方法，主要分为相关度排序和重要性排序这两类排序模型。对于相关度排序模型，如不二模型、隐语义分析模型等，它们主要是根据查询与文档之间的相似度来对文档进行排序；而对于重要性排序模型，主要思想是基于文档之间的图模型来判断文档的重要性，如比较权威的谷歌的创始人 Page 和 Brin 于 1998 年在斯坦福大学提出的 PageRank[21]算法，以及康奈尔大学的 Kleinberg 提出的 HITS(hyperlink-induced topic search)等。

对于传统的排序模型，其不足之处在于单个模型只使用一个单一的特征，而搜索排序结果是由许多排序因素影响的，这就涉及如何对各个参数进行调节的问题，人工调参不仅浪费时间而且得到的效果也不一定好，而机器学习的方法可以解决这个问题，就是使用排序学习训练新的模型，并自动学得这个新模型的参数。前面提到，排序学习属于监督的机器学习方法，这种机器学习方法可以很轻松地融合多个特征，其模型参数是由迭代得出的，且针对特征值稀疏、过拟合问题都有很好的解决策略，有深厚的理论基础。

排序学习是一种基于监督学习的排序方法，由于其良好的效果，已经被很多领域所认可和采纳，例如，在实际网络搜索中，谷歌、Bing、百度等搜索引擎对召回结果的排序。同样地，在研究领域，排序学习也受到了广泛的关注，例如，

ICML (International Conference on Machine Learning)、NIPS (Conference and Workshop on Neural Information Processing Systems) 等信息检索、机器学习的国际会上有超过 100 篇的相关文章，而在信息检索顶级会议 SIGIR 上，每年都至少有两个分组会是有关排序学习的。排序学习的任务是对一组文档进行排序，其希望能够通过使用人工标注的数据来进行算法设计，挖掘出隐藏在数据中的规律，从而完成对任意查询需求给出反映相关性的文档排序。

3.4.2　排序学习算法

排序学习分为三大类，即单文档方法、文档对方法和文档列表方法。下面我们将分别介绍这三种方法。

1. *单文档方法*

单文档方法 (PointWise approach)，就是将单独的一篇文档转换为特征向量，通过使用机器学习算法，学习训练集合中的分类方法，然后利用学习好的分类规则对一篇文档进行打分。下面我们将使用一个具体的例子来进行说明。

表 3-2 中是我们使用的人工标注集合，在这个集合当中，我们使用三个特征来表示一个文档，分别为查询与文档的余弦相似度、查询词的 Proximity 值和这个文档所在页面的 PageRank 值。至于最终的相关性判断，我们可以根据相关性的程度来进行多元化的分类，但在这里，为了方便说明例子，我们使用二元属性来标识文档的相关性，即相关和不相关。

表 3-2　PointWise 训练实例

文档 ID	用户查询	余弦相似度	Proximity 值	PageRank 值	相关性
1	苹果 Apple	0.03	3	6	相关
2	微软 IE	0.42	4	5	相关
3	魅族 MX	0.18	5	4	不相关
4	小米发烧	0.27	3	3	不相关
5	阿里淘宝	0.33	5	7	相关
6	腾讯游戏	0.43	5	4	相关

在表 3-2 中，我们使用了 6 个训练实例，在每个实例前，我们标出了其所对应的查询，以及每个实例特征值和对其所属的判断，我们根据假设使用如下的打分函数来对实例进行打分：

$$\text{Score} = X \times \text{CS} + Y \times \text{PM} + Z \times \text{PR} + A$$

式中，CS、PM、PR 分别表示余弦相似度、Proximity 值和 PageRank 值在打分函数中的变量，而其前面的 X、Y、Z 分别对应这三个变量的权重参数。这样，我们通过将训练数据的值代入打分函数，对打分函数进行训练，从而学习出 X、Y、Z 三个变量的大小，使得当 Score 大于一定的阈值时，判断文档与查询相关；当小于一定的阈值时，判断文档与查询不相关。

2. 文档对方法

在上面介绍的单文档方法中，其主要是从单文档属性的角度来对文档的相关性进行判断，并没有考虑文档之间的关系。而对于搜索系统来说，用户希望查询返回的网页中最相关的网页能够排名靠前，因此，搜索系统最主要的问题就是确定文档之间的顺序关系。所以，在文档对方法中，主要考虑的是文档之间的顺序关系是否合理。

例如，对于两个文档 Doc1 和 Doc2 来讲，文档对方法的训练过程和训练目标是判断这两个文档组成的文档对<Doc1, Doc2>的顺序关系是否正常，即 Doc1 是否应该排在 Doc2 之前。

图 3-1 是文档对方法的训练实例，对于用户的某次搜索而言，共返回了三个文档，而这三个文档的得分分别为 3、8 和 6。因此我们就可以根据得分得出三个排序文档对，然后，通过使用文档的特征向量来代替文档，这样我们就拥有了训练实例。

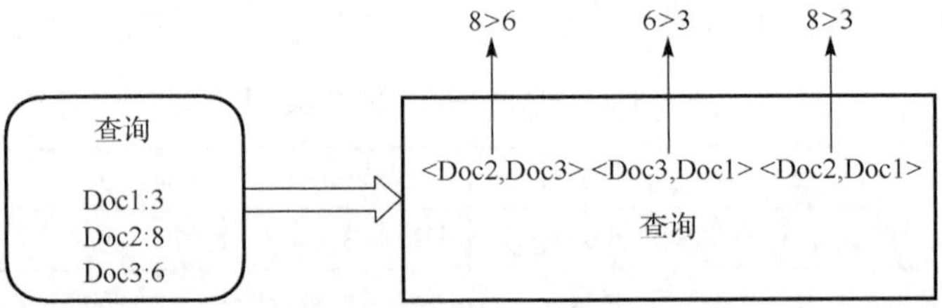

图 3-1　PairWise 训练实例

结合训练数据，我们就可以通过机器学习的相关算法来进行分类函数的学习。最后，输入文档对<Doc1, Doc2>，利用最终的分类函数，我们就可以判断 Doc1 排名在 Doc2 前是否合理。通过对返回的每一个文档对进行判断，我们就可以使得所有的文档之间两两有序，从而就完成了排序工作。

3. 文档列表方法

PointWise 方法和 PairWise 方法使得训练集从单个文档扩展到了文档对之间，那文档列表方法(ListWise approach)更进一步，使训练集扩充到了整个文档的范围之内。文档列表方法中，通过用查询返回的整个文档集合作为训练集实例，来进行评分函数 F 的训练。具体流程为对于 k 个训练实例，文档列表方法利用其训练出一个最优评分函数 F，通过使用这个函数 F，给用户新查询的所有文档进行打分，之后按照得分顺序由高到低排序，就是对应的搜索结果。这就是文档列表方法的主要思想。

3.5　面向社交媒体数据的信息推荐技术

随着信息的爆炸式增长，信息过载问题越来越被学术界及工业界所关注。用户每天面对过多的信息，而其真正感兴趣的信息往往淹没于其他信息之中，给用户的检索带来不便。为了解决信息过载问题，推荐系统主要是针对用户的历史行为数据，对其进行个性化偏好的数学建模，在海量信息中为用户过滤掉噪声信息，并将其感兴趣的信息予以推荐。

协同过滤是当前推荐系统中一类重要方法，在近些年的很多推荐竞赛中取得良好成绩，如 Netflix Prize①、KDD Cup②等。其主要思想是寻找与当前用户/信息项相似的用户/信息项，用与当前用户相似的群体行为共性，作为当前用户偏好的预测。协同过滤中一类经典方法是基于低秩分解的建模方法，如概率矩阵分解、张量分解等。其基本假设是用户-信息项矩阵具有低秩特性。以概率矩阵分解为例，假设电影推荐系统中有 1 万个用户，2 万个电影，组成 1 万×2 万的用户反馈评分矩阵，矩阵中的每一个元素表示该用户对该电影的评分。该矩阵有大量缺失值，表示该用户对该电影没有评论过。低秩分解的基本数学假设是该矩阵满足低秩特性，例如，假设该矩阵的秩等于 10，远远小于用户数/电影数。基于数学推导，在该假设下每个用户/电影可表示为 10 维的潜在特征向量，而用户-信息项矩阵可表示为用户特征向量矩阵和电影特征向量矩阵的乘积。其直观含义为描述用户/电影的特征共有 10 个主要维度，潜在特征向量表示其在每一个维度上的权重。利用矩阵中可观察到的评分对用户/电影的潜在特征向量进行优化，进而对未知的评分进行预测。

基于低秩分解的协同过滤推荐算法所面临的主要挑战为数据稀疏问题，即用户-信息项矩阵的密度过低。以电影推荐系统为例，在系统内上万个电影中，通常一个用户点评过的电影只有十几个，以 MovieLens 的公开数据集为例，用户-信息项矩阵的密度仅为 6.3%。由于低秩分解的准确性依赖于矩阵内的可观察数据，所以当数据密度过低时低秩分解的结果就会受到影响。特别地，对于很多新用户，

① http://www.netflixprize.com.

② http://www.kdd.org/kdd-cup.

系统中记录的该用户评分更少甚至没有。在这种情况下，协同过滤算法很难给出准确的用户偏好预测。

本节主要以低秩分解的协同过滤作为信息推荐技术的基本方法，面向社交媒体数据的应用场景，介绍缓解数据稀疏问题的几种典型方法。包括异构数据的融合、跨领域数据的迁移学习、个性化时空建模、信息的质量分析等方面，从数据的异构性、非线性、动态性、实时性、可信性五个方面阐述如何解决信息推荐在实施中所面临的科学问题。

3.5.1 异构信息融合的个性化推荐方法

信息融合是缓解数据稀疏问题的直观方法，当低秩分解的协同过滤方法面对稀疏数据时，可通过利用更多的额外信息进行协助预测，以提升信息推荐的准确性。典型的额外信息包括属性信息和关系信息。

以电影推荐为例，用户的属性信息包括性别、年龄、收入、兴趣标签等；电影的属性信息包括电影类别、导演、演员、评论等。利用属性信息的基本假设为同属性的用户/电影具有相似的行为特性，因此当用户行为数据稀疏时，可以利用同属性的用户/电影行为共性进行预测。例如，当某用户在系统里没有评论记录时，系统可通过该用户的年龄，推荐相似年龄段普遍偏好的电影；再如，某电影刚进入系统评论较少时，可以利用与其在演员、情节等方面相似的电影来进行类比，寻找合适的用户群。

关系信息包括用户与用户之间的好友关系、信任关系、跟随关系等。例如，在电影推荐网站豆瓣网上，用户可以关注其他用户，也可被其他用户关注。当被关注的人有新的动态信息时，关注他的人会及时得到通知。利用关系信息的基本假设为用户的行为不仅具有自发性质，也同时受到周围用户的影响。例如，如果某用户所关注的用户对某类电影产生了好感，该用户便容易受到影响而喜好这类电影。因此，当某用户行为数据稀疏时，可利用与之有正相关关系用户的偏好来预测该用户的偏好。

信息融合所面临的主要挑战在于数据的异构性。就属性信息来说，有的属性是离散值，如性别等；有的属性是连续值，如收入等。同样是连续值的属性，数值的范围也相差迥异，如收入为 0～10 万，而用户的年龄为 0～100；数值的分布也不尽相同，例如，电影的评论数服从幂律分布，而电影的平均分服从正态分布。属性信息与关系信息也处于异构空间，属性信息是对某个数据点的属性描述，而关系信息是对两个数据点的关系描述。

基于上述分析，本节将从属性信息融合、关系信息融合及异构信息融合三个方面，介绍个性化推荐模型中的典型异构信息融合方法。

1. 线性融合方法

1) 属性信息融合

属性值包括离散值和连续值，本节侧重于离散值的融合方法，因为一方面离散的情况会让模型变得更加复杂，另一方面连续值可以进行离散化进而转化成离散值。

融合离散值属性信息的基本方法是将低秩分解模型与主题分析模型相结合，利用主题分析，将离散的属性特征进行抽象；再将抽象的特征与概率矩阵分解模型进行融合，提升预测效果。

这里以电影推荐为例，属性信息为电影的评论，融合的目标是利用电影评论提升用户对电影评分预测的准确性。融合分为两步：①如何表示电影评论信息；②如何将电影评论信息融合到低秩分解模型之中。

电影的评论信息主要通过主题分析的方法进行表示。将某一电影的所有评论汇聚在一起，对自然语言进行分词并统计词频，形成“词袋”数据。利用主题模型，可将表示该电影的“词袋”数据转化为主题特征向量。其中，每个主题表示为该主题到每个词的概率，例如，表示美国职业篮球联赛(National Basketball Association，NBA)的主题如“篮球”“库里”“詹姆斯”的概率会大于其他非 NBA 相关词汇的概率；主题特征向量表示为该“词袋”到不同主题的概率分布，例如，假设整个数据集共有 20 个主题，则主题特征向量为 20 维，每维对应该“词袋”到该主题的概率。主题模型的基本假设为词频共现假设，即语义相似的词通常会出现在相同的“词袋”中。经过学习，形成对每个电影评论信息的语义特征向量表示。

将评论信息的语义特征向量融合在低秩分解模型中，是属性信息融合的重点内容。融合关系信息的低秩分解概率图模型见图 3-2。典型的方法有三种，包括 FLDA 模型、CTM 模型和 HFHT 模型。为表示方便，本节省去用户或电影的下标。对于某特定电影，本节用 v 表示其在矩阵分解中的特征向量，用 s 表示其评论的语义特征向量。其中 v 的每个维度为实数，s 的每个维度为 0～1 的正数，且相加和为 1。假设某用户的特征向量表示为 u，那么按照概率矩阵分解的定义，u 和 v 的内积为该用户对该电影评分值的预测值。

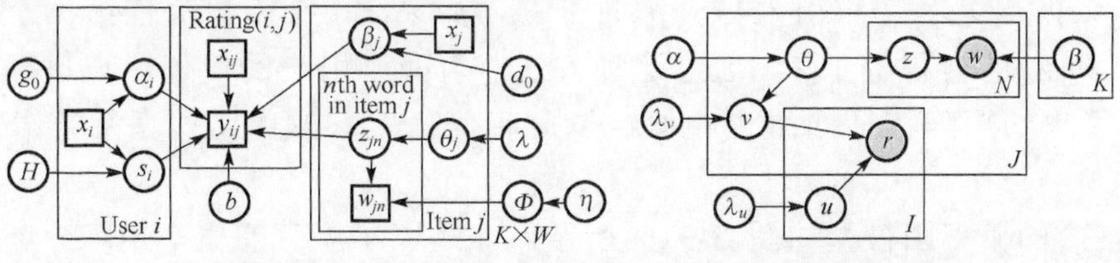

(a) FLDA　　(b) CTM

图 3-2　融合关系信息的低秩分解概率图模型

FLDA 为了融合向量 s，模型假定 $s=v$。也就是说，电影在矩阵分解中的特征向量，强行被表示该电影评论的语义特征向量所代替。这样做的好处是当电影的评论数较少时，由于语义分析相对准确，可缓解新电影的数据稀疏问题(也称为冷启动问题)；但是由于丢失了电影在矩阵分解中的特征向量，该模型对数据的表达能力有限，在数据充足时限制了模型的准确性。

CTM 为了融合向量 s，模型假定 $v=s+e$。其中 e 的先验均值为零。该模型的含义为，当电影的评论数据较少时，e 的值按照先验概率取零，因而 v 的取值等于 s，此时电影的语义特征向量充当了矩阵分解中的潜在特征向量，缓解数据稀疏问题；当电影评论数较多后，e 的值会随着概率矩阵分解的学习过程进行优化，进而对 v 根据实际用户反馈数据进行修正。该方法一方面保留了矩阵分解对电影特征向量表示的灵活性，又加入了电影评论的语义特征向量，在模型的表达能力上相比 FLDA 有所改进。但是其缺点在于每个电影的参数既有 s，又有 v，由于参数增加而可利用数据有限，容易出现数据的过拟合问题。

HFHT 模型折中了上面两个模型。在该方法中，为了融合向量 s，模型建立了矩阵特征向量 v 与语义特征向量 s 的映射关系，即 $s=\exp(v)/Z$，其中 Z 为归一化项，保证 s 的所有维度之和等于 1。该模型的含义为矩阵特征向量应该与语义特征向量有对应关系，即固定语义特征向量，便可求出矩阵特征向量，反之亦然。而由于两个特征向量的数值范围并不相同，所以采用上述公式进行转换。该模型的好处是将模型的主题优化和概率矩阵分解优化更紧密地耦合在一起，同时减少了参数，使得在数据稀疏的情况下对数据的适应性更好。

2) 关系信息融合

社交关系信息融合的基本方法是在矩阵分解的优化目标中融入用户的社交关系信息。下面仍以电影推荐为应用背景，分别讲述三个典型的融合社交关系的概率矩阵分解模型，包括 SoRec 模型、RSTE 模型和 RSSR 模型。

SoRec 的概率图模型如图 3-3(a)所示。其中左边为原来的矩阵分解模型，U_i 表示第 i 个用户的矩阵特征向量，V_j 表示第 j 个电影的矩阵特征向量，R_{ij} 表示第 i 个用户对第 j 个电影的评分。右边表示用户与用户间的信任关系。对于第 i 个用户，除了 U_i 之外，再引入另一个向量 Z_i，如果第 i 个用户信任第 k 个用户，那么 U_i 和 Z_k 的内积等于 1。通过这种方法，若两个用户的信任用户集相似，那么两个用户的矩阵特征向量也相似，以此将信任关系融入了概率矩阵分解模型之中。

RSTE 的概率图模型如图 3-3(b)所示。左边表示原有的概率矩阵分解模型，U_i 表示第 i 个用户的矩阵特征向量，V_j 表示第 j 个电影的矩阵特征向量，R_{ij} 表示

第 i 个用户对第 j 个电影的评分。该模型在融合关系信息时的基本假设是某用户对某电影的评分，一部分来自其主观对电影的评分，另一部分来自朋友对其的影响。因此在计算评分预测时，将原有的 innerproduct(U_i,V_j)，替换成 alpha×innerproduct(U_i,V_j)+(1−alpha) innerproduct(U_k,V_j)。其中 U_k 由其有信任关系的用户所对应的矩阵特征向量经加权平均得到。相比于 SoRec，RSTE 的可解释性更强，在实验中的效果也好于 SoRec。

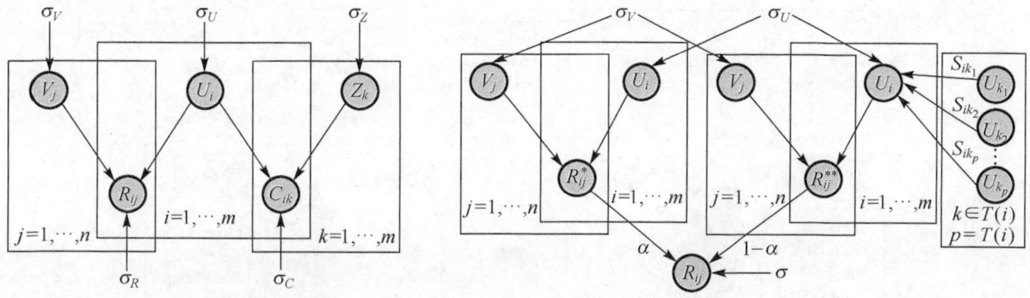

图 3-3　融合关系信息的低秩分解概率图模型

RSSR 模型的基本思想与上述两种方法不同。上述两种方法主要是将社交关系融入优化目标函数中的损失函数里，而 RSSR 模型是将其融入优化目标函数中的正则化项里。在 RSSR 中，引入的正则化项为 Sim(i,k)×innerproduct(U_i-U_k,U_i-U_k)。其直观含义是如果第 i 个用户和第 k 个用户有信任关系，则两个用户的矩阵特征向量也应该比较相似。Sim(i,k)表示两个用户的相似度。该模型的假设为相似度越高的两个用户，其矩阵特征向量就应该越相似。基于修正正则化项的方法和基于修正损失函数的方法形成互补。

3) 异构信息融合

在融合个体信息的已有推荐算法中，将主题模型(潜在狄利克雷分配模型)与概率矩阵分解模型相结合，是描述个体信息并借此提升推荐系统表现的有效方法。因为主题模型利用潜在主题向量，相比其他方法能够更准确地描述个体信息观察值。然而已有工作仅将单一主题模型与概率矩阵分解模型融合，意味着该模型仅能描述并融合某种单一个体信息，而不能同时融合多种异构个体信息，也不能为每个用户或信息项学习其受不同信息影响的个性化偏好。因此，它会造成异构个体信息偏好冲突，影响个性化推荐结果。为了解决这一问题，本章将研究融合异构主题模型的概率矩阵分解推荐模型，使其能够准确地表达个性化异构个体信息偏好。具体需要研究如下内容：①利用异构主题模型准确地描述异构个体信息。由于异构主题处在不同的潜在向量空间并彼此独立地描述异构个体信息，信息表达会更加准确。②将异构潜在主题向量映射到同构空间并予以个性化加权融合。通过映射，使异构主题向量融合具备可行性；通过个性化加权，使该模型能够自动学习用户或信息项受不同个体信息影响的个性化偏好。③将融合后的异构主题与概率矩阵分解模型相结合，形成基于异构个体信息融合的矩阵分解推荐模型。借助于有效地描述并融合异构个体信息，解决现有推荐模型存在的异构个体信息偏好冲突问题。融合信息的推荐系统如图 3-4 所示。

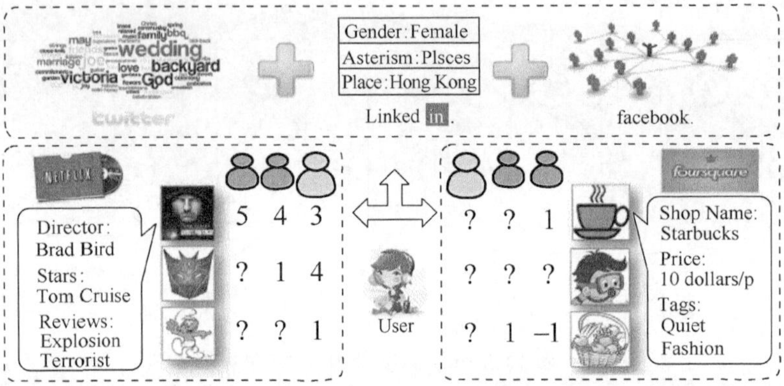

图 3-4　融合信息的推荐系统

异构信息融合的推荐系统如图 3-5 所示，其中左边两个方框表示目标网站与用户的矩阵分解，右边两个方框表示辅助网站与用户的矩阵分解，两矩阵分解共享用户特征向量。每一种异构特征用一个独立主题模型进行表达。将所有主题从异构空间映射至同构空间并进行加权融合，得出信息项或用户的潜在特征向量。

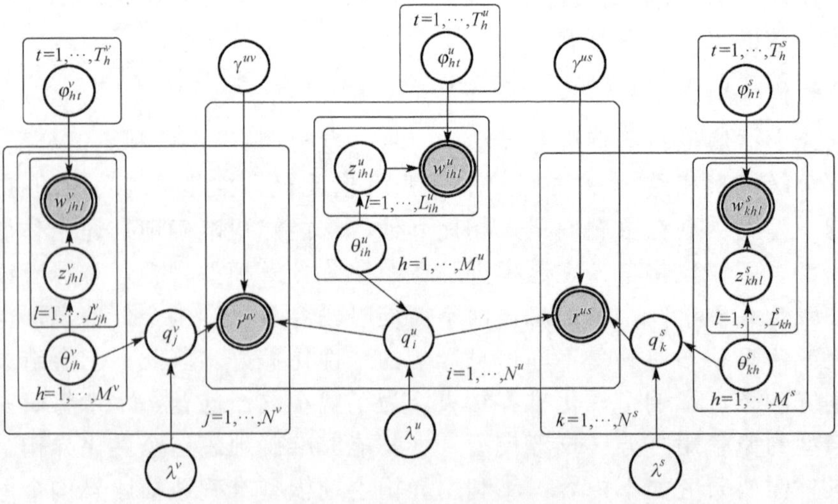

图 3-5　异构信息融合的推荐系统

2. 跨领域个性化信息迁移学习技术

传统的推荐系统都是单领域的推荐系统。如 Netflix 的电影推荐、网易云音乐的音乐推荐。这些单领域推荐系统的共同点是都只专注于一个确定的市场。然而，在当今高速发展的互联网时代，人们通常会对不同类型的网上内容/商品进行打分、评价，如在亚马逊上，我们可以对书、DVD、乐器、食品等进行打分。另外，随着网络社交的兴起，大家也开始在各种社交平台上分享他们的评论。不同的供应商也都提供了评论的平台。于是，随着我们得到的信息越来越多(用户评论与反馈)，我们自然想到是否能利用其他不同领域提供的可用的用户个人数据来生成更好的推荐？另外，供应商开始希望能够交叉地销售产品和服务，并且能够为新用户提供推荐商品/内容。在这种需求的驱动下，多领域/跨领域的推荐系统被提出。

跨领域推荐的目标是①解决冷启动的问题，如给新用户做出推荐，进行交叉销售；②提高推荐准确率，如通过减少稀疏度；③提供有附加价值的推荐，多样性，新颖性，惊喜性；④加强用户模型，挖掘新的用户偏好，减少社交网络的脆弱性所带来的影响。

3.5.2 基于迁移学习的个性化推荐(非线性)

1. 基于信息连接的学习技术

基于信息连接的推荐学习技术主要是将不同领域的用户或者物品连接起来，连接往往建立在这些用户或者是物品所共享的一些辅助信息的基础上。关于信息连接的工作有很多，2007 年 Berkovsky 等提出了一种跨领域的因子分解模型，针对两个领域中所共享的用户将两个领域的物品连接在一起；2011 年 Cremonesi 等提出了一种基于图的模型，不同领域的子图由共同的用户或者物品连接，还有一种基于标签的信息连接技术是寻找用户或者物品之间的共同特征进行连接，如卡通动画和卡通玩具都有着共同的标签“卡通”，那么就能够根据“卡通”这一个标签建立动画和玩具领域上的连接，2011 年 Shi 等提出了一种带有标签的跨领域协同过滤模型。

如今的推荐系统不再仅仅涉及物品的评分信息，标签信息在很大程度上也表现出了用户的偏好或物品的特点。基于标签的连接学习假设每个用户或者物品携带着各种各样的标签，往往不同的领域之间存在着标签的重叠，通过共享的标签能够使不同的对象建立连接。虽然两个对象可能来自于不同的领域，如歌曲和电影，但是它们可能拥有同样的标签，如 *Titanic* 和 *My Heart will Go on*，它们都有

Titanic 的标签，这种基于标签的连接学习方法能够在没有用户或者物品重叠的场景下进行推荐。

Shi 在 2011 年提出了一种典型的带有标签的方法。下面介绍他的具体方法。首先，我们定义一些符号，具体如表 3-3 所示。

表 3-3　基于标签的跨领域协同过滤模型的符号定义

符号	含义
$T^{(k)}$	表示第 k 个领域的标签集合
CT	表示领域所共享的标签的集合，如 $\mathrm{CT}=T^{(1)}\cap T^{(2)}$
L_k	表示 $T^{(k)}$ 的长度，即第 k 个领域标签的个数
M_k	表示领域 k 里的用户个数
N_k	表示领域 k 里的物品个数
$A^{(k)}$	一个 $M_k\times L_k$ 的矩阵，$A_{il}^{(k)}$ 表示第 k 个领域内用户 i 是否有标签 l，若有则为 1，若无则为 0
$B^{(k)}$	一个 $N_k\times L_k$ 的矩阵，$B_{jl}^{(k)}$ 表示第 k 个领域内的物品 j 是否有标签 l，若有则为 1，若无则为 0
$S_{ip}^{(i)}$	对象基于标签的相似度

用对象之间的标签向量的余弦相似度计算 $S_{ip}^{(i)}$，可以得到

$$S_{ip}^{(U)}=\frac{\sum\limits_{t\in\mathrm{CT}}(A_{ix(t)}^{(1)},A_{py(t)}^{(2)})}{\sqrt{\sum\limits_{t\in\mathrm{CT}}(A_{ix(t)}^{(1)})^2}\sqrt{\sum\limits_{t\in\mathrm{CT}}(A_{py(t)}^{(2)})^2}},\quad S_{jq}^{(V)}=\frac{\sum\limits_{t\in\mathrm{CT}}(B_{jx(t)}^{(1)},B_{qy(t)}^{(2)})}{\sqrt{\sum\limits_{t\in\mathrm{CT}}(B_{jx(t)}^{(1)})^2}\sqrt{\sum\limits_{t\in\mathrm{CT}}(B_{qy(t)}^{(2)})^2}}\tag{3-1}$$

通过标签信息的相似度计算，就能够将领域 1 中的用户 $U^{(1)}$ 和领域 2 中的用户 $U^{(2)}$ 联系起来，接下来构建如图 3-6 所示的概率关系。

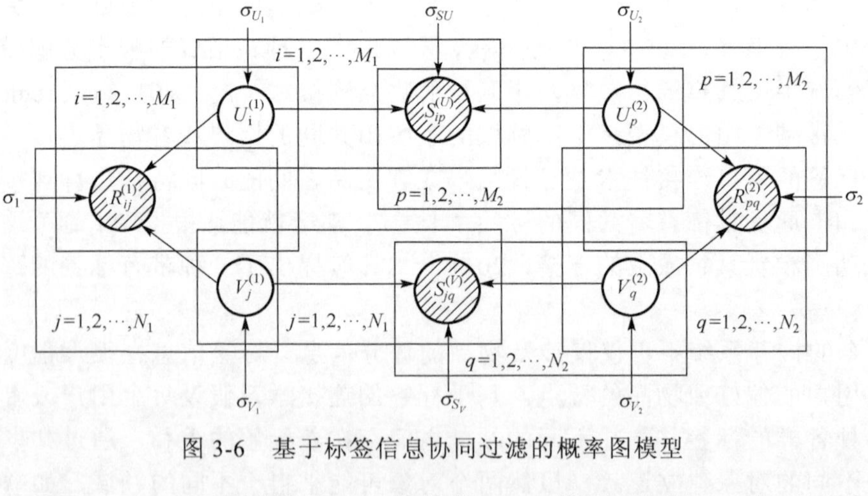

图 3-6　基于标签信息协同过滤的概率图模型

其中关于 U-V-R 的子图就是一个简单的 PMF 模型，从图 3-6 中可以看出两个

领域的简单 PMF 模型由中间的标签相似度巧妙地连接在了一起，接下来我们能够得到该模型的联合分布概率：

$$
\begin{aligned}
& p(U^{(1)},V^{(1)},U^{(2)},V^{(2)},R^{(1)},R^{(2)},S^{(U)},S^{(V)},\sigma_1,\sigma_2,\sigma_{U_1},\sigma_{U_2},\sigma_{V_1},\sigma_{V_2},\sigma_{S_U},\sigma_{S_V}) \\
& = p(R^{(1)} \mid U^{(1)},V^{(1)},\sigma_1)p(R^{(2)} \mid U^{(2)},V^{(2)},\sigma_2)p(S^{(U)} \mid U^{(1)},U^{(2)},\sigma_{S_U}) \\
& \cdot p(S^{(V)} \mid V^{(1)},V^{(2)},\sigma_{S_V})p(U^{(1)} \mid \sigma_{U_1})p(V^{(1)} \mid \sigma_{V_1})p(U^{(2)} \mid \sigma_{U_2})p(V^{(2)} \mid \sigma_{V_2}) \\
& \cdot p(\sigma_1)p(\sigma_2)p(\sigma_{U_1})p(\sigma_{V_1})p(\sigma_{U_2})p(\sigma_{V_2})p(\sigma_{S_U})p(\sigma_{S_V})
\end{aligned} \tag{3-2}
$$

式中，未知的参数为 $U^{(1)},V^{(1)},U^{(2)},V^{(2)}$，假设所有的参数都服从正态分布：

$$
p(R^{(k)} \mid U^{(k)},U^{(k)},\sigma_k) = \prod_{i=1}^{M_k}\prod_{j=1}^{N_k}[N(R_{ij}^{(k)} \mid U_i^{(k)T}V_j^{(k)},\sigma_k^2)]^{I_{ij}^{R^{(k)}}} \tag{3-3}
$$

$$
p(S^{(U)} \mid U^{(1)},U^{(2)},\sigma_{S_U}) = \prod_{i=1}^{M_1}\prod_{p=1}^{M_2}[N(S_{ip}^{(U)} \mid U_i^{(1)T}U_p^{(2)},\sigma_{S_U}^2)]^{I_{ip}^{S^{(U)}}} \tag{3-4}
$$

$$
p(S^{(V)} \mid V^{(1)},V^{(2)},\sigma_{S_V}) = \prod_{j=1}^{N_1}\prod_{q=1}^{N_2}[N(S_{jq}^{(V)} \mid V_{ji}^{(1)T}V_q^{(2)},\sigma_{SV}^2)]^{I_{jq}^{S^{(V)}}} \tag{3-5}
$$

$$
p(U^{(k)} \mid \sigma_{U_k}) = \prod_{i=1}^{M_k} N(U_i^{(k)} \mid 0,\sigma_{U_k}^2 I)，\quad p(V^{(k)} \mid \sigma_{V_k}) = \prod_{j=1}^{N_k} N(V_j^{(k)} \mid 0,\sigma_{V_k}^2 I) \tag{3-6}
$$

通过联合概率分布和做出的假设，可以推导出 $U^{(1)},V^{(1)},U^{(2)},V^{(2)}$ 的后验概率分布，极大化后验概率分布等价于极小化负的后验概率分布：

$$
\begin{aligned}
& -\ln p(U^{(1)},V^{(1)},U^{(2)},V^{(2)},R^{(1)},R^{(2)},S^{(U)},S^{(V)},\sigma_1,\sigma_2,\sigma_{U_1},\sigma_{U_2},\sigma_{V_1},\sigma_{V_2},\sigma_{S_U},\sigma_{S_V}) \\
& = \sum_{k=1}^{2}\left(\frac{1}{2\sigma_k^2}\sum_{i=1}^{M_k}\sum_{j=1}^{N_k} I_{ij}^{R^{(k)}}(R_{ij}^{(k)} - U_i^{(k)T}V_j^{(k)})^2\right) + \frac{1}{2\sigma_{S_V}^2}\sum_{j=1}^{N_1}\sum_{q=1}^{N_2} I_{jq}^{S^{(V)}}(S_{jq}^{(V)} - V_j^{(1)T}V_q^{(2)})^2 \\
& + \frac{1}{2\sigma_{S_U}^2}\sum_{i=1}^{M_1}\sum_{p=1}^{M_2} I_{ip}^{S^{(U)}}(S_{ip}^{(U)} - U_i^{(1)T}U_p^{(2)})^2 + \sum_{k=1}^{2}\left(\frac{1}{2\sigma_{U_k}^2}\sum_{i=1}^{M_k}U_i^{(k)T}U_i^{(k)} + \frac{1}{2\sigma_{V_k}^2}\sum_{j=1}^{N_k}V_j^{(k)T}V_j^{(k)}\right) + C
\end{aligned} \tag{3-7}
$$

式中，C 是一个常量，假设评分有相同的先验方差，即 $\sigma_1 = \sigma_2$；同时假设用户和物品向量的先验方差都相同，即 $\sigma_{U_1} = \sigma_{U_2} = \sigma_{V_1} = \sigma_{V_2}$，可得到最终的优化函数：

$$
\begin{aligned}
& F(U^{(1)},V^{(1)},U^{(2)},V^{(2)}) \\
& = \frac{1}{2}\sum_{k=1}^{2}\sum_{i=1}^{M_k}\sum_{j=1}^{N_k} I_{ij}^{R^{(k)}}(R_{ij}^{(k)} - U_i^{(k)T}V_j^{(k)})^2 + \frac{\alpha}{2}\sum_{j=1}^{N_1}\sum_{q=1}^{N_2} I_{jq}^{S^{(V)}}(S_{jq}^{(V)} - V_j^{(1)T}V_q^{(2)})^2 \\
& + \frac{\beta}{2}\sum_{i=1}^{M_1}\sum_{p=1}^{M_2} I_{ip}^{S^{(U)}}(S_{ip}^{(U)} - U_i^{(1)T}U_p^{(2)})^2 + \frac{\lambda}{2}\sum_{k=1}^{2}(\| U^{(k)} \|_{\text{Fro}}^2 + \| V^{(k)} \|_{\text{Fro}}^2)
\end{aligned} \tag{3-8}
$$

式中，$\alpha=\sigma_1^2/\sigma_{S_V}^2,\beta=\sigma_1^2/\sigma_{S_U}^2,\lambda=\sigma_1^2/\sigma_{U_1}^2$，通过调节 α 和 β 的大小能够调节两个领域在学习当中所占的比重，λ 则是一个正则化参数，用于防止模型过拟合。

有了上面的优化表达式，可以用交替最小二乘法进行优化求解，交替最小二乘法的方法就是固定其中的三个参数，优化另一个，于是我们能够求得各个参数的梯度，迭代优化直至收敛。

2. 基于信息迁移的学习技术

基于信息迁移的学习技术不同于基于信息连接的学习技术，它的重点在于挖掘用户在不同领域下反馈的迁移模式。不同领域之间的对象往往有着一些隐藏的联系，就用户偏好来说，喜欢摇滚音乐的人往往也喜欢动作电影，而喜欢看电视剧的人有可能就不喜欢动作电影，如果能够挖掘出用户在不同领域下偏好的迁移关系，那么就能根据这种迁移关系进行跨领域的推荐。基于协同过滤的迁移学习方法一般从三个角度来做数据的迁移：第一种是在用户方面迁移，第二种是在物品方面迁移，最后一种是对知识进行迁移。关于基于信息迁移的学习技术，Singh 和 Gordon 在 2008 年与 Pan 和 Yang 在 2013 年分别提出了两种不同的矩阵分解模型；2013 年 Hu 等提出了一种张量模型；2015 年 Xin 等提出了一种非线性的信息迁移模型。下面主要从线性模型和非线性模型两方面进行信息迁移学习技术的阐述。

1) 线性信息迁移

线性的信息迁移技术一般假设两个领域共享相同的用户(物品)特征，如 SoRec 是一种基于用户特征迁移的线性学习方法，CMF(collective matrix factorization)则是一种基于物品的方法，CBT 则是一种基于知识的方法。对用户-物品评分矩阵进行矩阵分解能够形象地描述这些方法。

在实际的推荐系统中往往会出现如下的情况，如果有两个电影评价的网站 A 和网站 B，网站 A 采用 5 分制进行评分，网站 B 对电影的评分只有两种：喜欢或者不喜欢，网站 B 的数据要明显多于网站 A(因为它的评分更为简单)。如果能用网站 B 的评分数据弥补网站 A 评分数据的稀疏，那么应该可以得到更好的推荐效果，出于这个目的，2013 年 Pan 和 Yang 提出了一种新颖的异构领域的协同过滤方法。不同于以上的方法，在 Pan 和 Yang 提到的 SVD 分解方法中，假设两个领域具有相同的用户特征和物品特征。

在传统的 SVD 模型当中，将用户-评分矩阵分解如下：

$$R_{m\times n}\approx U_{m\times k}B_{k\times k}V_{k\times n}^{\mathrm{T}} \tag{3-9}$$

式中，U 为用户的隐藏特征矩阵；V 为物品的隐藏特征矩阵；B 表示用户和物品特征之间的关系。那么在上面所描述的背景下，对于同一个用户和电影，我们假设两个领域的关系矩阵存在着差异，如图 3-7 所示。

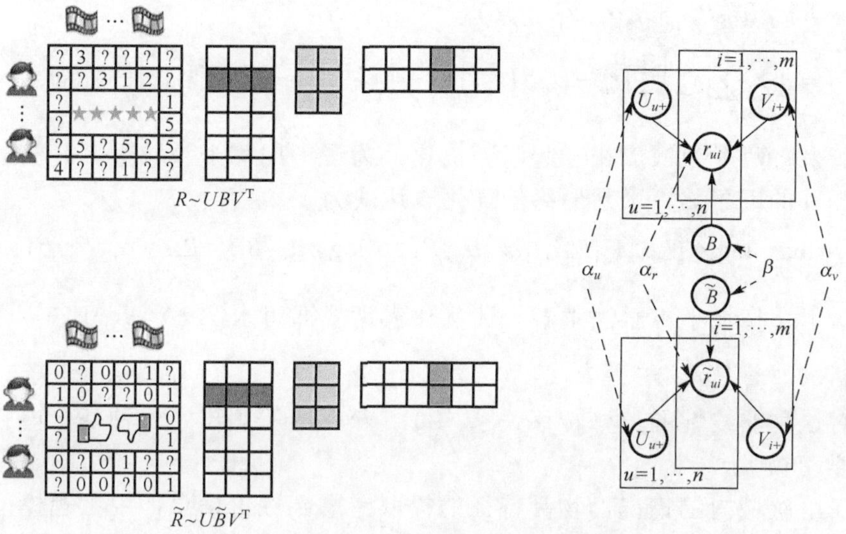

图 3-7　协同矩阵分解迁移的概率图模型

跟基于标签的连接技术一样，如果抛开两个领域之间的联系看，每个领域分别对应于一个简单的 PMF 模型，通过相同的用户和相同的物品在两个领域上进行信息的迁移。对于 U、V、B，假设它们服从均值为 0 的正态分布，r 服从均值为 UBV^{T} 的正态分布：

$$U \sim N(0, {\alpha_u}^{-1} I)$$

$$V \sim N(0, {\alpha_v}^{-1} I)$$

$$B \sim N(0, (\beta / q)^{-1} I)$$

$$r_{ui} \sim N(U_u B {V_i}^{\mathrm{T}}, {\alpha_r}^{-1} I)$$

式中，q 为观察到的评分的个数，对于单领域来说，能够得到 U、V、B 的后验概率(取 log)为

$$\begin{aligned}
&\log p(U,B,V \mid R,\alpha_r,\alpha_u,\alpha_v,\beta) \\
&= \log \prod_{u=1}^{n} \prod_{i=1}^{m} \left[p(r_{ui} \mid U_u, B, V_i, \alpha_r) p(U_u \mid \alpha_v) p(B \mid \beta) \right]^{y_{ui}} \\
&= -\sum_{u=1}^{n} \sum_{i=1}^{m} y_{ui} \left[\frac{\alpha_r}{2} (r_{ui} - U_u B V_i^{\mathrm{T}})^2 + \frac{\alpha_u}{2} \| U_u \|_F^2 + \frac{\alpha_v}{2} \| V_i \|_F^2 + \frac{\beta}{2q} \| B \|_F^2 + C \right] \quad (3\text{-}10)
\end{aligned}$$

式中，若 y_{ui} 为 1 表示用户 u 和物品 i 存在评分；若 y_{ui} 为 0 则表示不存在。令 $\alpha_r=1$，省略 C(C 与 U，B，V 无关)得到

$$\log p(U,B,V \mid R,\alpha_r,\alpha_u,\alpha_v,\beta)$$
$$=-\sum_{u=1}^{n}\sum_{i=1}^{m} y_{ui}\left[\frac{1}{2}(r_{ui}-U_u B V_i^{\mathrm{T}})^2+\frac{\alpha_u}{2}\|U_u\|_F^2+\frac{\alpha_v}{2}\|V_i\|_F^2\right]-\frac{\beta}{2q}\|B\|_F^2 \tag{3-11}$$

接下来将两个领域放在一起联合优化，为了考虑每个领域所占的权重，引入一个大于 0 的因子 λ，于是最终的优化表达式为

$$\max_{U,V,B,\tilde{B}} \log p(U,B,V \mid R,\alpha_r,\alpha_u,\alpha_v,\beta)+\lambda\log p(U,\tilde{B},V \mid \tilde{R},\alpha_r,\alpha_u,\alpha_v,\beta) \tag{3-12}$$

最后用交替最小二乘法求解上述优化表达式即可求解 U、B、V。

2) 非线性信息迁移

针对这种非线性的偏好转移关系，2015 年 Xin 等提出了一种基于内容的非线性迁移学习模型。

考虑单领域内的情况，物品特征的提取考虑到评价信息，用主题模型对评价内容进行稀疏表示来描述物品特征，从而进行主题和推荐的协同学习。协同主题排序模型如图 3-8 所示。

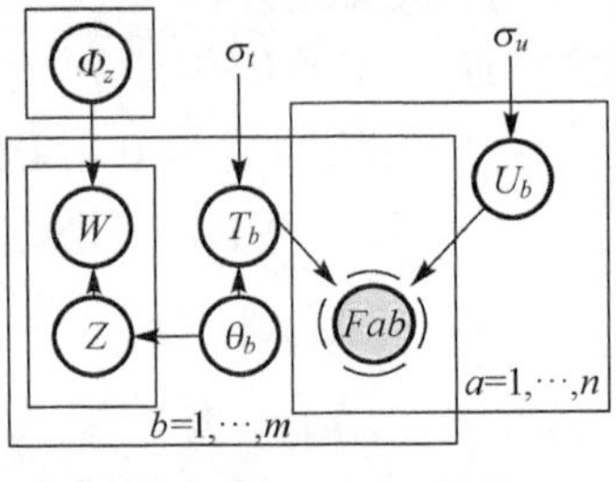

图 3-8　协同主题排序模型

假设数据集里的物品个数为 m，整个评价文本集的主题有 k 个。假设 Φ_z 代表主题 z 的词分布，θ_b 表示物品 b 的评价文本的主题分布，C 表示整个评价语料，H_b 表示物品 b 的评价文本中的单词个数。那么整个语料的条件概率为

$$p(C \mid \theta,\phi)=\prod_{b\in C}\prod_{j=1}^{H_b}\left(\sum_{z_{bj}=1}^{k}\theta_{bz_{bj}}\phi_{z_{bj}w_{bj}}\right) \tag{3-13}$$

又考虑用户在不同的物品之间偏好的差异，定义 $b \succ_a b'$ 表示用户 a 对物品 b 的喜好程度要大于对 b'的喜好程度。假设用户的特征矩阵是 U，物品的特征矩阵是 T，$b \succ_a b'$ 的概率可以定义为

$$p(b \succ_a b' \mid U,T) = \frac{1}{1 + \mathrm{e}^{-(U_a^T T_b - U_a^T T_{b'})}} \tag{3-14}$$

为了建立 T 和 θ 之间的联系，对面一个物品，在其主题分布上加一个高斯扰动：

$$T_b = \theta_b + \varepsilon_b,\ \varepsilon_b \sim N(0, \sigma_t^2 I) \tag{3-15}$$

式中，ε_b 表示物品 b 的个性化偏置，当新出现一个物品 b 时，ε_b 趋近于 0，这样 T 就是由 θ 而来的，缓解了数据稀疏问题。

现在假设 D 表示所有可以观察到的三元组 (a,b,b')，所以 CTR 的优化表达式为

$$\begin{aligned} L_{\mathrm{CTR}}(U,\varepsilon,\theta,\phi) = & \sum_{b\in C}\sum_{j=1}^{H_b} \ln\left(\sum_{z_{bj}=1}^{k} \theta_{bz_b}\phi_{z_{bj}w_{bj}}\right) \\ & - \sum_{a,b,b'\in D} \ln(1+\exp(-(U_a^{\mathrm{T}}(\theta_b+\varepsilon_b) - U_a^{\mathrm{T}}(\theta_{b'}+\varepsilon_{b'})))) \\ & - \frac{1}{\sigma_u^2}\sum_{a=1}^{n} U_a^{\mathrm{T}} U_a - \frac{1}{\sigma_t^2}\sum_{b=1}^{m} \varepsilon_b^{\mathrm{T}} \varepsilon_b \end{aligned} \tag{3-16}$$

上面说明了不同领域内用户的偏好存在非线性的映射关系，通过 CTR 模型能够在单领域内学习任意用户 a 的特征向量 U_a，假设第二个领域内用户 a 的特征向量为 U'_a，假设有两个函数能够使得 $f^i(U'_a) \approx U^i_a$，$g^i(U_a) \approx U''^i_a$，表示目标领域内用户特征向量的每一维都是源领域用户特征向量的一个函数，只考虑 f^i，令

$$f^i(U'_a) = (\omega^i)^{\mathrm{T}} \cdot U'_a + \beta^i \tag{3-17}$$

用 SVM 可以求解这样的非线性回归问题，优化目标

$$\min_{\omega^i,\beta^i} \frac{1}{2}(\omega^i)^{\mathrm{T}}\omega^i + \gamma\frac{1}{2}\sum_{a\in S} e_a^2 \tag{3-18}$$

$$\text{s.t. } U_a^i = f^i(U'_a) + e_a,\ a \in S \tag{3-19}$$

通过 KKT(Karush-Kuhn-Tucher)条件，上述问题等价于求解如下方程组，K 为径向基核函数(radial basis function，RBF)：

$$\begin{bmatrix} 0 & 1_n^{\mathrm{T}} \\ 1_n & K + \frac{1}{\gamma} I \end{bmatrix} \begin{bmatrix} \beta^i \\ \alpha^i \end{bmatrix} = \begin{bmatrix} 0 \\ U^i \end{bmatrix} \tag{3-20}$$

令 $L_{\text{MAP}}(U,U',\alpha,\beta,\alpha',\beta') = -\sum_{a=1}^{n}\| f(U'_a) - U_a \|^2 - \sum_{a=1}^{n}\| g(U_a) - U'_a \|^2$，最后最大化如下函数：

$$L(U,U',\varepsilon,\varepsilon',\alpha,\beta,\alpha',\beta') = \lambda L_{\text{MAP}}(U,U',\alpha,\beta,\alpha',\beta') + (1-\lambda)(L_{\text{CTR}}(U,\varepsilon\,|\,\theta,\phi) + L_{\text{CTR}}(U',\varepsilon'\,|\,\theta',\phi')) \quad (3\text{-}21)$$

3.5.3　面向城市路线的个性化推荐技术

伴随着快节奏的生活方式，居住在大城市的人们越来越关心交通拥堵问题。每天花费在交通上的时间一直影响着人们的工作效率和心情。因此，预测道路行驶速度如今已经成为一个重要的城市服务。面向城市路线的个性化推荐技术也应运而生。它可以帮助司机躲开那些可能即将拥堵的道路，来达到节约时间和资源，保护环境，提高工作效率的目的。

道路速度预测问题在之前就有广泛的研究。但是，大多数工作都是限制在能够获取到完整实时道路数据的高速路和主干道路上。而那些连接主干道路的次要道路却因为各种因素不能建设感知设备，使基于传统统计模型的推荐技术不能得到直接利用。虽然没有完备的感知设备提供数据，但是浮动车在次要道路上的 GPS (global positioning system) 数据可以提供帮助。对于这些很稀少的数据，我们可以用基于低秩分解的推荐技术来处理。接下来，我们将从基于传统统计模型的推荐技术和基于低秩分解的时序分析两个方面进行介绍。

1. 传统统计模型的推荐技术

近些年，基于完整数据的交通状况预测方法已经有了详尽的研究。典型的方法包括随机游走、自回归差分滑动平均模型、神经网络、支持向量回归、隐马尔可夫模型和条件随机场。其中隐马尔可夫模型是最具有竞争力的一种方法。一条路在固定的时间槽被赋予一个隐藏状态，每个状态都有各自的速度分布。时间模式用隐藏变量间的转移概率来建模。预测则基于未来所有可能状态的期望速度。

因为这些方法都是基于齐备数据的，所以它们只在高速和主干道路上表现得很好。但是，对于那些次要道路的速度预测，这些方法就不能直接使用了。因为在次要道路上占很大比重的历史记录是缺失的。

交通缺失数据插值问题的目的在于补全未获取到的历史数据。一些方法包括基于邻居的启发式规则、神经网络、支持向量机、隐马尔可夫模型、基于因式分解的方法等。近些年，Zheng 等使用了因式分解技巧补全了出租车相关应用的缺失数据并论证了该技巧在减轻数据稀疏性上的效力。

这些方法主要聚焦在补全历史数据，所有时间槽内都存在观察值。但是对于城市次要道路的速度预测聚焦在未来数据预测，并没有可获取的观察值。尽管这些数据填补方法可以用来恢复历史缺失数据并进一步使用传统方法来预测未来数据，其中的误差传播会显著地影响预测结果。在这一点上，基于低秩分解的方法同时解决了历史缺失数据填补问题和未来数据预测问题，避免了误差传播。

接下来，我们将详细讲述基于低秩分解的时序分析。

2. 低秩分解的时序分析

路线推荐中的一个主要任务就是预测次要道路的通行速度，用到的数据包括地图信息和浮动车数据。地图信息包括道路ID(identity)、道路连接关系和道路的周边情况。其中，道路周边的情况通过矩阵表示，矩阵包括三部分：f_r、f_p、f_g。f_r描述道路属性，包括道路长度、道路等级、相连分支数目和方向，这些都被限制在0～1。f_p描述道路周边，包括医院、学校等在内的建筑物的数目分布。f_g描述道路与区域的关系，表示道路在城市中的全局位置，因此，相邻的区域会有近似的矩阵f_g。浮动车数据经过预处理，以矩阵形式呈现，每行代表一条次要道路，每列代表一个时间段(10分钟)，每个元素指示该道路在该时间段的速度，不妨设共有n条次要道路、m个时间段以及k种道路特征。

条件清楚之后，我们的任务就是如何使用已有的地图信息以及最近的速度记录，迅速而有效地预测矩阵中缺失的t_{i+1}时段的速度。注意，如果预测出了t_{i+1}时段的速度，t_{i+k}时段的速度可以通过相同的方法得到。

时序分析主要通过一个两层隐马尔可夫模型来完成。内层是对时间段上次要道路的速度进行建模，而外层则对时间阶段上整个区域的总体速度进行建模，时间阶段包含6个时间段，也就是1小时。为了描述整个模型，定义了以下参数。

道路速度V_{ab}(U_{xy})：道路r_a(区域g_x)在时间段t_b(时间阶段d_y)中的平均通行速度。当某一时间段内通过该道路的浮动车数据大于阈值时，计算平均速度，否则认为该数据缺失。

道路状态S_{ab}(Q_{xy})：道路r_a(区域g_x)在时间段t_b(时间阶段d_y)中隐藏状态，取值为0或1，0表示道路拥堵，1表示道路通畅。

道路速度的分布D_S(D_Q)：在S_{ab}(Q_{xy})已知的情况下，V_{ab}(U_{xy})服从高斯分布：

$$\mathcal{N}(v_{ab},\sigma_{ab}^2 \mid S_{ab})$$

道路状态的转移概率 P_S：利用一阶马尔可夫性，可得区域的未来状态只与相邻区域的前一个状态相关，即

$$P(Q_{x,d_{j+1}} \mid \text{history}) = P[Q_{x,d_{j+1}} \mid n(Q_{x,d_j})] \tag{3-22}$$

道路的未来状态也可以写成

$$P(S_{a,t_{i+1}} \mid \text{history}) = P[S_{a,t_{i+1}} \mid Q_{g(a),d(t_i)}, n(S_{a,t_i})] \tag{3-23}$$

为了简化模型，令相邻区域包括自身以及最近的两个区域。

道路状态的初始分布 π_S：道路状态的初始值服从 π_S 所表示的分布。

在上述定义下，LHMM 的参数就是 $\vartheta_{\text{lhmm}} = \{\pi_S,\pi_Q,D_S,D_Q,P_S,P_Q\}$，变量是 $\{S,Q\}$。通过训练过程，可以学习得到参数 ϑ_{lhmm}，$\{S,Q\}$ 则可以通过最大化下面的似然函数来得到

$$\begin{aligned}
&P(U,V,S,Q;\vartheta_{\text{lhmm}}) = \\
&\qquad \prod_{x=1}^{16} P(Q_{x,d_1};\pi_Q)P(U_{x,d_1};D_Q)^{I_{x,d_1}^U} \\
&\qquad \cdot\prod_{j=2}^{d}\prod_{x=1}^{16} P[Q_{x,d_j} \mid n(Q_{x,d_{j-1}});P_Q)]P(U_{x,d_j} \mid Q_{x,d_j};D_Q)^{I_{x,d_j}^U} \\
&\qquad \cdot\prod_{a=1}^{n} P(S_{a,t_1};\pi_S)P(V_{a,t_1} \mid S_{a,t_1};D_S)^{I_{a,t_1}^V} \\
&\qquad \cdot\prod_{i=2}^{m}\prod_{a=1}^{n} P[S_{a,t_i} \mid n(S_{a,t_{i-1}}),Q_{g(a),d(t_i)};P_S]P(V_{a,t_i} \mid S_{a,t_i};D_S)^{I_{a,t_i}^V}
\end{aligned} \tag{3-24}$$

确定了 $\{S,Q\}$ 之后，对缺失值的估计以及未来的预测就可以通过计算两个状态下速度的期望来得到

$$\begin{aligned}
f_{ab}^{\text{lhmm}} &= E(V_{ab} \mid S_{ab}=0)P(S_{ab}=0 \mid Q_{g(a),d(b-1)}, S-S_{a,b}) \\
&\quad + E(V_{ab} \mid S_{ab}=1)P(S_{ab}=1 \mid Q_{g(a),d(b-1)}, S-S_{a,b})
\end{aligned} \tag{3-25}$$

进行空间分析主要用到了一个共同的概率分解模型。模型的要素如下：V 是一个 $n\times m$ 的矩阵，其中 V_{ab} 是道路 r_a 在时间段 t_b 中的通行速度。W 是一个 $n\times l$ 的矩阵，其中 W_{ac} 是道路 r_a 的第 c 个周边信息。接着 V 被分解成了两个隐含特征的矩阵 R 和 T，R 是一个 $n\times k$ 的矩阵，T 是一个 $m\times k$ 的矩阵，k 是隐含特征的维数，并且 V_{ab} 可以通过均值为 $R_a^{\mathrm{T}}T_b$ 的高斯分布进行刻画。同样，矩阵 W 被分解成了两个矩阵 R 和 F，R 为前面的 R 矩阵，F 是一个 $l\times k$ 的矩阵。在这种分解方式下，

道路的隐含特征矩阵 R 被 V 和 W 所共享。最后，R、T 和 F 中元素的先验概率是均值为 0 的高斯分布。

同时对 V 和 W 进行建模有两个好处。第一，地理信息在估计缺失值和预测未来值时得到了利用：分解 W 时，周边环境相似的道路会产生相似的隐含特征向量，这也影响了 V 的分解。第二，由于 W 不是稀疏矩阵而 V 是稀疏矩阵，所以两个矩阵同时分解可以有效地避免单独分解 V 时将要面临的数据缺失问题。

在上述定义下，CMF 的参数就是 $\vartheta_{\text{cmf}}=\{\sigma_R^2,\sigma_T^2,\sigma_F^2,\sigma_V^2,\sigma_W^2\}$，变量是 $\{R,T,F\}$。ϑ_{cmf} 会通过经验来进行设置，$\{R,T,F\}$ 则可以通过最大化下面的似然函数来得到

$$
\begin{aligned}
P(V,W,R,T,F;\vartheta_{\text{cmf}}) &\propto \prod_{a=1}^{n}\prod_{b=1}^{m}[\mathcal{N}(V_{ab};R_a^{\mathrm{T}}T_b,\sigma_V^2)]I_{ab}^{V} \\
&\cdot\prod_{a=1}^{n}\prod_{c=1}^{l}\mathcal{N}(W_{ac};R_a^{\mathrm{T}}F_c,\sigma_W^2)\cdot\prod_{a=1}^{n}\mathcal{N}(R_a;0,\sigma_R^2) \\
&\cdot\prod_{b=1}^{m}\mathcal{N}(T_b;0,\sigma_T^2)\cdot\prod_{c=1}^{l}\mathcal{N}(F_c;0,\sigma_F^2)
\end{aligned}
\tag{3-26}
$$

确定了 $\{R,T,F\}$ 之后，对缺失值的估计以及未来的预测就可以通过计算两个状态下速度的期望来得到

$$
f_{ab}^{\text{cmf}}=R_a^{\mathrm{T}}T_b \tag{3-27}
$$

多角度学习是一种典型的半监督学习模式，在速度预测中，浮动车记录下的速度为有标记的数据，缺失值则是无标记的数据。前面我们提出了时序和空间两种分析角度，而多角度学习的假设就是二者的预测值应该相似，换句话说，如果两个模型同时训练，那么当两个模型的预测值相差悬殊时，就应该加以修正。

多角度学习的目标是最大化下面的这个函数

$$
\max_{S,Q,R,T,F} P(V,U,S,Q;\vartheta_{\text{lhmm}})\cdot P(V,W,R,T,F;\vartheta_{\text{cmf}})\cdot\prod_{a=1}^{n}\prod_{b=1}^{m}[\mathcal{N}(f_{ab}^{\text{lhmm}}-f_{ab}^{\text{cmf}};0,\sigma^2)]^{I_{ab}^{V}} \tag{3-28}
$$

式中，$P(V,U,S,Q;\vartheta_{\text{lhmm}})$ 和 $P(V,W,R,T,F;\vartheta_{\text{cmf}})$ 是 LHMM 和 CMF 的似然函数，$\prod_{a=1}^{n}\prod_{b=1}^{m}[\mathcal{N}(f_{ab}^{\text{lhmm}}-f_{ab}^{\text{cmf}};0,\sigma^2)]^{I_{ab}^{V}}$ 是来度量两种模型在缺失数据上的分歧程度，由一个均值为 0 的高斯分布表示。

多角度学习的任务就是找到一组 $\{S,Q,R,T,F\}$，使得上面的优化目标最大。我们采用迭代的方式进行优化，每次迭代时固定一个模型的参数，调整另一个模型的参数。

当固定 $\{S,Q\}$ 时，优化目标等价于最小化 $L(R,T,F)$

$$L(R,T,F)=\frac{1}{2\sigma^2}\sum_{a=1}^{n}\sum_{b=1}^{m}\overline{I}_{ab}^{V}(f_{ab}^{\text{lhmm}}-R_a^{\mathrm{T}}T^b)+\frac{1}{2\sigma_R^2}\|R\|_F^2+\frac{1}{2\sigma_T^2}\|T\|_F^2$$
$$=\frac{1}{2\sigma_F^2}\|F\|_F^2\frac{1}{2\sigma_V^2}\sum_{a=1}^{n}\sum_{b=1}^{m}I_{ab}^{V}(V_{ab}-R_a^{\mathrm{T}}T^b)^2$$
$$+\frac{1}{2\sigma_W^2}\sum_{a=1}^{n}\sum_{c=1}^{l}(W_{ac}-R_a^{\mathrm{T}}F_c)^2 \tag{3-29}$$

可以通过梯度下降法求解优化问题，分别对 $\{R,T,F\}$ 求导数

$$\nabla_{R_a}L=\frac{1}{1\sigma^2}\sum_{b=1}^{m}\overline{I}_{ab}^{V}(f_{ab}^{\text{lhmm}}-R_a^{\mathrm{T}}T^b)T^b+\frac{1}{\sigma_R^2}R_b+\frac{1}{\sigma_V^2}\sum_{b=1}^{m}I_{ab}^{V}(V_{ab}-R_a^{\mathrm{T}}T^b)T^b$$
$$+\frac{1}{\sigma_W^2}\sum_{c=1}^{l}(W_{ac}-R_a^{\mathrm{T}}F_c)F_c \tag{3-30}$$

$$\begin{cases}\nabla_{T_a}L=\dfrac{1}{\sigma^2}\displaystyle\sum_{a=1}^{n}\overline{I}_{ab}^{V}(f_{ab}^{\text{lhmm}}-R_a^{\mathrm{T}}T^b)R_a+\dfrac{1}{\sigma_R^2}T_b+\dfrac{1}{\sigma_V^2}\displaystyle\sum_{a=1}^{n}I_{ab}^{V}(V_{ab}-R_a^{\mathrm{T}}T^b)R_a\\ \nabla_{F_c}L=\dfrac{1}{\sigma_W^2}\displaystyle\sum_{a=1}^{n}(W_{ac}-R_a^{\mathrm{T}}F_c)R_a+\dfrac{1}{\sigma_F^2}F_c\end{cases} \tag{3-31}$$

当固定 $\{R,T,F\}$ 时，优化目标等价于最大化 $L(S,Q)$

$$L(S,Q)=P(V,U,S,Q;\vartheta_{\text{hmm}})\cdot\prod_{a=1}^{n}\prod_{b=1}^{m}[\mathcal{N}(f_{ab}^{\text{lhmm}}-f_{ab}^{\text{cmf}};0,\sigma^2)]^{I_{ab}^{V}} \tag{3-32}$$

首先优化 Q，然后再优化 S。由于一个时间段内，几乎每个区域都会有浮动车出现，所以 Q 的优化与 CMF 的变量无关。通过带有模拟退火的 Gibss 采样来搜索最佳的 Q，每次迭代中，对于每个状态，Q_{x,d_j} 通过式(3-33)进行采样

$$P(Q_{x,d_j}=\rho\mid Q-Q_{x,d_j},U)\propto P[Q_{x,d_j}=\rho\mid n(Q_{x,d_{j-1}});P_Q)]$$
$$P(U_{x,d_j}\mid Q_{x,d_j}=\rho;D_Q)$$
$$\cdot\prod_{z,x\in n(z)}P(Q_{z,d_{j+1}}\mid Q_{x,d_j}=\rho,Q_{n(z),d_j}-Q_{x,d_j};P_Q) \tag{3-33}$$

对 S 的搜索既依赖于 LHMM 的变量，又依赖于 CMF 的变量。采用相同的方法，S_{a,t_i} 通过式(3-34)进行采样

$$P(S_{a,t_i}=\tau\mid S-S_{a,t_i},V,Q)\propto P(V_{a,t_i}\mid S_{a,t_i}=\tau;D_S)^{I_{a,t_i}^{V}}$$
$$\cdot\prod_{c,a\in n(c)}\mathcal{N}[f_{c,t_i}^{\text{cmf}}-(f_{c,t_i}^{\text{lhmm}}-S_{a,t_i}=\tau,S-S_{a,t_i});0,\sigma^2]^{I_{a,t_i}^{V}}$$
$$\cdot\prod_{c,a\in n(c)}P(S_{c,t_{i+1}}\mid S_{a,t_i}=\tau,S_{n(c),t_i}-S_{a,t_i},Q_{g(a),d(t_i)};Ps)$$
$$\cdot P[S_{a,t_i}=\tau\mid n(S_{a,t_{i-1}}),Q_{g(a),d(t_i)};Ps] \tag{3-34}$$

3. 面向信息质量分析的推荐技术

网络的出现早已改变了人们交流信息、获取信息和学习的方式。任何人的任何问题，都可以在搜索引擎中输入关键字，搜索引擎将根据关键字推荐给你相关的网页来满足客户的需求。但是，搜索引擎提供的网页数量非常庞杂，内容角度等都不确定，虽说搜索引擎推荐的网页与用户的搜索习惯和关键字有关，但是搜索引擎并不能直接根据用户需求推荐出具有针对性的准确解决方法，而客户浏览所有这些没有确定保证的网页浪费了大量时间。所以需要一种能够直接根据用户需求生成具有专业性和针对性的答案，社区问答(community question answer，CQA)提供了一种用户之间相互交流的方式。

社区问答网站作为用户交流信息共享知识的一个接口，任何用户都可以在社区问答网站中提出各种问题，然后会有相应感兴趣的或者专业人士回答用户的提问。虽然这种从特性信息需求中直接获取回应的主意听起来很诱人，但是 CQA 网站仍然存在一些不确定性，因为社区问答网站上的答案质量也不能保证。

存在的社区问答系统仍然不能满足用户的期望，2013 年 Liu 等指出有以下几个原因。①缺乏专业的问答匹配：当问题被提出以后，很多时候是没有找到专业人士或者对该问题感兴趣并且有能力来回答该问题的人来解答该问题，很多时候是用户为了完成赚取社区里面的积分的任务来回答的问题，所以结果导致很多答案并不是用户所期望的，而用户又要花费大量时间浏览并不具有针对性的所有的答案。②低质量的答案：正如前面所说，因为用户是为了完成赚取积分的任务来回答的问题，所以很多答案往往是随性而发，或者是恶作剧等垃圾答案，不过这些答案往往不会收到来自社区的高评分或投票。③很少使用已解决问题：很多时候问题都是重复的，不同用户之间遇到的问题可能是相似的，因为问题就是这样积累并一代代传承下来的。所以在用户发布新问题之前，其实用户是可以通过查找浏览相关专题论坛的已解决问题获得答案，因为这些问题都是密切相关的。其实所有这些任务背后的一个常见基本问题是如何在社区问答网站中推荐用户期望的专业答案。

近年来，像百度知道、新浪爱问、腾讯搜搜、WikiAnswers 等大量社区问答网站的流行和发展，在这些平台上很快积累了大规模的问题、答案和用户信息数据集，构成了一个庞大的数据集，如何从这些数据集中挖掘出有意义、有价值的资源，是非常有意义的研究。

研究社区问答网站中的答案推荐不仅能够优化社区问答网站中的答案质量，提高推荐答案的命中率；提取到的推荐答案也有利于用户搜索相似问题时搜索的推荐质量，对搜索引擎的答案推荐优化也有一定的意义；另外，社区问答中的推荐答案也可以应用于知识库的建立，建立知识库不仅可以优化搜索引擎的搜索结果，也可以同时促进社区问答推荐的准确性。通过对社区问答问题与答案的研究统计，还有可能发现当下社会的热点问题和关注点，通过统计专业性答案的回答作者等可以找到相关专业人士等。所以社区问答系统的推荐研究具有一定的发展前景与应用价值。社区问答系统所提供的问题和答案数据，为研究自然语言处理、信息检索、信息抽取、机器学习、大数据处理技术等提供了新的资源和途径。

1) 基于传统统计模型的质量分析

为了解决上面社区问答系统的个性化推荐问题，现在已有的面向社区问答系统的个性化推荐方案中大致分为两种：一种是基于传统统计模型的问答推荐，另一种是基于点击模型的问答推荐。

机器学习中的大部分模型都属于统计模型，例如，Salton 等使用基于 TF-IDF 的传统信息检索方式，Croft 等使用局部和全部文档分析解决的查询扩展，Adam 等使用搜索答案的统计方法，洪亮劼等使用的提取特征然后将答案作为分类问题解决的方法等，均属于传统统计模型，统计技巧包括虚拟相关反馈、局部语境分析和同义词的统计模型等。虽然 TF-IDF 统计词频计算相似度的方式是最基本的信息检索匹配答案的方法，但是基于 TF-IDF 的信息检索方式具有词汇空缺的问题，很多时候问题与答案包含的词相关但并不相同，所以存在匹配效率与准确率较低的情况。不管相似度模型或者分类模型，首先要处理的就是提取数据的特征，前面提到的统计技巧可以说是特征提取的技巧，然后将特征进行相似度计算或者分类处理。

(1) 特征提取

不管是机器学习、深度学习，还是迁移学习、强化学习，特征都成为其中一个不可缺少的重要部分。不论用的是分类模型，抑或是相似度计算等，特征都可以作为其输入，作为表示问题或者答案的向量。很多时候，特征提取的好坏会影响最终模型输出的结果及性能，这是深度学习出现的原因，提取问题或答案表示的深层特征，能够更好地表示出问题与答案的本质。Google 开源的 word2vec 资源就是最基本的对词语进行 embedding 的特征表示。

关于社区问答的特征有很多，但是根据不同社区或者不同模型，所需特征可能不同，每个特征的贡献也不同。如 TF-IDF 是最基本的统计模型统计技巧，但是因为 TF-IDF 不能表示潜在语义信息，仅仅是问答表征特征，所以现在使用的模型中很少使用 TF-IDF 作为问题或者答案的 embedding。以讨论区的问答作为例子，特征描述如表 3-4 所示。

表 3-4　特征描述

问题特征定义	答案特征定义
5W1H 单词	回答问题者
问号标志	答案的位置
问题发布者	停用词
N-gram	N-gram

这些特征既可以作为单独的特征使用，与分类器结合或者计算相似度，也可以把几个特征进行结合使用，提高答案推荐的命中率。

(2)基于特征的分类模型

针对一个特定问题肯定有一个最相关最准确的回答作为标准答案，即用户期望的答案，其他答案都是非准确或者非专业的回答。那么就可以将标准答案与非标准答案作为两类区别划分。传统社区问答推荐模型进行分类处理之前，需要先提取社区问答的特征，包括社区问题的特征和社区该问题所有答案的特征，然后将这些特征放入 SVM 或逻辑回归分类器中进行答案分类。所以，基于特征分类模型的答案推荐流程可以描述为特征工程与分类器。特征分类模型框架如图 3-9 所示。

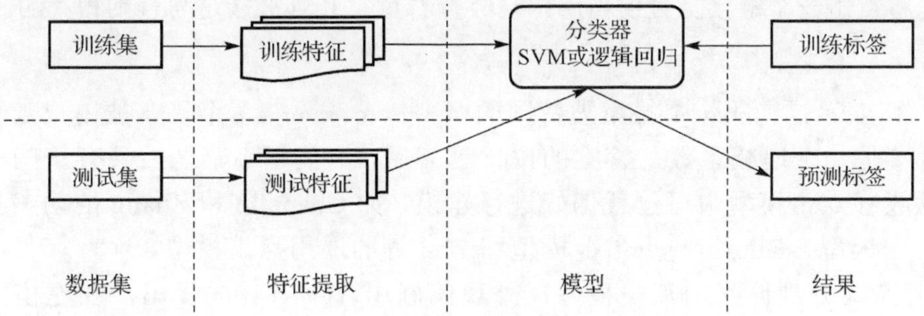

图 3-9　特征分类模型框架

基于特征的分类模型是一种监督学习方法，所以需要事先进行人工标注，使用人工标注的训练标签对模型进行反馈校正。对该模型的评价方式就是使用训练好的模型对测试集进行答案推荐的命中率计算。当命中率能够达到应用标准后，就可以将该模型应用到社区问答的个性化推荐中。

2)基于点击模型的质量分析

在问答系统中，除了传统的统计模型推荐技术，还有基于社区回答质量预测的模型，利用多种能获得的有效特征(如用户信息、用户资料、用户专业知识、内容长度以及评论等)对用户的回答质量进行预测。Wang 等利用类比推理在问题和回答之间构建正负联系，Toba 等将该问题看作一个层级分类问题。而这些工作都属于回答质量预测模型，可以当作传统的分类问题来解决，只不过选取的特征不一样。

点击模型不同于以上的方法，它类似于一种投票机制，对某个回答赞同的用户越多，表示该回答更适用于该问题。这种方法起初运用于搜索引擎的查询文档排序，并且取得了成功。然而，Granka 等发现用户通常都会有位置偏好，排序越靠前的文档被用户点击的概率越大，并且这种概率下降得非常快。于是这种模型运用在用户问答推荐系统时，就不会非常准确，因为即使一个用户给出非常专业的回答，当他的回答很靠后时，其他用户浏览时也很难发现该答案，通常是翻了前几个回答就从中挑选一个还算满意的了事。于是在点击模型的基础上，很多人都进行了改良。

而造成点击模型结果不准确的原因除了位置偏好，还有外观偏好以及用户偏好。外观偏好指的是用户通常对带有图片、内容篇幅较长、排版整洁的回答更有倾向性。而用户偏好则是用户自身对某些回答赞同，这些回答也许只是因为两人的观点相符，然而其实并不是最佳答案。

(1) 考虑位置偏好的点击模型，Craswell 等利用检验假设来解释位置偏好，假设用户将点击一个链接当且仅当用户已经查看过它并且链接是与查询相关的：

$$C_i = r \times x_i \tag{3-35}$$

式中，C_i 表示排在第 i 个答案被赞同的概率；x_i 表示第 i 个答案被用户查看到的概率；r 是一个递减系数，答案的位置越靠后，r 值越小。之后又有一些模型基于该假设在点击模型中对位置偏好进行建模，如 Chapelle 和 Zhang 的动态贝叶斯网络点击模型、Guo 等的点击链模型和 Zhu 等的通用点击模型。

(2) 考虑外观偏好的点击模型，外观偏好由 Yue 等首先提出，在建模内在联系时，给出了影响用户点击行为的更多因素。而且他们也加入了位置偏好共同进行分析。首先，对每个返回的查询结果进行评级，分为 1～10 级，等级越高表示结果所在位置越容易被用户看到。构建查询对（评级差一级的结果），交换查询对中结果的位置，比较交换前后用户点击比例的变化，计算用户点击比例比之前高的概率：

$$P = \frac{1}{1+\exp(-z)} \tag{3-36}$$

式中

$$z = w_0 + w_T X_T + w_{\bar{T}} X_{\bar{T}} + w_A X_A + w_{\bar{A}} X_{\bar{A}} + \sum_{I \in \mathcal{I}} w_I X_I \tag{3-37}$$

X_T 表示查询结果对没有交换加粗标题的点击比例之差；$X_{\bar{T}}$ 表示交换查询结果对

加粗标题后的点击比例之差；X_A 表示查询结果对没有交换加粗摘要的点击比例之差；$X_{\bar{A}}$ 表示交换查询结果对加粗摘要后的点击比例之差；

$$X_I\begin{cases}+1, & \text{未交换位置，等级为} I \text{的结果}\\ -1, & \text{交换位置，等级为} I \text{的结果}\\ 0, & \text{等级不为} I\end{cases} \tag{3-38}$$

用这个模型比较加粗的外观是否对用户的点击行为有影响。

(3) 考虑用户偏好的点击模型，在 Xing 等提出的考虑用户偏好的模型中，用户偏好可分为两类：①查看偏好；②点击偏好。查看偏好指有些用户习惯只看前几个结果，而有些用户则会从头看到尾。点击偏好指有些用户喜欢仔细查看完所有结果之后选择性点击，而有些用户则是看到一个点击一个。他们将这两种偏好引入了模型之中：

$$P(E=1\mid r,d,k,p)=\beta_p^{r-1}\lambda_p^k\mu_p^d \tag{3-39}$$

$$P(C=1\mid u,q,r,d,k,p)=\beta_p^{r-1}\lambda_p^k\mu_p^d\alpha_{uq}\gamma_p \tag{3-40}$$

式中，γ_p 是用户 p 的点击偏好；参数集 $\{\beta_p,\lambda_p,\mu_p,\gamma_p\}$ 描述偏好 p；所有的参数为 0～1。

除了以上三种点击模型，有些模型同时使用以上两种的搭配，或者同时考虑以上三种情况。Wei 等同时考虑了以上三种偏好，提出了联合点击模型，解决了社区问答系统中排名靠前的回答不准确的问题。图 3-10 为联合点击模型的示意图。

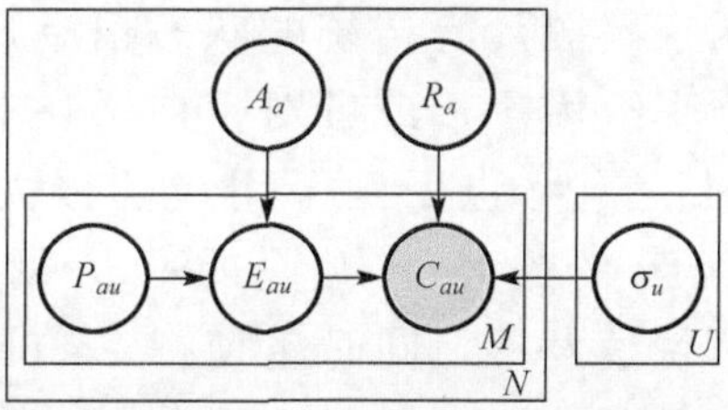

图 3-10　联合点击模型的示意图

图 3-10 中，N 代表数据集中 QA 对的总数，M 代表在回答中用户行为的总数，U 代表问题中用户总数。P_{au} 表示当用户 u 查看回答 a 时的位置偏好，A_a 是回答 a 的外观偏好，E_{au} 表示用户 u 是否查看回答 a，R_a 表示回答 a 的质量，σ_u 表示用户 u 的投票偏好，C_{au} 表示用户 u 是否为回答 a 投票。联合点击模型中依旧是采用投票机制，用户对一个回答的赞同表示对该回答投一次票，用户 u 对回答 a 投票的概率可以描述为

$$P(C_{au}=1|a,u)=P(C_{au}=1|a,u,E_{au}=1,R_a) \tag{3-41}$$
$$P(R_a=1|a,u,E_{au}=1)P(E_{au}=1|a,u)$$

式(3-41)可以表示为

$$P(C_{au}=1|a,u)=\nu_{au}\beta_a\gamma_{au} \tag{3-42}$$

式中，ν_{au} 表示用户 u 在查看了高质量的回答 a 之后投票给它的概率，即表示投票偏好。β_a 表示回答的质量，γ_{au} 表示为

$$\gamma_{au}=\alpha A_a+(1-\alpha)P_{au} \tag{3-43}$$

式中，α 表示权衡因子，平衡 A_a 与 P_{au} 的值。至此三种偏好都被量化进模型中。

(4)模型评估。在社区问答推荐模型中，常用的评估标准有 P@K 和 MRR。P@K 表示最好的回答在前 K 个结果中的比例，平均倒数排名(mean reciprocal rank，MRR)为

$$\text{MRR}=\frac{1}{|Q|}\sum_{i=1}^{|Q|}\frac{1}{\text{rank}_i} \tag{3-44}$$

式中，$|Q|$表示测试问题的总数；rank_i 表示最好的答案的真实排名。

3.5.4　面向热门地点的个性化推荐

随着移动互联网的蓬勃发展，尤其是智能手机等智能终端的大量普及，用户可以随时随地进行信息的分享。并且，伴随智能终端中 GPS 功能的不断完善，用户已经不局限于分享文字、图片等传统的状态信息，越来越多的用户习惯于将自己所处的位置信息分享给用户，或者对目前所在的地点进行相关的评价。因此，基于地理位置的社交网络也受到了用户的极大追捧。由此不仅促使了 Foursquare、大众点评等新兴的基于位置的社交网络(location-based social network，LBSN)的诞生和快速发展，同时也使得 Facebook、Twitter、新浪微博等在线社交网络推出了相关的服务。但是，随着用户数量的猛增以及用户使用频率的快速增加，在 LBSN 上产生了海量的用户数据，虽然这些数据极大地丰富了用户的日常生活，但是同时也为用户获取数据造成了困难。因此，如何从这些海量的数据中筛选出真正有价值并且用户真正关心的数据呈现给用户，是非常具有现实意义的。

另外，O2O(online to online)概念的兴起也使得 LBSN 具有更大的商业价值。而这些价值主要体现在三个方面：第一，基础价值，在所有的 O2O 使用场景中，都需要知道用户目前所在的位置，如果获取不到这个信息，那么 O2O 就没有任何

意义，而LBSN可以提供用户目前所在的位置，这才使得O2O具有实际的价值。第二，流量价值，LBSN拥有众多的用户，并且用户的使用频率也非常高，通过在LBSN上投放广告，可以将网站的免费流量转换为真正有价值的服务提供给用户。第三，数据价值，这是LBSN对O2O最大的价值，LBSN通过不断地收集用户的签到数据以及用户的关系网，可以从中挖掘出用户的偏好习性，例如，经常出没在北京西二旗的用户可能是一位互联网从业者，那么他就很可能对科技产品感兴趣，而常在金融街走动的用户则可能是金融从业者等，通过收集而来的兴趣点(point of interest，POI)数据了解用户，然后结合用户的喜好进行相关的地点推荐，如给喜欢西餐的用户推送某家西餐厅的促销打折活动，将用户从线上吸引到线下，促使用户消费，为网站带来真正的利益。而这也是目前尚未大力应用的价值，因此，利用LBSN进行地理位置推荐，对促进O2O行业的发展以及国家经济的发展都有着至关重要的作用。

因此，基于地理位置的推荐系统不仅在学术研究还是商业利益方面都有重要的现实性和实用性意义，具有重要的应用价值。

1. 基于个体和群体行为的地点推荐

本节主要介绍基于分组的贝叶斯个性化排序算法的优化算法。本节我们通过使用GBPR算法对成对交互张量分解(pairwise interaction tensor factorization，PITF)模型进行优化，从而计算出最优$\tilde{X}$。GBPR算法是文献[10]在贝叶斯个性化排序(Bayesian personalized ranking，BPR)算法的基础上加入分组属性得来的，因此我们在这里先介绍BPR算法。

1) 贝叶斯个性化排序算法

(1) 基本原理

在推荐系统中，我们的主要目的是从大量的候选物品中，为用户推荐出最符合用户兴趣的少量物品给用户。一般情况下，这主要是通过预测用户对物品的打分进行排序的，因此，推荐算法关注的要点是如何优化用户对物品的评分。其实，这个过程本质上是一个排序问题，因此BPR优化的重点就是如何借用评分来优化物品的排序。

在BPR算法中，将所有物品分成两类，既具有显示反馈的物品和具有隐式反馈的物品，分别标记为1和0，物品的显示反馈是指用户对此物品进行过评价，而隐式反馈是指用户没用对该物品进行过评价。这样，就可以将数据集由一个三元组$<u,i,j>$集合来表示，其含义为对于物品j，用户u更喜欢物品i，记为$n_i >_u n_j$。在BPR算法中，假设对于物品i和j，都应当满足如下三条性质：①完全性，$\forall i,j \in I: i \neq j \Rightarrow i >_u j \vee j >_u i$；②反对称性，$\forall i,j \in I: i >_u j \wedge j >_u i \Rightarrow i = j$；③传递性，$\forall i,j,k \in I: i >_u j \wedge j >_u k \Rightarrow i >_u k$。

对于数据集中的所有物品来说，BPR 算法都应该满足全序关系，这样也就保证了所有的物品一定能够按照某种规则进行排序。除此之外，BPR 算法还有以下假设。

数据中的每个用户之间的关系是相互独立的。对于每个用户来说，其不同物品之间的偏序关系是相互独立的。

(2) BPR 目标函数推导

BPR 算法的优化原理主要是基于最大化后验概率。根据贝叶斯公式：

$$p(\theta | >_u) \propto p(>_u | \theta) p(\theta) \tag{3-45}$$

式中，θ 为所要优化的参数。例如，在 PITF 中，我们所要优化的参数为三个因子矩阵，所以我们使用 θ 来代表这三个参数矩阵，$>_u$ 表示用户 u 对不同物品之间的全序关系。这个公式的含义就是希望在已知数据中部分物品之间的全序关系的情况下，求出参数 θ，使得求出的参数 θ 能够维持原来物品之间的全序关系成立的概率最大化。由于 BPR 算法假定数据中每个用户之间的关系是相互独立的，其每个用户的不同物品之间的偏序关系也是独立的，所以式(3-45)中的似然函数可以进一步改写为

$$\prod_{u \in U} p(\theta | >_u) = \prod_{(u,i,j) \in U \times I \times J} p(i >_u j | \theta)^{\delta[(u,i,j) \in D_S]} \cdot [1 - p(i >_u j | \theta)]^{\delta[(u,i,j) \notin D_S]} \tag{3-46}$$

式中，δ 为指标函数

$$\delta(b) := \begin{cases} 1, & b\text{成立} \\ 0, & b\text{不成立} \end{cases} \tag{3-47}$$

由于数据集中所有物品满足全序关系，所以式(3-46)又可以被简化为

$$\prod_{u \in U} p(\theta | >_u) = \prod_{(u,i,j) \in D_S} p(i >_u j | \theta) \tag{3-48}$$

式中，$p(i >_u j | \theta)$ 表示在物品 i 和物品 j 之间，用户 u 选择 i 的概率，在这里 BPR 算法使用一个 Sigmoid 函数来计算这个概率，即

$$p(i >_u j | \theta) = \sigma[x_{uij}(\theta)] \tag{3-49}$$

式中，σ 为 Sigmoid 函数

$$\sigma(x) = \frac{1}{1 + \mathrm{e}^{-x}} \tag{3-50}$$

式(3-49)中 x_{uij} 是一个与模型参数 θ 相关的实值函数，这个函数的定义与 BPR 所要优化的模型相关，对于用户 u 来讲，这个函数表达的意思是选择物品 i 而不是物品 j 的可能性的分值。在 PITF 模型中，$x_{uij}=x_{ui}-x_{uj}$，其中 x_{ui} 为用户对物品 i 的偏好值，x_{uj} 为用户对物品 j 的偏好值。

上面我们着重讲解了 BPR 模型中似然函数的定义和推导转化，那么为了求出后验概率，我们还要获取关于参数 θ 的先验函数，BPR 假设这个先验函数为一个均值为 0，协方差矩阵为 Σ_θ 的正态分布函数。在这里，为了减少未知的超参数的数量，使 $\Sigma_\theta=\lambda_\theta I$，其中 λ_θ 为与模型有关的正则化参数。

介绍完似然函数和先验概率，整个 BPR 算法的目标函数就已经推导出来了，然后利用最大似然估计我们就可以得到最终的优化函数了，其过程如下：

$$
\begin{aligned}
\text{BPR}-\text{OPT} &:= \ln p(\theta \mid >_u) \\
&= \ln p(>_u \mid \theta)\, p(\theta) \\
&= \ln \prod_{(u,i,j)\in D_S} \sigma(x_{uij})\, p(\theta) \\
&= \sum_{(u,i,j)\in D_S} \ln \sigma(x_{uij}) + \ln p(\theta) \\
&= \sum_{(u,i,j)\in D_S} \ln \sigma(x_{uij}) + \lambda_\theta \|\theta\|^2
\end{aligned} \tag{3-51}
$$

2) BPR 学习算法

通过上面的介绍，我们已经得到了 BPR 最大似然估计的优化函数，在这里我们将介绍如何利用梯度下降的算法来对优化函数进行学习。

梯度下降是机器学习中常用的参数学习算法，它的主要思想是利用负梯度的方向来决定每次迭代的新的搜索方向，从而使得每进行一次迭代，待优化的目标函数都可以向着解最优的方向前进，最终得到最优解使得目标函数最小化。梯度下降算法主要分为批量梯度下降和随机梯度下降两种，其区别是批量梯度下降在每一次迭代时会使用所有的训练数据进行最优解的训练，虽然保证了最终结果会是一个全局最优解，但是在训练数据量很大的情况会严重地影响训练效率，而随机梯度下降法在每次迭代时只会使用随机的一个样本进行训练，因此训练效率会大大提高，但缺点就是最终得到的解可能是局部最优解而并不是全局最优解。在 BPR 算法中，考虑到训练的效率，因此选取随机梯度下降的方法来进行目标函数的优化。下面就来讲一下具体的优化过程。

第一步，我们要先对参数 θ 进行初始化。一般情况下使用正态分布函数对参数 θ 里面的值进行初始化。

第二步，对似然函数中的参数θ求导，具体过程如下：

$$\frac{\partial \text{BPR}-\text{OPT}}{\partial\theta}=\sum_{(u,i,j)\in D_S}\frac{\partial}{\partial\theta}\ln\sigma(x_{uij})+\lambda_\theta\frac{\partial}{\partial\theta}\|\theta\|^2\propto\sum_{(u,i,j)\in D_S}\frac{-\mathrm{e}^{x_{uij}}}{1+\mathrm{e}^{x_{uij}}}\frac{\partial}{\partial\theta}x_{uij}+\lambda_\theta\theta \quad (3\text{-}52)$$

式中，$\frac{\partial}{\partial\theta}x_{uij}$因不同的模型而异。

第三步，对参数θ进行迭代

$$\theta\leftarrow\theta+\alpha\left(\frac{-\mathrm{e}^{x_{uij}}}{1+\mathrm{e}^{x_{uij}}}x_{uij}+\lambda_\theta\theta\right)$$

第四步，判断是否满足收敛的条件，如果满足则停止迭代，不满足则跳转到第二步继续进行迭代。

3) 基于分组的贝叶斯个性化排序算法

上面我们着重讲述了贝叶斯个性化排序算法的理论依据以及相关的推导和优化过程，在本节中，我们主要介绍基于分组的贝叶斯个性化排序算法。GBPR 是在 BPR 的基础上，把用户所在小组对用户选择的影响考虑了进去，其主要的假设有以下两点。

① 对于每一个物品来讲，与用户兴趣相同的人的选择会影响用户对该物品的选择。例如，对于物品i和j，如果与用户u兴趣相同的其他用户倾向于选择物品i而不是j，那么用户u也更有可能选择物品i。

② 对于每一个用户来讲，其在选择物品时，一般都会先从和自己兴趣相同的其他用户那里得到正面的反馈后，才会做出自己的选择。

因此，根据以上假设，GBPR 算法对 BPR 进行了改进，使其能够更好地反映出与用户兴趣相同的其他用户对该用户选择物品所做出的影响。在 BPR 中，这主要反映在对x_{uij}定义的改变上。

在 BPR 中，对于用户u来讲，x_{uij}定义为选择物品i而不是物品j的可能性的分值，结合 PITF 模型，$x_{uij}=x_{ui}-x_{uj}$，其中x_{ui}为用户u对物品i的偏好值，x_{uj}为用户u对物品j的偏好值。而 GBPR 为了反映出用户u所在小组G对用户u的影响，将x_{uij}定义为$x_{uij}=x_{G_u i}-x_{uj}$，其中$x_{G_u i}=\rho x_{Gi}-(1-\rho)x_{ui}$。$x_{Gi}$的含义为用户$u$所在小组的用户$G$对物品$i$的评价的平均值，即$x_{Gi}=\frac{1}{|G|}\sum_{u\in G}x_{ui}$。$\rho$为取值为[0,1]的权衡参数，用来调整小组用户的评价对用户个人的影响。

除此之外，GBPR 和 BPR 有着相同的目标函数和优化算法，这里就不再赘述。

用户的行为连续性是指用户目前所在地点与将要去的地点之间的关系，个体行为的连续性如图 3-11 所示。

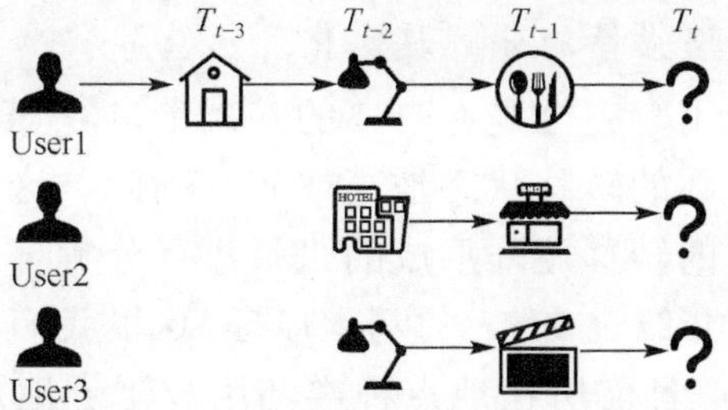

图 3-11　个体行为的连续性

User1 从家里出来后，经常去办公室，User2 则习惯于从酒店出来后到商场购物，而 User3 离开公司后往往是去电影院。因此，对于用户来说，其目前所在的地点都会对其将要去的地点产生影响，并且不同的用户有其自己的状态转移规律。总结成式(3-53)：

$$\Pr(C_{t+1}=c_{t+1}\mid C_t=c_t) \tag{3-53}$$

式中，C_t 表示用户在时刻 t 所在地点的类别；C_{t+1} 表示用户在 $t+1$ 时刻所在的地点类别，这个公式表示的意思就是当用户 t 时刻在类别为 c_t 的地点时，$t+1$ 时刻去往地点类别为 c_{t+1} 的地点的可能性。下面我们统一使用 U 代表用户的集合，$u_1,u_2,\cdots,u_{|U|}$ 分别代表用户，即 $U=\{u_1,u_2,\cdots,u_{|U|}\}$，用 $c_1,c_2,\cdots,c_{|C|}$ 表示不同的地点种类(例如，电影院、体育场、中餐馆等)，C 表示类别的集合，即 $C=\{c_1,c_2,\cdots,c_{|C|}\}$。

为了表示用户的地点转移关系，本章算法使用张量 $S\subseteq U\times P\times N$ 来进行建模。P 和 N 分别表示目前所在地点类别和下次所去地点类别。图 3-12 中给出了用户地点转移矩阵的示意图，其中，如果数据集中用户曾经从某类地点到过另一类地点，则矩阵中相应位置标记为“1”，如果没有则标记为“？”。由于每个用户具有相同的转移模式，所以放在一起考虑便形成了图 3-12 中所示的张量。而我们的目标就是使用合适的张量分解模型去还原出用户的地点转移偏好。

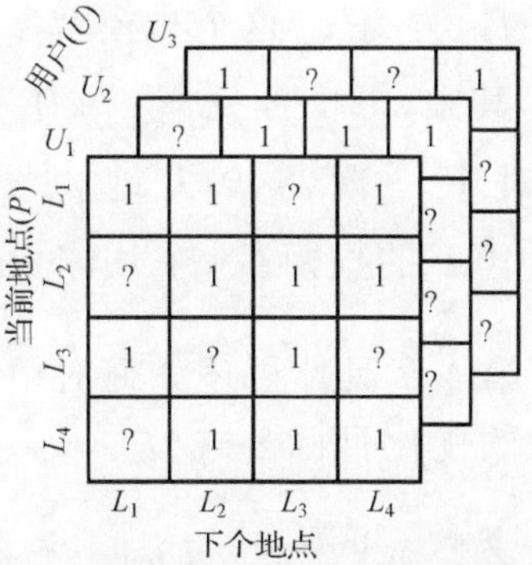

图 3-12　用户地点转移矩阵的示意图

4)用户地点类别转移张量的分解及优化

在 LBSN 中，由于用户完全是在自愿的基础上进行签到行为的，所以用户的地点转移矩阵中只有少数的转移状态被观察到。因此，这里我们采用 PITF 张量分解的方法对所有用户的转移矩阵形成的张量进行分解再还原。

第 2 章中我们已经介绍过 PITF 的基本原理，这里我们就不再赘述。在本章中，PITF 主要反映的是用户目前所在地点种类和用户下一地点种类的两两之间的关系，因此 PITF 分解公式如下：

$$s_{u,p,n} = \sum_f u_{u,f}^N \cdot n_{n,f}^U + \sum_f p_{p,f}^N \cdot n_{n,f}^P + \sum_f u_{u,f}^P \cdot p_{p,f}^U \tag{3-54}$$

式中，$s_{u,p,n}$ 表示张量中用户 u 从地点类别 p 转移到地点类别 n 的可能性的大小，$u_{u,f}^N$、$p_{p,f}^N$ 代表用户、目前地点类别的 f 维潜在特征，其他变量的含义依此类推。需要注意的是，因为我们关注的是 u 和 n 以及 p 和 n 之间的关系，所以 u 和 p 对我们的结果并没有作用，并且我们后面采用的 GBPR 优化算法会消除掉 u 和 n 之间的关系，所以我们将公式最终更改为

$$s_{u,p,n} = \sum_f u_{u,f}^N \cdot n_{n,f}^U + \sum_f p_{p,f}^N \cdot n_{n,f}^P \tag{3-55}$$

模型的参数为四个因子矩阵：

$$U \in \mathbb{R}^{|U| \times F}, \quad P \in \mathbb{R}^{|P| \times F}, \quad N^U \in \mathbb{R}^{|N| \times F}, \quad N^P \in \mathbb{R}^{|N| \times F}$$

式中，F 为矩阵的潜在特征空间的维度。为了方便书写，我们用字符 Θ 表示参数集合 $\{U,P,N^U,N^P\}$。为了学习到参数 Θ，我们使用 GBPR 的优化方法来学习参数。GBPR 算法具体的流程已经在第 2 章中介绍过，具体过程这里就不再详述，我们只把与 PITF 相结合后用在地点推荐系统中的某些需要改动的参数在这里介绍一下。

在 GBPR 中，主要改动的地方为 x_{uij} 这个与模型参数 θ 相关的实值函数，将 x_{uij} 定义为 $x_{uij} = s_{G_u,c_p,c_i} - s_{u,c_p,c_j}$，其中 $s_{G_u,c_p,c_i} = \rho s_{G,c_p,c_i} + (1-\rho) s_{u,c_p,c_i}$。$s_{G,c_p,c_i}$ 的含义为用户 u 所在小组的用户 G 对下一次将要去地点 c_i 的可能性的平均值，即 $s_{G,c_p,c_i} = \frac{1}{|G|}\sum_{u \in G} s_{u,c_p,c_i}$。$\rho$ 取值为[0,1]的权衡参数，用来调整小组用户的转移概率对用户的个人的影响，我们将在第 4 章具体讲述如何对用户进行分组。因此，根据上面介绍的 GBPR 算法，最后的优化目标公式为

$$\max_{\Theta} \sum_{(u,p,n) \in U \times P \times N} \ln(s_{G_u,c_p,c_i} - s_{u,c_p,c_j}) - \lambda_{\Theta} \|\Theta\|_F^2 \tag{3-56}$$

通过使用随机梯度下降的算法来对目标公式进行优化，最终得到最优参数集合 $\Theta=\{U,P,N^U,N^P\}$。根据 PITF 的张量分解公式，我们就可以利用求出来的因子矩阵参数，这样，在原始张量中缺失的值就得到了还原，并且由于我们使用地点类别来代替具体的地点，所以大大降低了张量的维度，该算法时间复杂度大大降低。我们可以根据用户地点类别转移张量预测出每一个用户将要去的地点的类别，从而为进一步地向用户推荐具体地点做好准备。

2. 基于潜在行为模式的位置推荐算法

近年来，随着移动设备、无线网络和 Web2.0 技术的快速发展，基于位置的社交网络逐步兴起。目前国外比较主流的 LBSN 有 Foursquare、Yelp、Whrrl，国内有新浪微博、街旁网、嘀咕等。在 LBSN 上，用户可以签到、发表评论、上传图片和视频等。通过这些信息，不仅可以了解用户对不同地点的偏好，还可以帮助商家发展移动互联网下的新型经营模式。因此，个性化的位置推荐具有重要意义。

1) 研究背景

(1) 移动智能设备的发展

随着科技的发展以及硬件成本的降低，带有 GPS 功能的智能手机以及其他智能移动设备如手持平板电脑、智能手表等可穿戴智能设备已经成为人们日常中必不可少的生活用品。人们可以使用这些设备获取个人感兴趣的信息或者分享自己的有趣经历。据美国 Pew Research Center 统计，2011～2015 年，美国智能手机持有比例从 35%跃升到 48%，平板电脑从 3%跃升到 45%。另据《谷歌消费者统计报告》显示，截至 2015 年，中国智能手机的持有比例则高达 74%，平板电脑的持有比例为 16%，其中 38%的用户用这些移动终端获取交通信息，高达 65%的用户用它们获取新闻信息。据美国 Pew Research Center 统计，2015～2018 年，美国智能手机持有比例从 68%跃升到 81%，平板电脑的持有比例从 45%跃升到 53%。另据 Google Consumer Barometer 显示，截至 2018 年，中国智能手机的持有比例则高达 83%，平板电脑的持有比例为 20%，其中 38%的用户用这些移动终端获取交通信息，高达 65%的用户用这些移动终端获取新闻信息。由于移动设备的易携带性，据中国互联网信息中心统计，截至 2018 年 12 月，我国手机网民规模达到了 8.17 亿人，占总上网人数的 98.55%。因此，智能设备成为人们越来越重要的获取信息的工具。

(2) 基于地理位置的社交网络的兴起

随着带有 GPS 功能的智能设备的普及，相应地出现了新型的社交网络——基于地理位置的社交网络，这种基于地理位置的社交网络与传统的社交网络最主要的区别就是基于地理位置的社交网络包含用户发表某一条状态时所处的地理位置，而这些地理位置不仅仅包含的是纯数字的经纬度信息，更重要的是包含了所处地点的具体属性或者具体功能，如某一地理位置可能是电影院，也有可能是快餐店，以及用户对该地点的评分状况。由于基于地理位置的社交网络在移动设备流行的时代有着无可比拟的优点以及更大的用户吸引力的特点，所以 LBSN 很快流行起来。国外的主要有 Foursquare 和 Gowalla。国内的主要有街旁网，并且 LBSN 现在为止已经成为国内社交网络的行业“标配”，几乎所有传统的社交网络都加入了自己的位置服务才导致了街旁网竞争优势的丢失。如图 3-13 所示，国内最大的传统社交网络“新浪微博”已经加入了“签到”功能；老牌的社交网络 QQ 也在最新的手机版本 QQ 中加入了“附近的人”“附近群”“活动”等；另外，目前最火的社交应用微信，在用户发表状态时也加入了地理位置信息，并且还可以自主创建地理位置。正是因为 LBSN 允许人们获取以及分享地理位置信息，所以这种模式从出现的一开始就吸引了大量的用户，并且用户的数量在持续的增长。根据 ABI Research 预测，基于位置的社交网络在 2013 年的总收益将达到 33 亿美元。

图 3-13　出现在传统社交网络中的“地理位置”信息

2）引言

随着带有 GPS 功能的智能手机快速发展，近些年来，带有位置服务的社交网络如 Foursquare、Gowalla 变得越来越流行。相比于传统的社交网络，基于位置的社交网络能给用户带来更好的使用体验。一个用户可以通过 LBSN 随时随地与好友分享自己的地理位置等信息。但随着 LBSN 的发展，信息过载问题也同样出现在 LBSN 中。因此，个性化的地点推荐功能在 LBSN 中是不可缺少的一部分。它可以帮助用户在成千上万的地点中寻找自己感兴趣的那一个。但传统的推荐系统直接应用在 LBSN 的地点推荐中并不能取得理想的效果。据统计，在 Foursquare 中，大约 80%以上的地点只被几个用户访问过。如果对这种稀疏数据采用协同过滤或者矩阵分解的算法，必然取得不了满意的推荐效果。当根据用户当前位置推荐下一个位置时，数据集就更加稀疏了。为了缓解稀疏数据带来的问题，一种解决途径就是考虑用户行为的周期性和用户的倾向性随着所处场景的改变而改变这一特征，可以有效地缓解稀疏数据带来的问题。

众所周知，用户的行为具有很强的周期性特征。例如，用户在早晨上班之前，通常会去单位附近的商店购买早餐等。同时，下一个地点的选择总是与当前地点密切相关，例如，当下午健身之后，用户通常会去大吃一顿，而不是简单地吃些零食。这些都说明了用户的活动具有周期性，且用户选择的倾向性随着情景的改变而改变。因此，本章基于用户潜在行为模式进行位置推荐，首先计算用户属于各个场景的可能性，然后根据不同的场景对备选地点进行排序，最后综合各种场景，更好地对用户进行地点推荐。

目前在学术界，得到研究比较多的是根据用户的 GPS 轨迹来进行用户行为感知的挖掘。这种 GPS 轨迹指的是设备自动生成的，如汽车导航仪上面记录的 GPS 数据等。地点推荐是传统物品推荐的一个特例，因此无论在学术界还是工业界都存在应用传统推荐算法进行地点推荐。目前来说，协同过滤和矩阵分解是传统推荐系统中最成熟的模型。因此，针对地点推荐在这两个模型的基础上面都有很多改进的推荐算法。Cheng 等提出了 FPMC-LR(factorizing personalized Markov chains-location restriction)模型，该模型是基于矩阵分解算法的一种改进，利用前后两个连续地点之间具有相互影响的特性以及每一个用户都有一个自己的爱好习惯，使用一个三阶张量模型根据用户当前所处的位置来预测某一个特定的用户下一时刻可能出现的位置。

通过数据统计发现，用户的活动具有周期性，且其选择的倾向性随着情景的改变而改变，如图 3-14 所示，用户的活动受时间和星期因素影响。如图 3-15 所示，热点图表示了根据星期统计的类别间转移次数，从左到右依次为周一、周二和周日的统计数据。统计结果表明，潜在行为模式在很大程度上影响了用户在位置之间的转移概率。

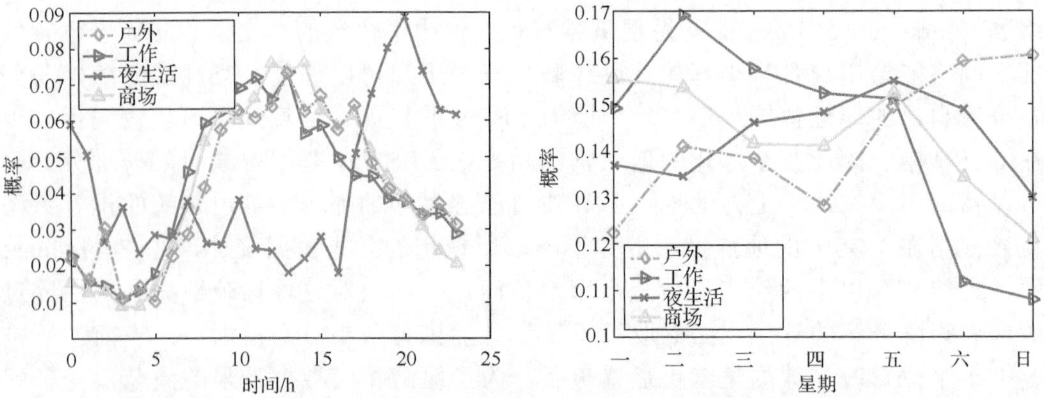

图 3-14　用户的活动受时间和星期因素影响

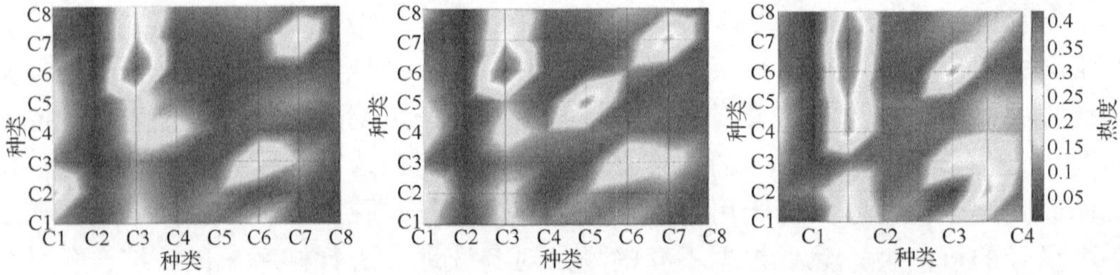

图 3-15　用户的活动受星期和当前位置所属类别因素影响

3）位置推荐算法

（1）基于矩阵分解的推荐算法

协同过滤按照预测的过程不同分为两种，一种属于基于内存的方法，因为这种方法必须将所有的原始数据都放到内存中然后进行计算。另一种是基于模型的方法，首先在线下根据所有的原始数据训练好预测模型，然后预测时只需要输入数据跟训练好的模型就可以进行数据预测。基于模型的预测方法可以很好地解决数据扩展所带来的时间复杂度过高的问题，矩阵分解就是一种基于模型的协同过滤算法。

在 2009 年 Netflix Prize 中矩阵分解模型的预测结果的准确率远高于其他的模型，并且可以很方便地在该模型中任意地添加一些额外特征，如隐式反馈、时序影响等。因此矩阵分解模型受到了研究者的广泛重视并逐渐完善。到现在，矩阵分解模型已经成为推荐系统界中耳熟能详的名词。

矩阵分解本质上是一种隐语义模型（latent factor model，LFM），因此，其基本形式也是通过隐特征向量来表示评分矩阵中蕴含的用户和物品的特性。当用户的隐特征向量跟物品的隐特征向量高度相关时，说明该物品更符合该用户喜好，因此在系统中更容易被推荐给该用户。由于矩阵分解模型的易扩展性，所以其模型可以灵活地应对复杂的现实世界并进行拟合。

① 基本矩阵分解模型。矩阵分解模型的基本思想就是将评分矩阵分解成两个联合的隐特征矩阵，假设隐含特征的维度为 f，每一个用户 u 用一个隐特征向量 p_u 表示，每一个物品 i 也用一个隐特征向量 q_i 表示。因此，对于给定用户 u 和给定物品 i 的情况下，要估计用户对物品的喜爱程度时可以使用 $p_u \cdot q_i$ 来表示。

假如我们已经有评分矩阵 R，可以将评分矩阵分解成用户-隐特征矩阵 P 和物品-隐特征矩阵 Q，然后再根据得到的隐特征矩阵还原评分矩阵中缺失的部分。如图 3-16 所示，评分矩阵中已经存在了一些评分，然后根据已存在的评分得到相应的隐特征矩阵，最后可以根据得到的矩阵 P 和矩阵 Q 补全矩阵中缺失的部分。

	Item1	Item2	Item3
User1	0.8	0.61	0.27
User2	0.74	0.55	0.32
User3	0.31	?	?
User4	0.74	0.51	1.21

评分矩阵 R

=

	f1	f2	f3
User1	0.1	0.2	0.8
User2	0.1	0.3	0.7
User3	0.5	0.4	0.1
User4	0.7	0.8	0.4

用户-隐特征矩阵 P

×

	Item1	Item2	Item3
f1	0.2	0.1	0.7
f2	0.3	0.2	0.6
f3	0.9	0.7	0.1

物品-隐特征矩阵 Q

图 3-16　矩阵分解

② 不完全评分矩阵的分解。在一般的推荐系统中，商品数量庞大，但是一般用户由于爱好集中和精力有限，每一个用户只对很少的物品有评分历史，因此，评分矩阵不仅是不完整的而且非常稀疏。在传统的数学方法中并没有统一的非完整的矩阵分解的方法。Sarwar 等在 2000 年提出了一种补全稀疏矩阵的方法，该方法被广泛地使用在早期的推荐系统中，但是这种算法在大数据面前时间复杂度过高。因此在最近一段时间，研究者提出直接使用学习迭代的方法，根据可见评分进行矩阵的近似分解并加入正则项来防止数据的过拟合：

$$\min_{q^*, p^*} \sum_{(u,i)\in K} (r_{u,i} - q_i^{\mathrm{T}} p_u)^2 + \lambda\left(\|q_i\|^2 + \|p_u\|^2\right) \tag{3-57}$$

式中，$r_{u,i}$ 是评分矩阵中已存在的显式评分。

(2) 马尔可夫链序列预测

从最早马尔可夫提出的“将来某一时刻的状态只跟现在有关”的理论开始，马尔可夫过程在各个领域都有着广泛的应用。随着近几年大数据催生的数据挖掘技术的兴起，马尔可夫过程在数据挖掘中的预测序列模型得到了广泛的应用，如大数据金融中的股市行情预测、网络中的链接路径预测等。

① 马尔可夫链定义。马尔可夫过程(Markov process)本质上是一种随机过程。马尔可夫过程可以看作一个“无记忆”的过程。简单地说，就是我们要对一个事物将来的状态进行预测时只需要考虑该事物当前的状态，而不需要考虑该事物历史的状态，也就是说一件事物将来的状态与过去无关。马尔可夫过程的时间和状态可以是连续的，也可以是离散的。当马尔可夫过程的时间和状态都离散时，我们称此时的马尔可夫过程为马尔可夫链(Markov chain)。

a. 数学概念表示

一个随机的状态过程 $X=\{x_i, i=0,1,\cdots,n\}$，其中 x_n 表示系统在时间 n 所处的状态，对于任意时刻 n，都有

$$P(X_n = x_n \mid X_{n-1} = x_{n-1}, \cdots, X_1 = x_1) = P(X_n = x_n \mid X_{n-1} = x_{n-1}) \tag{3-58}$$

也就是说该过程在时刻 n 所处的状态只与 $n-1$ 所处的状态有关，而与之前所有的状态都是无关的。

b. 状态转移概率

在状态之间的变化过程中，从当前时刻某一个状态出发，到下一个时刻转移到其他状态的可能性称为状态转移概率，如式(3-59)所示。

$$p_{ij}^{(n)} = P\{x_{m+n} = i \mid x_m = j\} \tag{3-59}$$

式中，$p_{ij}^{(n)}$ 称为状态 i 到状态 j 的 n 步转移概率，表示从状态 i 经过 n 步到达状态 j 的概率。所有的状态之间的转移概率称为转移概率矩阵，表示为 $P^{(n)}=\{p_{ij}^{(n)}\}$。当转移步数设置为1时，此时称为单步转移概率 p_{ij}，单步转移概率矩阵为 $P=\{p_{ij}\}$。可以发现，n 步转移概率矩阵可分解成单步转移概率进行计算，一般来说由于单步转移概率是一个确定的矩阵，所以 n 步转移概率矩阵可以通过单步转移概率矩阵计算得到。

② 马尔可夫链在推荐系统中的应用。由于用户的多次购买物品的行为也可以看作一个连续的序列，因此在学术界也存在着基于马尔可夫链的预测方法。Rendle、Freudenthaler 和 Schmidt-Thieme 在 2010 年的 WWW 会议上提出的个性化马尔可夫链分解(factorizing personalized Markov chains，FPMC)模型就是利用一阶马尔可夫链模型预测用户购物车物品。该模型首先根据用户的历史购物车行为创建一个物品转移矩阵。使用购物车的主要原因是购物车内的所有物品可以看作用户的一次购买行为。因此，基于购物车所创建的物品转移矩阵是一个多对多的转移矩阵。然后由于是个性化的购物转移矩阵，所以整个模型就是一个转移张量。通过将不完整的张量进行分解，求得参数，进而得到完整的转移张量模型。最后通过用户当前的购物车的物品利用转移张量得到下一次最有可能购买的商品。

(3) 张量模型

本节将对张量模型进行介绍，主要包括张量模型的定义，以及张量模型的运算方法和分解方法。

① 张量模型的定义。张量模型本质上就是一个多维的向量模型或者是多维的矩阵模型，张量的每一维称作一个维度或者模。张量的形式化定义如下。

假设 I_1，I_1，I_1 表示每一个维度的上限。那么一个 N 维张量可以表示成 Y，三维张量模型如图 3-17 所示。

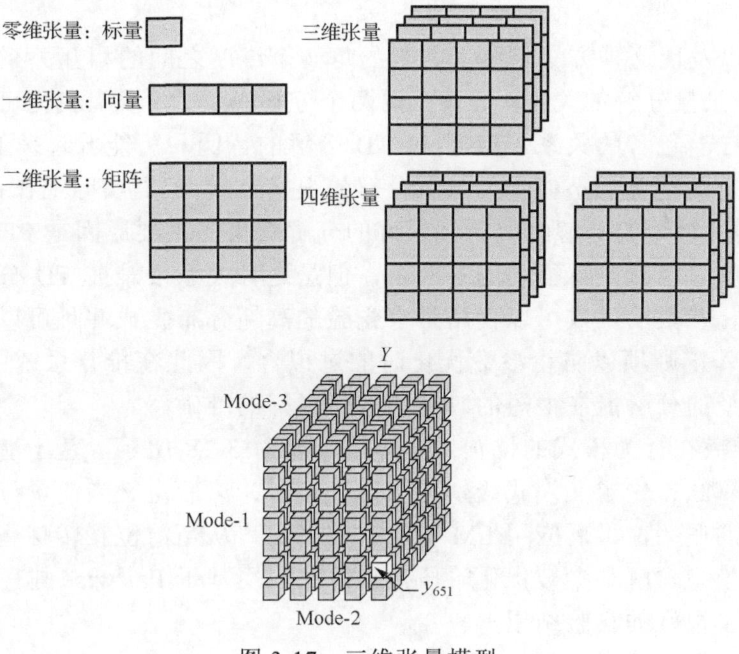

图 3-17　三维张量模型

高维张量很显然是由低维的向量扩展而来的，因此如图 3-17 所示，零维张量就是一个数字，也就是标量；一维张量就是向量；二维张量就是矩阵；三维以及三维以上的张量统称高维张量。

② 张量的分解。在推荐系统当中，当评分数据使用评分矩阵的形式表示时，我们为了表示每一个用户和每一个物品之间的关系，需要使用矩阵分解的方法将矩阵分解为用户-隐特征矩阵和物品-隐特征矩阵。因此在使用张量模型时也需要对张量进行分解。本书简要地介绍几种比较常见的张量分解的方法。

a．张量的 TD 分解

张量的 TD 分解(tucker decomposition)的主要核心思想是将一个高维的张量分解成一个核张量(core tensor)沿着每一个维度的方向乘上一个因子矩阵的形式。

但是 TD 分解存在一个主要的问题，那就是十分耗时，即使对于一个十分小的张量来说计算量也是十分巨大的。

b．张量的 PITF 分解

PITF 是由 Rendle 和 Schmidt-Thieme 在 2010 年提出的一种张量分解方法，这种方法可以衡量张量的每一个维度之间的相互关系。给定一个三阶张量 X，式(3-60)表示的是使用 PITF 分解方法分解张量 X。

$$x_{i_1,i_2,i_3}=\sum_f I_{1i_1,f}\cdot I_{2i_2,f}+\sum_f I_{1i_1,f}\cdot I_{3i_3,f}+\sum_f I_{3i_3,f}\cdot I_{2i_2,f} \tag{3-60}$$

我们可以发现这种方法表示了张量的每一个维度之间的相互关系。

③ 两种张量分解的关系。通过上面两个分解模型的介绍，我们可以发现两种模型之间存在着包含的关系，PITF 是 TD 分解的特例。可能看起来 PITF 分解由于损失了一定的精度并不能作为张量分解的很好方式，但是实际上在推荐系统中，PITF 可以利用很短的分解时间得到很好的分解效果。主要原因是 PITF 显式地表示了各个维度，也就是特征之间的关系，但是这种关系很难被 TD 分解捕捉到。再加上初始化参数的生成可以使用带有先验的高斯分布生成并且可以在参数学习的过程中加入正则项以防止参数优化时的过拟合，因此在推荐系统中使用 PITF 进行张量模型的分解能在很短的时间内取得很好的准确率。

④ 基于潜在行为模式的位置推荐算法。如图 3-18 所示，基于潜在行为模式的位置推荐算法首先定义模式级别的倾向性度量，然后定义当前场景属于某个潜在行为模式的概率，最后应用 EM 算法，定义用户从当前位置转移到下一个位置的概率。在模型求解和参数优化阶段，该算法应用基于 Pairwise 排序的极大后验估计，取得了很好的实验结果。

算法实现步骤如下。

第一步：确定用户在位置间转移的倾向性评估，包括个人倾向性和地理距离倾向性。

$$\hat{x}_{u,i,l}=u_{U,L}\cdot l_{L,U}+l_{L,I}\cdot i_{I,L}+\rho\cdot d_{i,l}^{-1} \tag{3-61}$$

第二步：确定用户在位置选择过程中，在潜在行为模式级别的倾向性。

$$p(L_{u,l},s\mid c)=p(L_{u,l}\mid s,c)p(s\mid c) \tag{3-62}$$

第三步：通过 Softmax 函数根据情景特征进行潜在行为模式的分类。

$$\hat{x}_{u,i,l}=\frac{1}{S_c}\sum_s \hat{x}_{u,i,l}^s\exp\left[\sum_{j=1}^{F}\alpha_j^s g_j(c)\right] \tag{3-63}$$

第四步：通过 Pairwise 方法对模型进行优化，得到最优参数。

$$p(m >_{u,i}^{s} n \mid \Theta) = p(x_{u,i,m}^{s} > x_{u,i,n}^{s} \mid \Theta) = p(x_{u,i,m}^{s} - x_{u,i,n}^{s} > 0 \mid \Theta) \tag{3-64}$$

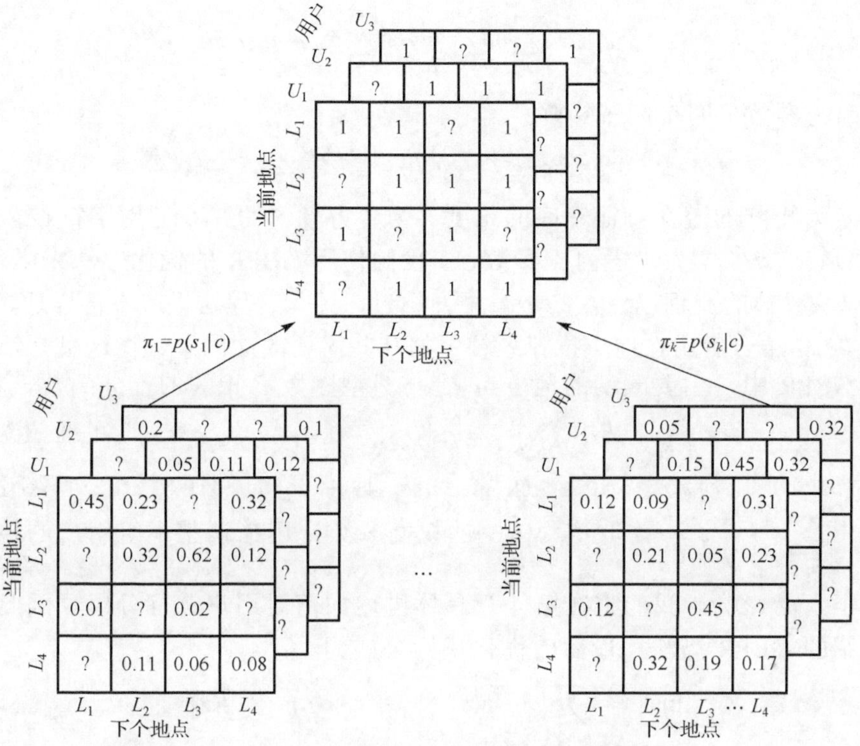

图 3-18　潜在行为模式的位置推荐算法的图例说明

3.5.5　用户地点类别转移张量的分解及优化

在 LBSN 中，由于用户完全是在自愿的基础上进行签到行为的，所以，用户的地点转移矩阵中只有少数的转移状态被观察到。因此，这里我们采用 PITF 张量分解的方法对所有用户的转移矩阵形成的张量进行分解再还原。

第 2 章中我们已经介绍过 PITF 的基本原理，这里我们就不再赘述。在本节中，PITF 主要反映的是用户、用户目前所在地点种类和用户下一地点种类的两两之间的关系，因此 PITF 分解公式如下：

$$s_{u,p,n} = \sum_{f} u_{u,f}^{N} \cdot n_{n,f}^{U} + \sum_{f} p_{p,f}^{N} \cdot n_{n,f}^{P} + \sum_{f} u_{u,f}^{P} \cdot p_{p,f}^{U} \tag{3-65}$$

式中，$s_{u,p,n}$ 表示张量中用户 u 从地点类别 p 转移到地点类别 n 的可能性的大小，$u_{u,f}^{N}$、$p_{p,f}^{N}$ 代表用户、目前地点类别的 f 维潜在特征，其他变量的含义依此类推。

需要注意的是，因为我们关注的是 u 和 n 以及 p 和 n 之间的关系，所以 u 和 p 对我们的结果并没有作用，并且，我们后面采用的 GBPR 优化算法会消除掉 u 和 n 之间的关系，所以我们将公式最终更改为

$$s_{u,p,n} = \sum_f u_{u,f}^N \cdot n_{n,f}^U + \sum_f p_{p,f}^N \cdot n_{n,f}^P \tag{3-66}$$

模型的参数为四个因子矩阵：

$$U \in \mathbb{R}^{|U|\times F}，P \in \mathbb{R}^{|P|\times F}，N^U \in \mathbb{R}^{|N|\times F}，N^P \in \mathbb{R}^{|N|\times F}$$

式中，F 为矩阵的潜在特征空间的维度。为了方便书写，我们用字符 Θ 表示参数集合 $\{U,P,N^U,N^P\}$。为了学习到参数 Θ，我们使用 GBPR 的优化方法来学习参数。GBPR 算法具体的流程已经在第 2 章中介绍过，具体过程这里就不再详述，我们只把与 PITF 相结合后用在地点推荐系统中的某些需要改动的参数在这里介绍一下。

在 GBPR 中，主要改动的地方为 x_{uij} 与模型参数 Θ 相关的打分函数，将 x_{uij} 定义为 $x_{uij} = s_{G_u,c_p,c_i} - s_{u,c_p,c_j}$，其中 $s_{G_u,c_p,c_i} = \rho s_{G,c_p,c_i} + (1-\rho) s_{u,c_p,c_i}$。$s_{G,c_p,c_i}$ 的含义为用户 u 所在小组的用户 G 对下一次将要去地点 c_i 的可能性的平均值，即 $s_{G,c_p,c_i} = \frac{1}{|G|}\sum_{u\in G} s_{u,c_p,c_i}$。$\rho$ 为取值为[0,1]的权衡参数，用来调整小组用户的转移概率对用户个人的影响，我们将在第 4 章具体讲述如何对用户进行分组。因此，根据上面介绍的 GBPR 算法，最后的优化目标公式为

$$\max_{\Theta} \sum_{(u,p,n)\in U\times P\times N} \ln(s_{G_u,c_p,c_i} - s_{u,c_p,c_j}) - \lambda_\Theta \|\Theta\|_F^2 \tag{3-67}$$

然后，通过使用随机梯度下降的算法来对目标公式进行优化，最终得到最优参数集合 $\Theta = \{U,P,N^U,N^P\}$。根据 PITF 的张量分解公式，我们就可以利用求出来的因子矩阵参数，还原出一个与原始张量最为近接的张量，这样，在原始张量中缺失的值就得到了还原，并且由于我们使用地点类别来代替具体的地点，所以大大降低了张量的维度，该算法时间复杂度大大降低。我们可以根据这个用户地点类别转移张量预测出每一个用户将要去的地点的类别，从而为进一步地向用户推荐具体地点做好准备。

参 考 文 献

[1] Tang J, Lou T, Kleinberg J. Inferring social ties across heterogenous networks[C]. Proceedings of the 5th ACM International Conference on Web Search and Data Mining, Seattle, 2012: 743-752.

[2] Niu S, Guo J, Lan Y, et al. Top-k learning to rank: Labeling, ranking and evaluation[C]. Proceedings of the 35th International ACM SIGIR Conference on Research and Development in Information Retrieval, Portland, 2012: 751-760.

[3] Herlocker J L, Konstan J A, Terveen L G, et al. Evaluating collaborative filtering recommender systems[J]. ACM Transactions on Information Systems, 2004, 22(1): 5-53.

[4] Sarwar B M, Karypis G, Konstan J A, et al. Item-based collaborative filtering recommendation algorithms[C]. Proceedings of the 10th International Conference on World Wide Wide Web, Hong Kong, 2001: 285-295.

[5] Xue G R, Lin C, Yang Q, et al. Scalable collaborative filtering using cluster-based smoothing[C]. Proceedings of the 28th Annual International ACM SIGIR Conference on Research and Development in Information Retrieval, Salvador, 2005: 114-121.

[6] Sarwar B, Karypis G, Konstan J, et al. Application of dimensionality reduction in recommender system-A case study[R]. Minnesota University Minneapolis Deptartment of Computer Science, 2000.

[7] Sarwar B, Karypis G, Konstan J, et al. Incremental singular value decomposition algorithms for highly scalable recommender systems[C]. The 5th International Conference on Computer and Information Science, New York, 2002, 27: 28.

[8] Koren Y. Collaborative filtering with temporal dynamics[C]. Proceedings of the 15th ACM SIGKDD International Conference on Knowledge Discovery and Data Mining, Paris, 2009: 447-456.

[9] Paatero P, Tapper U. Positive matrix factorization: A non-negative factor model with optimal utilization of error estimates of data values[J]. Environmetrics, 1994, 5(2): 111-126.

[10] Rendle S, Freudenthaler C, Gantner Z, et al. BPR: Bayesian personalized ranking from implicit feedback[C]. Proceedings of the 25th Conference on Uncertainty in Artificial Intelligence, Montreal, 2009: 452-461.

[11] Pan W, Chen L. GBPR: Group preference based Bayesian personalized ranking for one-class collaborative filtering[C]. Proceedings of the 23rd International Joint Conference on Artificial Intelligence, Beijing, 2013: 2691-2697.

[12] Brand M. Fast online svd revisions for lightweight recommender systems[C]. Proceedings of the 2003 SIAM International Conference on Data Mining, San Francisco, 2003: 37-46.

[13] Lee D D, Seung H S. Learning the parts of objects by non-negative matrix factorization[J]. Nature, 1999, 401(6755): 788.

[14] Paterek A. Improving regularized singular value decomposition for collaborative filtering[C]. Proceedings of KDD Cup and Workshop, Warsaw, 2007, 2007: 5-8.

[15] Mnih A, Salakhutdinov R R. Probabilistic matrix factorization[C]. Advances in Neural Information Processing Systems, Vancouver, 2008: 1257-1264.

[16] Yuan Q, Cong G, Ma Z, et al. Time-aware point-of-interest recommendation[C]. Proceedings of the 36th International ACM SIGIR Conference on Research and Development in Information Retrieval, Dublin, 2013: 363-372.

[17] Mnih A, Salakhutdinov R R. Probabilistic matrix factorization[C]. Advances in Neural Information Processing Systems, Vancouver, 2008: 1257-1264.

[18] Salakhutdinov R, Mnih A. Bayesian probabilistic matrix factorization using Markov chain Monte Carlo[C]. Proceedings of the 25th International Conference on Machine Learning, Helsinki, 2008: 880-887.

[19] Zhao L, Hu N J, Zhang S Z. Algorithm design for personalization recommendation systems[J]. Journal of Computer Research and Development, 2002, 39(8): 986-991.

[20] Aggarwal C C. On the effects of dimensionality reduction on high dimensional similarity search[C]. Proceedings of the 20th ACM SIGMOD-SIGACT-SIGART Symposium on Principles of Database Systems, Santa Barbara, 2001: 256-266.

[21] Page L, Brin S, Motwani R, et al. The pagerank citation ranking: Bringing order to the web[J]. Stanford Digital Libraries Working Paper, 1998, 1: 17.

第4章 社交网络信息传播

在线社交网络已经成为当代社会人们信息交流的重要载体，形成了与现实世界交互影响的虚拟社会。研究社交网络中的信息传播规律，能够使我们从信息传播的角度对网络结构、属性以及突发事件遵循的规律有进一步的认识。这些成果在市场营销、购物网站的信息推荐、社会舆论监控与引导等诸多领域都有着广泛的应用前景。从经济效益方面来看，企业可以根据网络中信息传播的特点和规律来优化资源的分配，有利于产品的推广销售。从社会效益方面来看，社会团体和政府机构可以根据信息传播特点和规律来做好信息的发布，提高管理效率和透明度，也可以据此进行一定的信息筛选和过滤，合理引导社会舆论。因此研究社交网络中的信息传播具有重要的理论意义和实用价值意义。

本章围绕社交网络信息传播这一个主题展开讨论，整章的组织安排如下：4.1 节为社交网络信息传播概述，4.2 节为基于转发行为的社交网络信息传播分析，4.3 节为社交网络信息传播的时序性分析，4.4 节为社交网络信息传播模型。

4.1 社交网络信息传播概述

随着 Web 2.0 技术的发展和移动智能设备的普及，博客、论坛、微博等在线社交网络服务获得了快速的发展，并逐渐成为当代社会信息传播的重要渠道和载体。用户通过网络社交关系接收来自四面八方的消息，同时还可以建立自己的媒体，对外发布、传播信息。这些信息包含了网民对当前社会各种现象以及诸多热点问题的看法，话题涉及政治、经济、娱乐、卫生、科技、个人生活等各个领域。通过统计学方法能够比较容易地观察到信息的受关注程度随着时间的起伏变化，但是这些信息是如何在网络用户间进行传播的，目前该问题缺乏清楚合理的解释。社交网络信息传播分析已经引起了学术界和工业界的广泛关注。

4.1.1 信息传播

信息传播(information diffusion)是人们通过符号、信号，传递、接收与反馈信息的活动，是人们彼此交换意见、思想、情感，以达到相互了解和影响的过程。

网络、电视、报纸、书籍等通过信息传播扩展到社会生活的各个方面，影响经济、教育、文化等方面。例如，在经济方面，网上购物已经成为主流购物方式之一；在教育方面，多所大学在网络上发布了公开课，直接支持远程教育；在文化方面，网民利用社交网络进行交友、游戏、互动、协作等。在给人们生活带来便利的同时，信息传播也存在一定负面影响，虚假信息、谣言等传播影响社会稳定，例如，2015 年 8 月，个别人利用天津仓库爆炸捏造虚假信息，骗取捐款；2016 年 7 月在网络上传播的某地下暴雨造成人员伤亡信息引起群众恐慌等。

鉴于信息传播对社会的重大影响，我们需要对信息传播进行深入研究，理解信息的传播机制，合理地利用信息传播规律。

4.1.2　传统信息传播研究

人们对信息传播的探索已有较早的历史，最初集中于社会学和生物学领域。在社会学领域，信息传播，特别是大众传播(mass communication，指社会媒介组织通过文字(报纸、杂志、书籍)、电波(广播、电视)、电影、网络等大众传播媒介，向社会大众公开地传递自己用各种手段复制信息的社会实践活动的全过程)引起了人们的广泛关注，研究人员提出了创新与扩散、沉默的螺旋等理论，以及独立级联模型、线性阈值模型等。在生物学领域，研究者提出传染病模型等对传播现象进行解释。这些理论及模型对社交网络信息传播的研究具有重要的指导和启发作用。

美国传播学家 Severin 等[1]在综合前人研究的基础上对传播效果的研究轨迹做了概括性的总结，将其分为“枪弹论”“有限效果论”“适度效果论”“强效果论”四个阶段，并指出其呈螺旋状前进的趋势。①枪弹论，盛行于 20 世纪 20～40 年代的一种媒介威力强大的理论，认为软弱的受众像射击场的靶子一样无法抗拒子弹的射击。受众消极被动地等待和接受媒体所灌输的各种思想、感情、知识或动机。大众传播有着不可抗拒的巨大力量，受众对大众传播的信息产生大致相同的反应。代表性研究：Lasswell 的宣传分析等。②有限效果论，该理论认为传播活动是传授互动的过程，受众是具有不同特点的个体，不是应声而倒的靶子。大众媒介由于媒介性质及其在社会中的地位而大受影响。媒介不是影响受众的直接和唯一因素。大众媒介透过许多中介在其他多种格局影响下发生作用，对受众的影响是有限度的。代表性研究：态度劝服理论、两级传播理论等。③适度效果论，盛行于 20 世纪 60～80 年代。适度效果论认为大众传播对于受众，虽然没有枪弹论所认为那样直接的、立竿见影的效果，但是也不像有限效果论说的那么不堪。它仍然是具有一定影响的，这种影响应该从受众这个角度来衡量，并且从长期效果来衡量。代表性研究：使用与满足理论、创新与扩散理论[2]、教养理论[3]、知识沟假说等。④强效果论，20 世纪 80 年代后重新兴起的强效果论，重新强调大众传播有巨大的效果。但是与枪弹论不同，强效果论强调的效果不是简单的、直接的，而是复杂的、间接的，不是短期的、立竿见影的，而是长期的、潜移默化的，不是微观的、个体的，而是宏观的、社会的。代表性研究：沉默的螺旋假设[4]等。这些理论都是在总结传播现象之后建立理论模型并经过验证的，对传播实践具有重要的指导作用。

在传播过程的研究方面，1978 年，Granovetter[5]对个体受周围参与某项集体活动人员的影响从而也参与该活动的个体潜在抗拒现象进行了研究，提出了集体行为的阈值模型。借鉴这种阈值的思想，研究人员进行了广泛研究，其中线性阈值模型得到了广泛共识。2001 年，Goldenberg 等[6,7]在研究市场营销模型时，提出了独立级联模型。线性阈值模型和独立级联模型为信息传播的两种基本模型[8]。

这两种模型均使用有向图来表示网络，节点表示用户，边表示用户间的连接关系。每个节点只能处于两种状态：活跃状态或者非活跃状态。活跃状态指用户接收了某个信息，否则为非活跃状态。只考虑单方向的状态改变，即从未活跃状态转变为活跃状态。线性阈值模型为每个节点 v 分配了一个阈值 $\theta(v)\in[0,1]$，该阈值表示这个节点受到影响的难易程度。与节点 v 相邻的节点 w 以非负的权重 $b_{v,w}$ 对节点 v 产生影响，并且 v 的所有邻居 w 的 $b_{v,w}$ 之和小于等于 1。对于一个处于未活跃状态的节点 v，只有当它的活跃邻居节点的影响力之和大于等于其阈值时节点 v 才会被激活，即网络中个体的决策依赖于其所有邻居节点的决策。且节点 v 的活跃邻居节点可以多次参与激活 v。

$$\sum_{w:\text{active eighbor of } v} b_{v,w} \geqslant \theta_v \tag{4-1}$$

独立级联模型假设节点 u 试图激活其邻接节点 v 的行为能否成功是一个概率为 $p_{u,v}$ 的事件。且一个处于非活跃状态的节点被刚进入活跃状态的邻居节点激活的概率独立于之前曾尝试过激活该节点的邻居的活动。此外该模型还做出了这样的假设：网络中任意的节点 u 只有一次机会尝试激活其邻居节点 v，无论是否成功，在以后的时刻中，u 本身虽然仍保持活跃状态，但它已经不再具备影响力，称为无影响力的活跃节点。

信息传播领域最广为人知的理论模型是基于现实中传染病传播的模型。传染病模型有着悠久的历史，早在 1760 年 Bernoulli 就曾用数学方法研究过天花的传播。20 世纪初有学者开始对确定性的传染病模型进行研究，Hamer 和 Ross 在建立传染病数学模型的研究中做出了巨大贡献。1927 年 Kermack 与 Mckendrick 在研究流行于伦敦的黑死病及孟买的瘟疫时，提出了 SIR(susceptible infected recovered model)模型。考虑到重复感染的情况，于 1932 年建立了 SIS(susceptible infected susceptible model)模型，并在这些模型的研究基础上提出了区分疾病流行与否的阈值理论，为传染病动力学的发展奠定了基础。Girvan 等增加了免疫和突变(mutation)的概念来解释疾病的演化。

在传染病模型中，系统中的个体被分为几类，每一类个体都处于同一种状态。基本状态包括：易感状态 S(susceptible)，即健康的状态，但有可能被感染；感染状态 I(infected)，即染病的状态，具有传染性；移除状态 R(recovered)，即感染后被治愈并获得了免疫力或感染后死亡的状态。用这些状态之间的转换来命名不同的传播模型。例如，个体由易感状态变为感染状态，这样的传播模型称为 SI 模型；易感个体被感染，然后恢复健康并获得免疫力，这样的传播模型称为 SIR 模型。

应用于信息传播的研究，SIR 模型可以描述如下：最初，所有的节点都处于易感染状态，对应个体不知道信息的情况。然后部分节点接触到此信息，变为感染状态。这些节点试着感染处于易感染态的节点，或者进入恢复状态。感染一个节点，即传递信息或者影响节点对某事的态度。恢复状态即免疫，处于恢复状态的节点不再参与信息的传播。

上述经典的传播理论和模型为社交网络信息传播分析提供了指导，但社交网络中的信息传播有其新兴的特征和需求，因此需要研究适用于社交网络的信息传播分析方法。

4.1.3　社交网络信息传播分析

社交网络信息传播特指以社交网络为媒介进行的信息传播过程。社交网络的蓬勃发展，为信息传播相关研究提供了丰富的数据基础，使得研究人员有机会在海量真实的数据基础上，研究信息传播机制，认识信息传播规律。然而社交网络用户数量巨大、用户间关联关系复杂等特点，为信息传播分析带来新的挑战。

社交网络中的用户基于相互认识、兴趣爱好相同或个人崇拜等因素，在社交网络上形成复杂的关系结构；基于社交网络的关系结构，大量网络用户聚合，并相互影响、作用、依赖，从而形成具有共同行为特征的网络群体；基于网络关系结构和网络群体，各类信息得以快速发布并传播扩散。社交网络的关系结构为信息传播提供了底层平台，网络群体直接推动了信息传播，丰富的信息为传播提供了必要的资源。

社交网络中的信息传播具有以下特点：首先，信息的发布和接收异常简便、迅速，用户可以通过手机等移动设备随时随地发布和接收信息；其次，信息传播呈现核裂变的方式，消息一经发布即刻被系统推送到所有关注者，一旦被其转发，又立即传播到下一批关注者；再次，人人都有机会成为意见领袖，广大网民均可能在突发事件的产生、发酵、传播、炒作等环节中起到重要作用；最后，呈现自媒体形态，无论是明星还是草根都可以建立自己的媒体，在这个空间内自由发挥，对外制造、传播信息，同时也通过自媒体接收来自四面八方的消息。总的来说，社交网络使信息得到更快捷、更大范围的传播，人们通过社交网络获得了更丰富的信息。

结合社交网络信息传播的新特点，研究人员对传统传播模型进行了改进，并应用于社交网络中。

独立级联模型基于离散的时间轴以同步方式模拟传播过程。然而在真实的场景中，信息在网络中沿着连续的时间轴传播，这一过程中可能发生时间延迟、异步等。许多研究对独立级联模型进行了改进。Saito 等使用一个连续的时间轴，并为图中的每条边添加时间延迟的参数，将独立级联模型扩展成异步独立级联(asynchronous independent cascades，AsIC)模型。Guille 等在 AsIC 模型的基础上，提出基于时间的异步独立级联(time-based asynchronous independent cascades，T-BaSIC)模型，利用用户间社交关系、话题语义以及时间三个维度来推理节点间的传播概率，实验结果表明该模型能够较好地捕获信息传播的特征。与独立级联模型类似，线性阈值模型也是基于离散的时间轴以同步方式模拟传播过程。Saito 等将其扩展成异步线性阈值(asynchronous linear threshold，AsLT)模型。Galuba 等对 Twitter 中 URL(uniform resource locator)的传播情况进行了研究，他们从 URL 的吸引力、用户的影响力以及传播速率出发，分析了 URL 的传播特征，并使用这三个参数构造了 URL 的线性阈值传播模型，预测哪些用户会提到哪些 URL。此外，研究人员结合在线社交网络的特点，对传染病模型进行了改进。Abdullah 等考虑到处于感染状态的节点发布相关微博，则其粉丝成为新的易感者，对 SIR 模型进行了改进。改进的 SIR 模型能够有效地模拟 Twitter 中事件的传播趋势。Xiong 等将 Twitter 用户划分为四类，提出易感-感染-接触-不应(susceptible-infected-contacted-refractory，SICR)模型。此模型有两个终结状态：感染状态和不应状态。处于易感状态的个体或者被影响进入感染状态，或者接触此消息但是没有转发，成为接触状态。处于接触状态的个体仍然有机会阅读该信息，也可能失去兴趣转为不应状态。实验结果表明，尽管只有少量的感染个体出现，但是有大量的个体处于接触状态，他们阅读过此信息，潜在的已经被该信息所影响。

然而，这些模型也存在不足。传染病模型建立在全连通图的情形下，通过描述网络中用户对信息的接收状态，以及个体在这些状态间的重新分配，来研究信息传播，但却没有考虑用户之间的个体差异对信息传播的影响。正如我们所知，社交网络个体在传播信息方面具有不同的能力，权威用户或者处在中心位置的用户会产生较大的影响力，促进信息的传播。独立级联模型和线性阈值模型的网络拓扑上，连接的权重一般都是相等或者同分布的，即有连接的用户彼此之间具有相同的影响力，或者用户之间的影响力满足简单的概率函数。在这种情况下，只接收过一条消息传递的连接和两个朋友之间热烈交流的连接未能有效地刻画。此外，这些模型忽略了网络之外其他因素的作用，社交网络中的用户不仅受到邻居节点的影响，还受到外部环境等的影响(例如，传统媒体)从而参与到信息的传播中。再者，多信息间的影响，以及信息在多种网络间的传播等都对社交网络信息传播分析提出了挑战。

4.2　基于转发行为的社交网络信息传播分析

转发行为指一个用户将接收到的其他用户的消息再次发送。转发是社交网络信息传播的主要途径和方法。用户发布消息时，该消息会被推送到该用户粉丝的页面上。如果用户粉丝中有用户转发了此消息，则该消息会进一步推送到该粉丝的粉丝页面。这种转发机制使得信息在社交网络中传播开来。本节围绕用户转发行为，从用户转发模型和转发数预测两个方面展开讨论。

4.2.1　用户转发模型

目前关于社交网络用户转发行为的研究已经引起了研究人员的高度关注。这些研究主要是在有明确的转发关系的数据集上进行统计分析。但是在实际情况中，很多用户往往转发了别人的消息，却没有标注信息转发自何处。在这种情况下，我们应如何判断用户所转发信息的来源呢？

针对上述问题，我们首先对影响用户转发行为的因素进行探讨，在此基础上建立转发模型。为了更好地理解影响转发行为的因素，我们将影响用户转发行为的作用力分为两类：社交影响和内部影响。

在社交网络中，用户的个体行为会引发其好友采取近似行为，这种现象就是社交影响。

如何量化一个用户对其好友的社交影响呢？这里考虑两个变量：用户个体影响力和用户之间联系的紧密程度。对于第一个变量，我们采用用户的粉丝数来进行量化。那么如何量化用户之间联系的紧密程度呢？

在社交网络中，一个用户可以拥有多个好友，但是这些好友对该用户的影响是不同的，联系越紧密的好友其影响越大。我们用两个用户之间的共同好友百分比来量化用户之间联系的紧密程度，其定义如式(4-2)所示：

$$I_{AB}=\frac{f_A\bigcap f_B}{f_B} \tag{4-2}$$

式中，I_{AB} 表示用户 A 与 B 联系的紧密程度；f_A 表示 A 用户的好友列表；f_B 表示 B 用户的好友列表。

在社交网络中，用户间的影响力并不是一成不变的，而是会随着时间逐渐衰减的。我们对转发行为发生的时间间隔进行分析，进而来量化影响力衰减因子。我们从新浪微博 2013 年 10 月份的数据中抽取出 800 个高影响力用户的 8143 条微博。在对这些微博的转发行为进行分析后，其转发行为的时间间隔分布如图 4-1 所示。

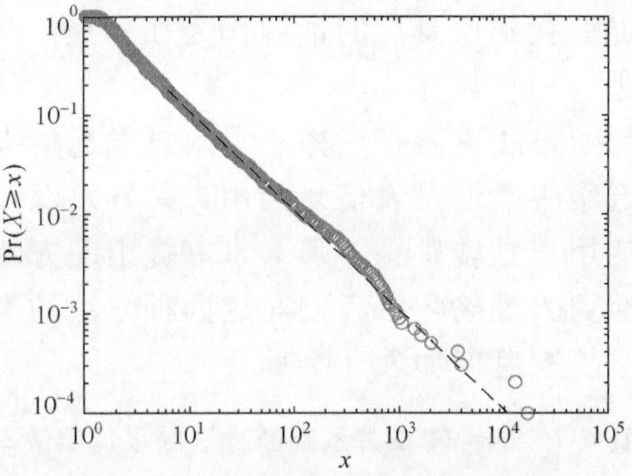

图 4-1　转发行为的时间间隔分布

从图 4-1 中，我们可以观察到，转发行为的时间间隔分布大致服从幂律分布。幂律分布的概率密度函数符合 $p(\Delta t)\sim x^{-\alpha}$。我们利用真实数据对 Δt 的分布情况进行了拟合。设 $p(x)=Cx^{(-\alpha)}$，$C=(1-\alpha)x_{\min}^{(\alpha-1)}$，则 Δt 的互补累积分布函数(complementary cumulative distribution function，CCDF)为 $P(\Delta t)=\Pr(\Delta t>x)=\ (x/x_{\min})^{-\alpha+1}$。在实际拟合中我们只关心 α，而 $x_{\min}$ 的取值和单位对后面实验没有影响。根据我们的数据集，对于不同微博拟合出的 α 为 1.86～2.43，为了方便后续计算，我们将 α 设为 2。

在社交网络中，除了用户之间的交互会影响用户转发行为，社交平台也会对用户转发行为产生影响。不同的平台所具有的特性不同，对用户转发行为所产生的影响也不同，这种影响称为内部影响。

在新浪微博数据中，存在着这样一种现象：某用户发表了一条微博，并且明确标出了转发源，但是转发源却不是对用户影响力最大的好友，而且该转发源与影响力最大的好友的发布时间也相差不大，那么为什么会出现这种情况呢？经分析，我们发现此类影响力较大的好友在用户候选集中的位置过于靠前，而新浪微博的推送机制是按照发布时间先后顺序推送的，最新发表微博的好友在推送列表的位置靠前，最早发布消息的高影响力好友位置靠后，从而导致实际影响力降为 0。

我们假设用户 A 在用户 B 候选集中的位置大于 10 时，用户之间的影响概率降为 0。

结合社交影响和内部影响，我们建立了转发模型。该模型通过计算两个用户之间的转发概率来量化用户之间互动的可能性。转发概率定义如式(4-3)所示：

$$T_{AB}=\begin{cases}I_A I_{AB}\alpha(\Delta t), & L_{AB}\leqslant 10\\ 0, & L_{AB}>10\end{cases} \tag{4-3}$$

式中，$\alpha(\Delta t)$ 表示两个用户间的影响强度随时间间隔而产生的衰减。

为了验证模型的效果，我们从 2013 年 10 月的新浪微博中抽取出 428 个参与用户数大于 100 同时能够找到信息源的话题作为样本集，并将我们的模型与现有的转发关系判断方式进行比较。

现有的转发关系判断方法主要有三种：①用户候选集中最早发表信息的用户是转发源；②用户候选集中最迟发表信息的用户是转发源；③用户候选集中影响力最大(粉丝数最多)的用户是转发源。那么本书提出的方法跟这三种判断方法相比，哪一种判断方法会更为准确呢？我们对这四种方法的平均准确率进行测试，最后得出四种方法的平均准确率如表 4-1 所示。

表 4-1　四种转发关系判断方法的平均准确率

采用方法	方法一	方法二	方法三	本书提出方法
平均准确率	32.4%	4.1%	28.7%	66.2%

在表 4-2 中，可以看出我们提出的模型在经过实际数据的测试后显现出了优于现有三种转发判断方法的效果。

我们进一步测试了这四种方法在不同样本容量下的平均准确率，其结果如图 4-2 所示。

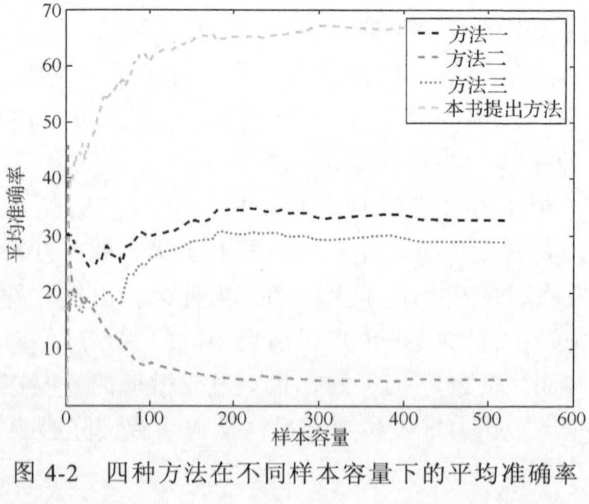

图 4-2　四种方法在不同样本容量下的平均准确率

从实验结果所示，可以看出我们提出的模型其判断效果要明显优于现有的三种转发关系判断方法。所以当遇到转发关系不明确的情况，需要判断转发源时，可以使用本节所提出的转发模型来进行判断。

4.2.2　转发数预测

转发的数量可以作为信息影响力的一个标志。预测微博转发数量对研究信息的影响力有着重要的意义。

很多转发预测的相关工作将问题看成一个二分类问题，预测一条消息是否被转发；还有一些使用多分类方法，但是多分类阈值很难确定。很少有相关工作直接预测转发数量，并且使用一阶段方法很难预测得到微博转发数量。

我们首先分析新浪微博中转发的特征，然后提出一个两阶段模型。第一阶段：将转发的微博分类。第二阶段：针对每个类别通过回归预测转发数量。

我们从微博和微博用户的信息中各抽取了 14 个特征，如表 4-2 和表 4-3 所示。

表 4-2　微博用户的特征

特征	描述	特征	描述
GD	性别	VR	认证用户
NL	昵称长度	VT	认证类型
FON	粉丝数	ED	活跃天数
FRN	关注数	MSPD	SN/ED
BFN	互粉数	MFPD	FON/ED
FAN	个人收藏数	MFPS	FON/SN
SN	推特数	MAFPS	(FON-FRN)/SN

表 4-3　微博内容的特征

特征	描述	特征	描述
HI	内容中含有话题标签	TL	内容长度
HC	内容中的话题数	TM	创建月份
AI	内容中含有@	TD	创建日期
AC	内容中的@数	TH	创建时间
HI	内容中含有链接	TW	创建星期
HC	内容中的链接数	HON	节日中创建的推特
PI	含有图片	EH	创建时长

基于这些特征，传统的一阶段模型使用回归方法预测转发数，本章选取四个回归模型 LeastMedSq、LeastMedSq、M5P 和 MultilayerPerceptron 进行实验，结果表明 LeastMedSq 不能预测微博转发数，剩下的三种不能得到较高准确度的预测。由此，本章提出两阶段模型，第一阶段将转发博文分到一个或多个类别；第

二阶段针对每个类别通过回归预测转发数量。模型符号说明如表 4-4 所示。

表 4-4　模型符号说明

符号	描述	符号	描述
T	训练集	L	阈值集
x_i	训练集 T 中的第 i 个推特的特征向量	N	类型集数目，包括 1, 2, 3, …, $\|L\|$+1
X	训练集 T 中的特征向量集	c_i	训练集 T 中的第 i 个推特的类型数
r_i	训练集 T 中的第 i 个推特的转发数	C	训练集 T 中的类型集合数
R	训练集 T 中的转发集合数	$\|S\|$	S 集合的类型

二阶段转发数预测模型训练算法和二阶段转发数预测模型预测算法如算法 4-1 和算法 4-2 所示。

算法 4-1　二阶段转发数预测模型训练算法

Input：X, R, L, N

Output：二阶段划分转发数预测模型

1．**for** i=1 to $|T|$ **do**

2．基于 r_i 和 L 中的阈值计算第 i 个推特的类型数 c_i

3．**end for**

4．基于 X 和 C 训练分类模型 CLF

5．基于 C 中的不同类型数，把 X 和 R 分到$|N|$中的不同部分

6．**for** i=1 to $|N|$ **do**

7．训练回归模型 REG-i 到 part-i

8．**end for**

9．**return** (CLF, REG-1, REG-2, …, REG-$|N|$)

算法 4-2　二阶段转发数预测模型预测算法

Input：模型 CLF, REG-1, REG-2, …, REG-$|N|$，推特 x 的特征

Output：转发数目 r_p 的预测

1．使用分类模型 CLF 分类 x，返回类型数目 c

2．使用回归模型 REG-c 基于 x 预测 r_p

3．return r_p

我们从新浪微博应用程序接口(application programming interface，ARI)获取 2013 年 4 月～7 月约 5.4×10^7 条博文及 1.42×10^5 个用户。从这些数据中，选取 100 万条微博数据作为实验数据集。通过模型对比的方法，来验证提出模型的效果。

一阶段和二阶段模型实验对比结果如图 4-3 所示。

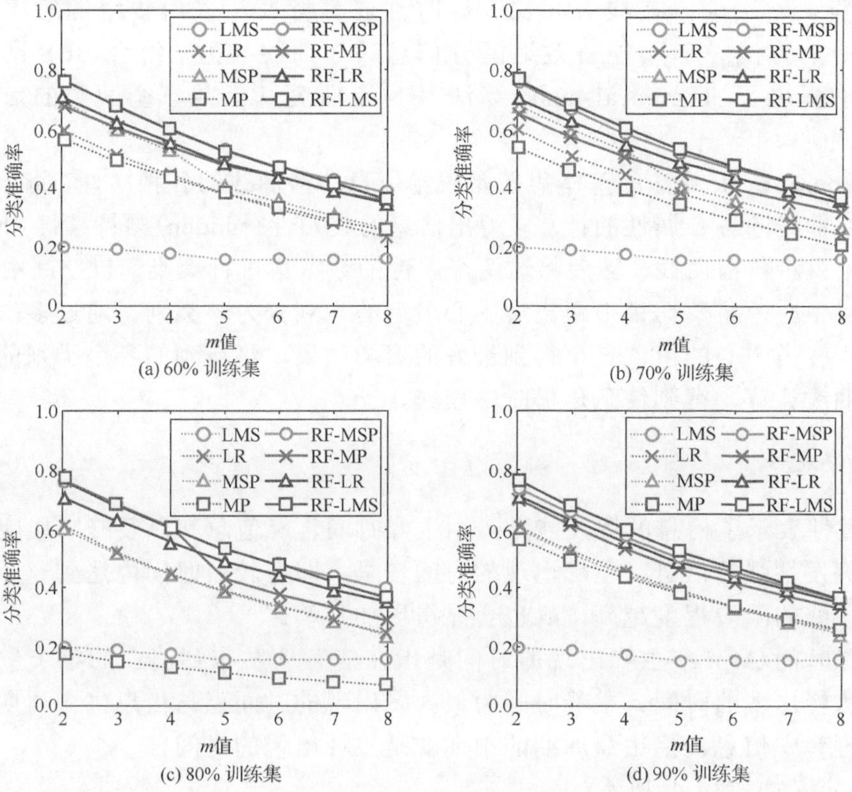

图 4-3　一阶段和二阶段模型实验对比结果

实验结果表明提出的二阶段模型比传统的一阶段模型有更好的效果，可以通过该二阶段模型进行转发数量的预测。

4.3　社交网络信息传播的时序性分析

在线社交网络中的用户通过对信息进行分享、评论、转发等方式来进行交流，这些行为使得信息传播呈现出一些特性，如时序性。本节围绕社交网络信息传播的时序性展开讨论。

4.3.1　信息传播中的时序模式分析

社交网络信息传播在时间维度上呈现出一定特性[9]。这里重点关注信息传播的时序性。信息时序变化的深入研究有助于社会交互模式的发现。与其他的在线社交网络相比，基于共享空间类的 BBS(bulletin board system)网络，具有用户登录频次少、在线时间长、即时性弱等特征，采用传统的时序曲线平移和缩减的方法[10]，不能有效地区分信息时序曲线类型。结合 BBS 网络的特点，我们提出了 Temporal-peak 算法[11]，来研究基于共享空间类的信息传播时序模式。

Temporal-peak 算法的基本思想是根据信息传播曲线的各种属性，将原始数据转换为对曲线的各个属性的计算，得出信息的突发性(sudden)与持续性(durative)的值，来表示传播曲线。随后将这两个属性的数据集进行聚类，以空间中 C 个初始点为类中心，将数据集中距离类中心最近的点划分为该类别。通过多次迭代，逐次更新各类中心的值，直至得到最好的聚类结果。将得到的各个类别的信息进行时序曲线计算，得到信息传播时序模式。

1. 突发性

突发性表示了信息的爆发能力，由主峰时间、峰值总和以及峰险峻度三元组组成。突发性强的信息，主峰出现的时间较早，即在较短时间内达到一个较大峰值水平，峰的险峻程度越高，峰也会显得更加陡峭。

主峰时间(Mp)：主峰出现的时间是指在信息从发布到消亡的整个生命周期中，最大峰出现的时间。主峰时间为最大峰出现的时间点与信息生命周期的中值之差，理想中信息传播生命周期的中期就是主峰出现的时间。

Mp 定义如式(4-4)所示：

$$\mathrm{Mp} = \mathrm{Max}(T_{\mathrm{peak}}) - T_{s\to f} / 2 \tag{4-4}$$

式中，$\mathrm{Max}(T_{\mathrm{peak}})$为最大峰出现的时间点；$T_{s\to f}$为信息生命周期。

峰值总和(Sp)：信息传播曲线中符合峰的定义的所有峰值总和。通过对峰进行总和求值，可以避免 BBS 信息时序点的随机波动性而引起的干扰。

Sp 定义如式(4-5)所示：

$$\mathrm{Sp} = \sum_{i=1}^{n} \mathrm{NumPeak}_i \tag{4-5}$$

式中，$\mathrm{NumPeak}_i$为单个峰的峰值。

峰险峻度(Pa)：峰险峻度从侧面反映信息传播的突发性，通过测量峰的险峻度，来判断信息是否属于爆发性信息或者是突发事件。

Pa 定义如式(4-6)所示：

$$\mathrm{Pa}=\sum_{i=1}^{n}\sum_{j=1}^{t}(\mathrm{NumPeak}_i-\mathrm{Num}_{i-j})+\sum_{i=1}^{n}\sum_{j=1}^{t}(\mathrm{NumPeak}_i-\mathrm{Num}_{i+j}) \tag{4-6}$$

式中，$\mathrm{NumPeak}_i-\mathrm{Num}_{i-j}$ 为峰 i 的左侧险峻度；t 为峰的周期；$\mathrm{NumPeak}_i-\mathrm{Num}_{i+j}$ 为峰 i 的右侧险峻度。

信息传播的突发性 Sudden 为一个三元组，如式(4-7)所示。

$$\mathrm{Sudden}=\begin{cases}\mathrm{Mp}\,|\,\mathrm{Max}(T_{\mathrm{peak}})-T_{s\to f}/2\\ \mathrm{Sp}\,|\,\sum_{i=1}^{n}\mathrm{NumPeak}\\ \mathrm{Pa}\,|\,\sum_{i=1}^{n}\sum_{j=1}^{t}(\mathrm{NumPeak}_i-\mathrm{Num}_{i-j})+\sum_{i=1}^{n}\sum_{j=1}^{t}(\mathrm{NumPeak}_i-\mathrm{Num}_{i+j})\end{cases} \tag{4-7}$$

$\mathrm{Sudden}=F[\alpha(\partial_1|\mathrm{Mp}|+\partial_2\mathrm{Sp}+\partial_3\mathrm{Pa})]$，$\alpha$ 根据 Mp 而取得正负值，∂_1，∂_2，∂_3 为对三个维度进行归一化的参数。

2. 持续性

持续性表示信息传播的持续时间，由峰个数、峰间距、楼主的回复率三个维度组成。峰个数越多、峰间距越大表示信息的持续性越强，楼主的回复率表达了信息发布者希望帖子传播持续性的意愿。

峰个数(Np)：研究发现在信息传播中峰的个数越多，信息的持续性越强。一个新峰的出现，信息传播的持续性会得以延续。

Np 定义如式(4-8)所示：

$$\mathrm{Np}=\sum_{s\to f}^{n}\mathrm{def}(T_{\mathrm{peak}}) \tag{4-8}$$

式中，$\mathrm{def}(T_{\mathrm{peak}})$为符合峰定义的峰值点。

峰间距(Pd)：峰与峰之间的距离称为峰间距，该距离表示信息可持续性的强弱。

Pd 定义如式(4-9)所示：

$$\mathrm{Pd}=\sum_{i=0}^{n}(T_{\mathrm{peak}_i}-T_{\mathrm{peak}_{i+1}})^2 \tag{4-9}$$

式中，T_{peak_i} 和 $T_{\mathrm{peak}_{i+1}}$ 为相邻的两个峰。

楼主回复率(Rhr)：楼主回复率是论坛类平台所特有的属性，楼主即信息的发布者。论坛允许发布者对自己的帖子进行回复或对他人的回复再进行回复，这样的一种机制促进了信息传播的持续性。

楼主回复率定义如式(4-10)所示：

$$\mathrm{Rhr} = \frac{\mathrm{Num}(\mathrm{Reply}_{\mathrm{Host}})}{\mathrm{Num}(\mathrm{Reply})} \tag{4-10}$$

式中，$\mathrm{Num}(\mathrm{Reply}_{\mathrm{Host}})$ 为信息发布者对消息的回复数；$\mathrm{Num}(\mathrm{Reply})$ 为消息的总回复数。

信息传播的持续性 Durative 为一个三元组，如式(4-11)所示：

$$\mathrm{Durative} = \begin{cases} \mathrm{Np} \mid \sum\limits_{s \to f}^{n} \mathrm{def}(T_{\mathrm{peak}}) \\ \mathrm{Pd} \mid \sum\limits_{i=0}^{n} (T_{\mathrm{peak}_i} - T_{\mathrm{peak}_{i+1}})^2 \\ \mathrm{Rhr} \mid \dfrac{\mathrm{Num}(\mathrm{Reply}_{\mathrm{Host}})}{\mathrm{Num}(\mathrm{Reply})} \end{cases} \tag{4-11}$$

$\mathrm{Durative} = F(\partial_4 \mathrm{Np} + \partial_5 \mathrm{Pd} + \partial_6 \mathrm{Rhr})$，其中 ∂_4、∂_5、∂_6 分别为 Durative 集合中归一化的三个维度的参数值。

Temporal-peak 算法对信息传播时序曲线主要属性特征进行标注，去除信息曲线中的随机波动性的干扰因素，将动态多变的时序曲线用两维属性：突发性和持续性表示，随后对二维属性进行聚类分析，找到信息传播时序模式。该算法具体的步骤如算法 4-3 所示。

算法 4-3 Temporal-peak 算法

Input：采集的 Post 信息，如发帖、回帖时间、点击量、回复量。

Output：类别 U，类簇中心 $U_1^*, U_2^*, \cdots, U_n^*$

1．将回复时间转化为数值，与发帖时间求差值

2．While(ReplyTime.list!=null){

    回复时间链表进行切割，单位为小时，并进行统计

    If(ReplyID==HostID){

        HostReply++;

    }

}

3．随机选取 C 个聚类质心点 $U_1, U_2, \cdots, U_c$

4．重复下列过程直至收敛{

    对每个信息数据 i，计算其应属于的类

$C_{i\_s} := \arg\min_{j} \left\| S_i[\partial_1 \text{Mp}, \partial_2 \text{Sp}, \partial_3 \text{Pa}] - U_{j\_s} \right\|^2$ // i_s,i_d 为 i 信息突发性和持续性

$C_{i\_d} := \arg\min_{j} \left\| D_i[\partial_4 \text{Np}, \partial_5 \text{Pd}, \partial_6 \text{Rhr}] - U_{j\_d} \right\|^2$

对于每个类 j，重新计算类中心

$$U_{j\_x} := \frac{\sum_{i=1}^{n} \{c_{i\_x} = j\} x_i}{\sum_{i=1}^{n} \{c_{i\_x} = j\}}, \quad U_{j\_y} := \frac{\sum_{i=1}^{n} \{c_{i\_y} = j\} y_i}{\sum_{i=1}^{n} \{c_{i\_y} = j\}}$$

}

5．输出：类别 U，类簇中心 $U_1^*, U_2^*, \cdots, U_n^*$。

以天涯论坛 2013 年 12 月 21 日～2014 年 3 月 24 日约 16216 条帖子以及 1000 多万条的回复信息为实验数据集。我们采用 IGP(in-group proportion) 指标对最佳的类个数进行筛选，实验发现当 k=4 时达到最优值。随后每类根据实际数据绘制信息时序曲线，当 C=4 时得到了比较好的分类效果。得到的 4 类传播时序模式曲线如图 4-4 所示。

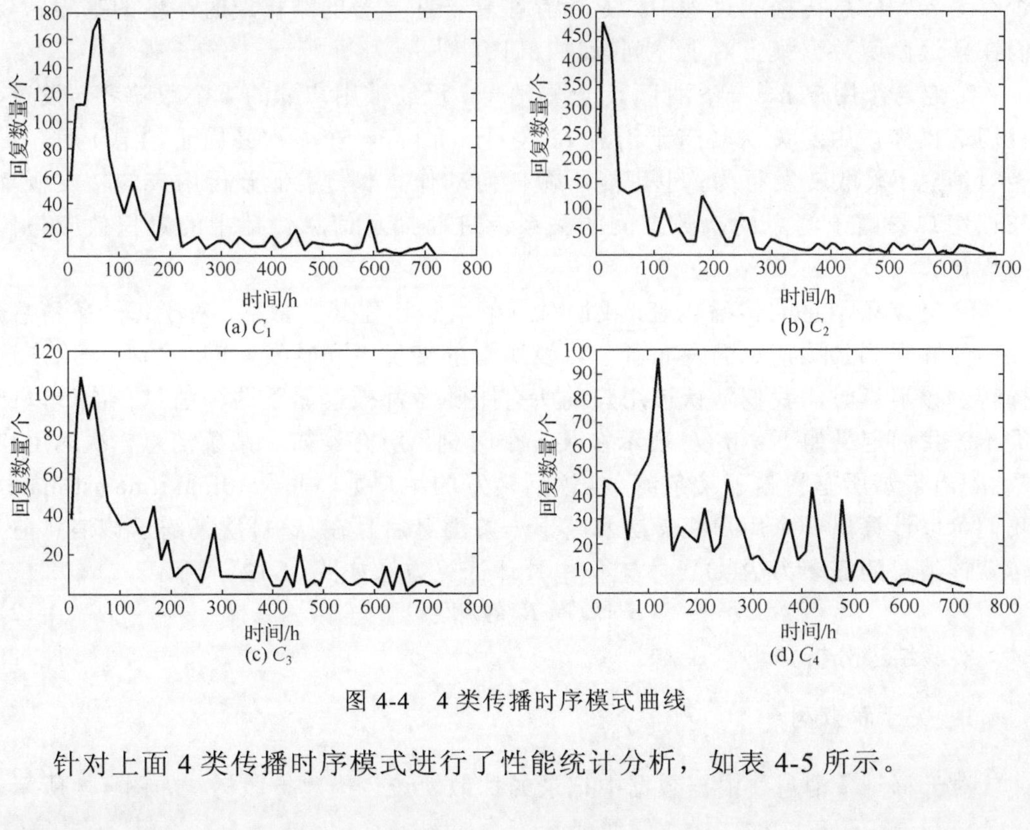

图 4-4 4 类传播时序模式曲线

针对上面 4 类传播时序模式进行了性能统计分析，如表 4-5 所示。

表 4-5　各类的性能分析

类别	C_1	C_2	C_3	C_4
突发性/持续性	50/48	382/505	184/200	82/105
所占比例/%	56.40	1.19	5.08	37.33
主峰值/个	178	475	105	140
主峰时间/h	70	8	30	120
消亡时间/h	205	100	450	480

针对基于共享空间类社交网络的信息传播时序模式问题，本章提出了 Temporal-peak 算法来发现其信息传播时序模式。该研究对探索特定社交网络平台的信息传播时序模式提供了启发。

4.3.2　信息传播中的累积效应分析

社会感染中的累积效应，一直是诸多研究领域中共存和关注的研究问题[12]。随着近些年来社交网络的兴起，然而很少有关于信息传播中的累积效应在大规模数据上的实证验证与分析。累积效应到底是否存在？不同类型信息的传播模式是否有差异？信息传播的过程中，是否存在着一些显著的结构或时序性的基序？我们在新浪微博数据集上对上述问题进行研究[13]。

给定一个用户 u，一条消息 t，已知消息 t 已经被用户 u 的 k 个跟随者转发过，我们这里称该用户 k 次暴露于消息 t。对于 u 而言，在 k 次暴露于消息 t 后，可能对消息 t 采取转发行为，也可能不做任何动作。本书实证分析用户的转发概率与该用户暴露于消息的次数之间的关系，进而揭示信息传播中的累积效应与传播规律。

给定 N 条消息的传播轨迹，我们对每条消息构建其扩散树。对于每一条消息，我们能够观测到该消息的发布者，以及所有的转发者和转发时间。当一个用户选择转发该消息时，我们默认该用户的所有跟随者都被暴露于这个消息一次，以此类推。我们定义如下：$W(k)$ 表示在某一个时刻，所有暴露于某条消息 k 次的用户数；$R(k)$ 表示所有暴露于某条消息 k 次后转发的用户数。根据 ordinal time estimate，我们可以计算出一个用户在 k 次暴露于一条消息后且在 $(k+1)$ 次暴露于该消息前，转发该消息的概率为 $P(k)$。本工作中具体计算方法如式(4-12)所示：

$$P(k) = R(k)/W(k) \tag{4-12}$$

实验结果分析如下。

1. 关于扩散树

对于每一条消息，根据数据中记录的扩散轨迹，构建扩散树，如图 4-5 所示。

图 4-5 中，最中心的大号节点表示消息的发布者，其余节点表示信息的传播者，边表示一次转发行为。其中，我们可以看到左下方的大号节点带来了新一轮的大范围传播，通常在社交网络中扮演意见领袖的角色，加速信息的传播。

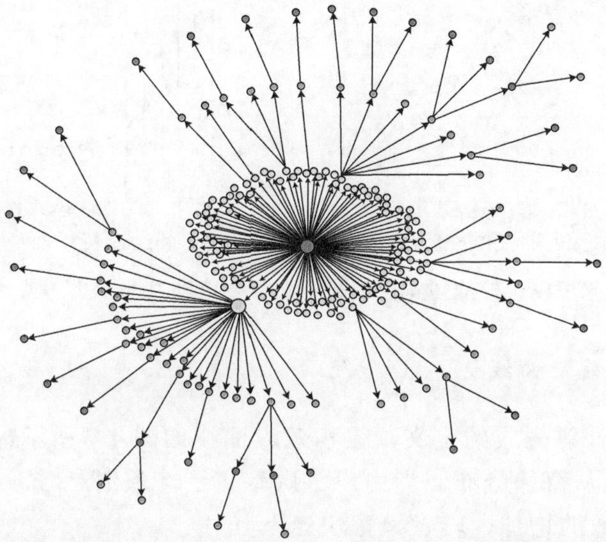

图 4-5　单个消息的扩散树分层结构图(中心红点是消息发出者)(见彩图)

此外，我们分别用树的大小、宽度和深度来量化分析扩散树的结构与属性，如图 4-6 所示。我们发现，扩散树的大小符合一个系数为 0.66 的幂律分布，意味着消息的流行度的分布很不均匀。扩散树的宽度近似符合一个两阶段的幂律分布，系数分别为 1.16 和 1.89。扩散树的深度则符合一个系数为 0.89 的指数分布，意味着大部分的消息扩散树的深度较浅。我们也进一步对扩散树每一层的节点数进行了统计，发现随着扩散深度的增加，每一层的节点数逐渐减少。

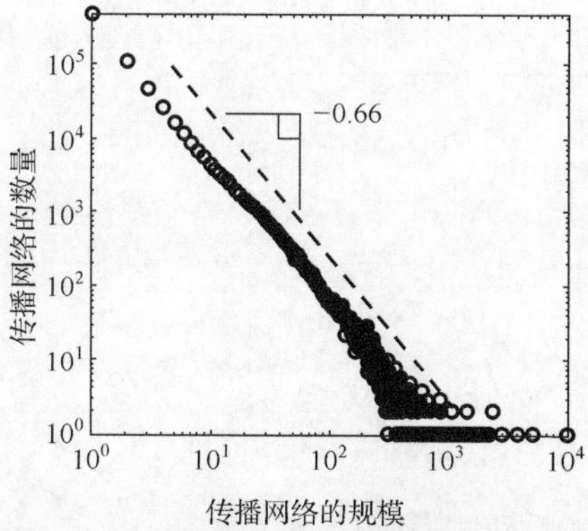

(a) 扩散树规模与节点数量关系

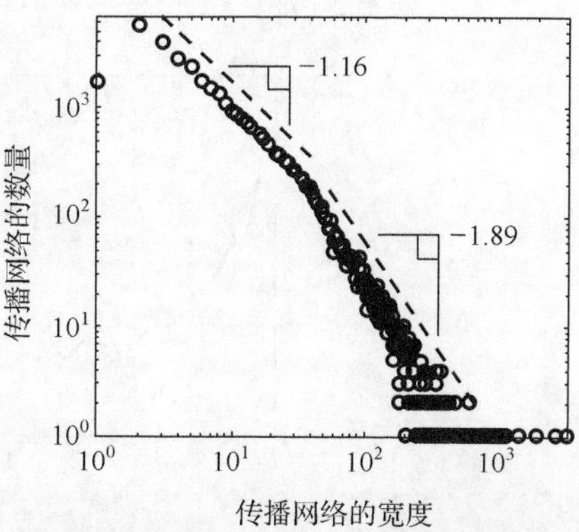

(b) 扩散树宽度与节点数量关系

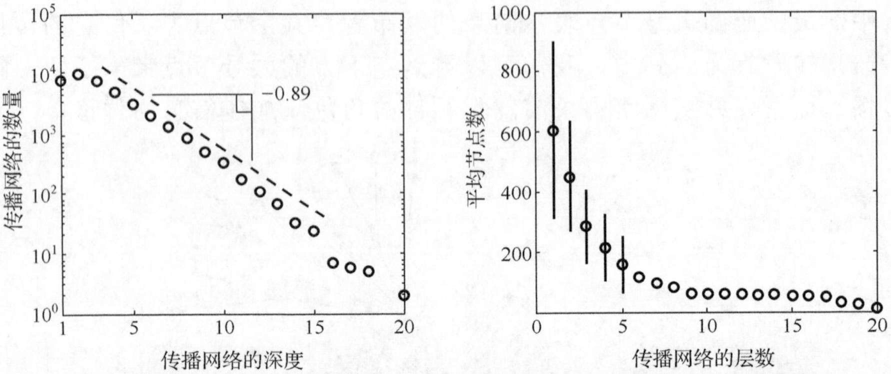

(c) 扩散树深度与节点数量关系　　(d) 扩散树每层的节点数量

图 4-6　扩散树规模、扩散树宽度、扩散树深度和平均每层的节点数目的分布图

2. 关于累积效应曲线

根据 $P(k)$ 的计算方式的定义，累积效应曲线如图 4-7 所示。我们可以看出，$W(k)$ 和 $R(k)$ 均服从幂律分布。当用户 2 次暴露于一条消息时，其转发概率最高。并且随着暴露次数的增加，转发概率快速下降。

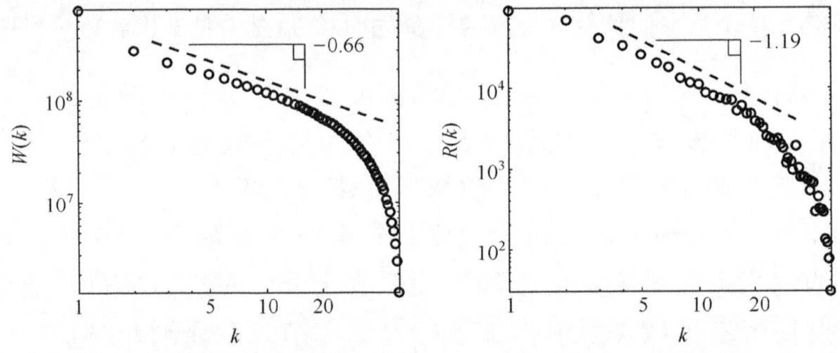

(a) 消息暴露次数与相应的暴露用户数　　(b) 消息暴露次数与相应的转发用户数

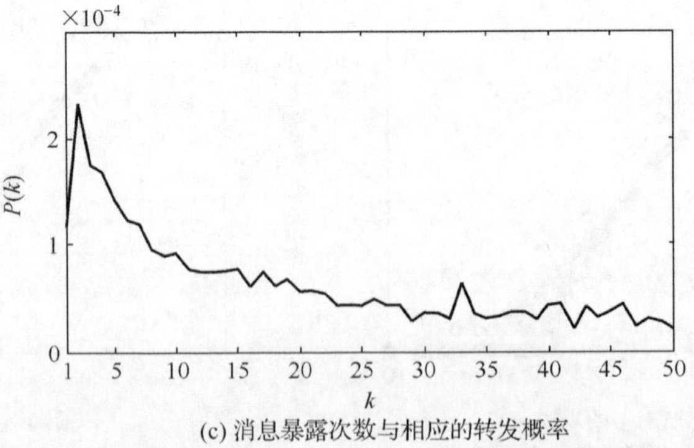

(c) 消息暴露次数与相应的转发概率

图 4-7　消息暴露 k 次的用户和暴露 k 次转发该消息的用户的分布图与转发概率随暴露次数的变化图

我们根据消息的属性，对消息进行了分类，进一步研究累积效应与消息自身属性的关系，如图 4-8 所示。我们可以发现，用户对于嵌入 URL 链接的消息的 $P(k)$ 高于不含 URL 链接的消息。如果消息与事件相关，用户的 $P(k)$ 会高于与事件无关的消息。如果消息与多个事件相关，用户的 $P(k)$ 会高于仅与一个事件相关的消息。

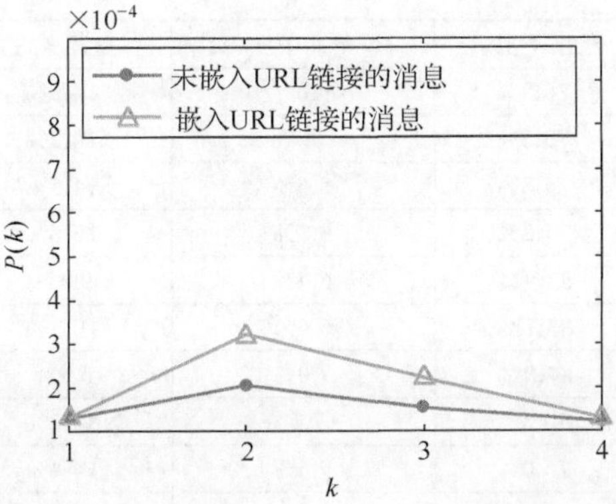

(a) 嵌入URL 链接消息与不含URL链接消息的转发概率

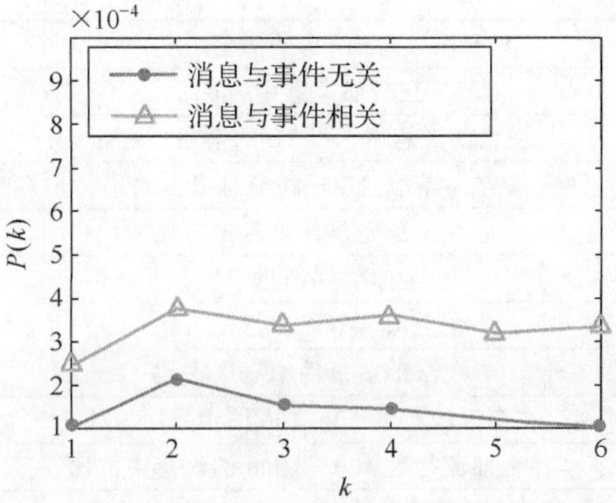

(b) 事件有关消息与事件无关消息的转发概率

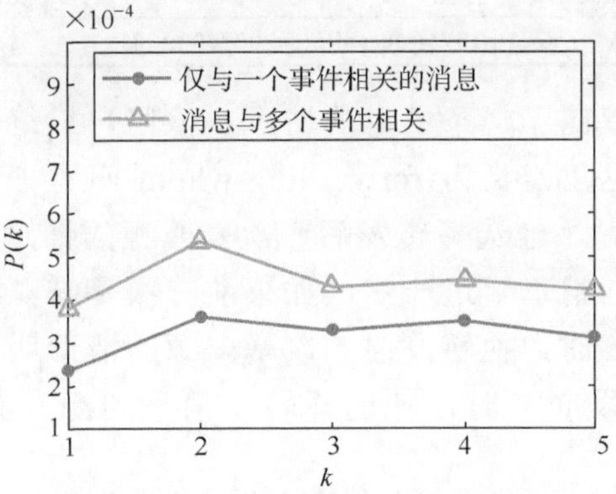

(c) 单事件相关消息与多事件相关消息的转发概率

图 4-8　消息自身属性与转发概率的关系

3. 关于基序

实验中，我们发现用户 2 次暴露于一条消息的情况在累积效应中最为常见，于是，我们进一步研究了在 2 次暴露的特定情形下，用户的行为是否存在一定规律，如是否存在一些显著的结构和时序的基序。如表 4-6 所示，在用户 2 暴露于一条消息并最终转发的情况中，造成 2 次暴露的消息转发者之间在社交网络上的结构关系存在三种情形：互相不关注、单向关注和相互关注。我们发现，互相不关注的情况出现的比例显著地高于另外两种模式，我们称为多样性基序。此外，我们发现了一个非常有趣的现象。随着消息流行度的增加，多样性基序的比例呈现递增的趋势。一种可能的解释是消息的流行度与扩散网络的结构多样性之间存在紧密的关联。

表 4-6　三种基序结构的统计结果

基序结构的类型	互相不关注	单向关注	互相关注
在全部消息中占比	76.5%	9.0%	14.5%
在全部消息嵌入 URL 的消息中占比	75.5%	10.3%	14.2%
在全部无 URL 的消息中占比	76.8%	8.6%	14.5%
在全部无事件消息中占比	74.2%	9.8%	16.0%
在全部事件消息中占比	**83.9%**	6.7%	9.4%
在全部单事件消息中占比	**83.1%**	6.6%	10.3%
在全部多事件消息中占比	**87.8%**	7.0%	5.2%
在全部流行度 10～100 的消息中占比	50.8%	17.0%	32.2%
在全部流行度 100～1000 的消息中占比	76.0%	9.6%	14.4%
在全部流行度 1000～10000 的消息度中占比	82.6%	7.0%	10.4%
在全部流行度大于 10000 的消息中占比	87.8%	5.0%	7.3%

doc10.1371/journal.pone.007602.t001

对于一个用户 2 次暴露于一条消息的情形，该用户最终会选择转发哪一次暴露源(即转发者)，我们这里定义为 forwarding-whom 问题。如表 4-7 所示，当用户 2 次暴露于一条消息时，他选择转发后一次暴露源的情形占 85.5%，显著地高于他转发前一次暴露源的情形。进一步，如果前一次暴露源在社交网络中的入度大于后一次暴露源的入度时，他转发前一次暴露源的情形明显增加。如果前一次暴露源是该条消息的源发布者时，他选择转发消息的源发布者的情形又会明显增加。

表 4-7　不同时序结构的统计结果

X 的行为方式	X 转发 A	X 转发 B
A 发布消息早于 B	14.5%	85.5%
A 的入度大于 B 且 A 发布消息早于 B	38.9%	61.1%
A 是消息的源头	43.7%	56.3%

doc10.1371/journal.pone.007602.t002

所有这些有趣的发现，使得我们能够更为深入地了解社交网络上的个体行为规律，也为我们进一步研究信息传播的微观机理提供了帮助和指示。

4.4　社交网络信息传播模型

构建信息传播模型不仅能可视化网络中信息传播的过程，而且能够预测信息未来的传播路径和传播趋势，为基于信息传播的研究和应用提供理论依据与技术支持。本节围绕社交网络信息传播模型展开讨论，首先分析网络结构对信息传播的影响，其次从用户的角度，建立个体交互传播模型，最后从信息博弈的角度，建立基于进化博弈论的信息传播预测模型。

4.4.1　网络结构对信息传播的影响分析

不同类型的社交网络，信息传播具有不同的特点。例如，微博网络中信息以核裂变的方式传播，速度极快、爆发能力极强，已逐渐成为突发事件发生时的即时媒体和第一大信息来源；在人人网或 Facebook 等网络中，经常发现自己两个看似没有任何关系的朋友互为好友，用户间具有熟人群体现象，信息在熟人群体间传播；飞信作为一种即时通信应用，主要作为一对一或某一特定群体间沟通的工具。造成上述结果的原因是不同类型在线社交网络具有不同的结构参数与特征[14]。下面介绍我们在探索网络结构对信息传播影响方面的一个实证研究[15]。

以某实验室成员社交关系为基础，运用社会网络分析(social network analysis，SNA)法，对四种不同社交网络(飞信、QQ、人人网、新浪微博)结构与关系进行比较与分析，从而研究在特定环境中，某一个以研究为目的的科研团队在不同社交网络中信息传播的特点。

具体的步骤如下。

(1)发放调查问卷，获取实验室成员通过何种方式与其他成员联系。

(2)构建实验室成员四种社交网络联系矩阵，并通过 UCINET 软件得到社交网络关系图。

(3)最后分别分析不同社交网络的结构参数与特性。

数据集：某大学实验室的成员社交关系(13 位老师与 108 位研究生)。通过 UCINET 社会网络分析软件，分别得到四种社交网络整体性的结构参数，包括网络规模、网络密度、网络紧密程度、聚集系数、平均最短路径等，如表 4-8 所示。

表 4-8　网络结构整体性分析

应用	网络规模(节点/连接数)	网络密度	网络紧密程度	聚集系数	平均最短路径
飞信	121/3879	0.2544	0.627	0.581	1.747
QQ	121/1277	0.0776	0.407	0.570	2.410

续表

应用	网络规模（节点/连接数）	网络密度	网络紧密程度	聚集系数	平均最短路径
人人网	121/2099	0.1334	0.46	0.479	1.928
新浪微博	121/1623	0.0996	0.468	0.2995	2.232

1）网络规模与网络密度分析

通过对实验室数据的收集，本章共获取了121个节点的信息，由表4-8可知，四类网络的连接边数分别为3879、1277、2099和1623，可见实验室成员通过飞信的联系最多，通过QQ所建立的联系最少。

网络密度是用于描述一个网络中各节点之间联系紧密程度的常用指标之一，计算公式为$2L/N(N-1)$，其中L为边数，N为顶点数。网络成员数量一定或比较稳定时，网络密度越大，网络成员间整体联系得越紧密，信息在整个网络中容易流通。由网络的分析结果可知，飞信的网络密度最大，与实验室成员通过飞信沟通最多的情况相符，同时验证了沟通紧密型网络中，即时消息类应用的网络密度较大的结论。但QQ与新浪微博的网络紧密程度较低，这是因为在实验室的特殊环境下，QQ仅作为关系较为紧密的朋友之间的沟通工具。而新浪微博异配性较强，使用微博时，关注的人群往往是感兴趣的名人以及关系非常亲密的朋友，因此造成了QQ及微博的关系图松散和密度的相对稀疏。

2）小世界特性分析

小世界特性主要有两个指标，一个是聚集系数（cluster coefficient），另一个是网络平均最短路径（average shortest path）。由表4-8可知，飞信的聚集系数最大，平均最短路径最小，进一步验证了飞信是本实验室使用最为广泛的沟通工具。因此，这四类社交网络均具有Watts-Strogatz小世界特性，与随机网络不同。

我们进一步对网络中心性进行了分析。网络的中心性分析主要体现在三个方面：网络度分析、接近中心性分析及中介中心性分析。节点的度是指某节点拥有的相邻节点的数目。网络的平均度是网络中所有节点度的平均值。在社交网络中，节点的度是刻画对应用户重要性和影响力的重要概念，也是获取最便捷的指标。节点的度分布可以直接反映出用户的整体分布趋势。接近中心性测量的是一个节点在多大程度上位于图中其他节点的中心，反映该节点控制他人之间交往的程度。而节点的中介中心性是指一种不受他人控制的测度，为刻画“权力”的指标，一个节点与其他节点越接近，在信息传递方面的能力就越强。该实验室网络中心性分析结果如表4-9所示。

表 4-9　网络中心性分析结果

应用	度			接近中心性			中介中心性		
	Max	均值	方差	Max	均值	方差	Max	均值	方差
飞信	117	0.410	5.160	96.800	57.978	57.116	1478.024	90.385	49068.449
QQ	44	9.443	70.017	10.280	9.117	4.887	2540.161	148.886	113903.961
人人网	78	16.375	190.992	7.544	6.598	3.652	1732.601	91.213	54891.531
新浪微博	68	12.163	156.673	18.260	15.694	8.115	2931.734	140.699	115851

从表 4-9 可知，①人人网的度的均值最大，说明该网络中各用户平均拥有的相邻节点数目较大，用户的整体分布较广；但其度的方差也最大，说明网络中不同用户之间度的差异性较大。而飞信网络节点的最大度值最大，说明该用户与其他用户的关系数最多，为该社交网络的核心节点。②飞信的接近中心性均值、最大值与方差最大，说明该网络中某节点的接近中心性最大，该节点与其他用户的距离之和最小，中心性较高。而方差较大说明网络中各用户接近中心性差异较大，表明网络中存在核心节点与边缘节点，同时，集中趋势明显。③新浪微博网络中某节点的中介中心性较大，说明该用户在网络中拥有较大的影响力，对某些用户之间的交流有较大的影响能力和控制能力。

本章通过传播媒介特性与网络拓扑结构相关概念对比，运用网络结构的相关指标，可分析以研究为目的的科研团队在不同社交网络中信息传播的特点。本章研究有利于探索网络结构与传播媒介的作用机理，对于在线社交网络潜在的应用价值和理论研究具有一定的借鉴意义。

4.4.2　个体交互传播模型

在线社交网络的发展为研究人类行为学提供了一个机会[16]。本节主要研究社交网络上个体互动对象的选择机制[17]。首先，基于社会学、心理学和网络原理提出了一个个体互动模型，以此来解释个体如何在社交网络中选择交互的对象。然后在两个不同平台上进行仿真和实证研究来验证该模型。

个体互动模型，通过定义互动概率来解释社交网络中两个个体之间发生互动的可能，用熟悉度和相似度来量化互动概率。首先，用图 $G(V,E,W)$ 表示一个在线社交网络，V 表示个体，E 表示网络个体间的关系，W 表示边上的权重。建立了两个矩阵：成员关系矩阵和成员互动矩阵。其次，定义互动概率如式(4-13)所示：

$$\mathrm{IP}(A,N)=F_{\mathrm{IP}}(A,N)+S_{\mathrm{IP}}(A,N) \tag{4-13}$$

式中，A 表示源个体；N 表示目标个体；IP(interaction probability)是 A 与 N 之间的互动概率；$F_{\mathrm{IP}}(A,N)$ 表示由熟悉度生成的 IP；$S_{\mathrm{IP}}(A,N)$ 表示由相似度生成的 IP。根据 A 和 N 之间的路径来量化 $F_{\mathrm{IP}}(A,N)$，如式(4-14)所示：

$$F_{\mathrm{IP}}(A,N)=w_n\sum_{i=1}^{n}\left[\prod_{j=1}^{m}\frac{N(S_{j-1}-S_j)}{L_j}\right] \tag{4-14}$$

相似度由两部分组成，包括外部相似度和内部相似度，$S_{\mathrm{IP}}(A,N)=\alpha S_{\mathrm{o}}(A,N)+(1-\alpha)S_i(A,N)$。外部相似度通过个体的年龄和教育背景来量化，内部相似度通过个体的兴趣来描述。

从 China Mobile Group Henan Co., Ltd blog 平台上获取数据对模型进行仿真。指定源节点 N186，计算其与其他节点的互动概率 IP，基于 IP 进行排序，预测最可能发生互动的 10 个节点。部分实验结果如表 4-10 所示。

表 4-10　部分实验结果

月份	互动的节点	预测的节点	匹配的节点
6 月	N065, N315, N458, N490, N317, N318, N357, N398, N434, N455, N516	—	—
7 月	N138, N147, N065, N398, N315, N458, N317, N357, N434, N455, N490, N516	N458, N434, N176, N490, N768, N036, N101, N398, N216, N605	N458, N434, N490, N398
8 月	N101, N065, N315, N458, N516, N357, N398, N434, N455, N317, N318, N167	N438, N178, N216, N167, N490, N065, N455, N138, N434, N317	N317, N438, N455, N490, N434

对 7 月份的预测依赖于 6 月份的数据，同样，8 月份的预测依赖于 7 月份的数据，实验结果表明 7 月份和 8 月份预测的准确度分别达到 40%和 50%。

4.4.3　基于进化博弈论的信息传播预测模型

当前已有的一些信息传播模型假设信息的传播是独立的，每条信息的传播互不影响。但是在社交网络中有大量的信息在同一时间进行传播，信息在传播过程中彼此产生相互影响，存在相互合作和竞争的关系。

针对该问题，我们提出基于进化博弈论的信息传播预测模型，通过进化博弈论的思想解释社交网络上传播的信息之间的相互影响，设计信息传播预测模型，建立信息相互作用和信息传播的关系，预测不同信息相互作用下的传播影响力情况，为强化或弱化信息的传播提供有效的手段和依据。

具体来说，我们将社交网络信息的相互作用类比为生物的进化博弈，信息类比为不同的生物体，信息的特征或类别类比为生物体的遗传基因，信息从顶点到顶点的传播过程类比为生物产生后代的过程，信息的传播能力类比为生物繁衍的能力。信息的特征或类别决定了在社交网络中信息的传播能力，传播能力强的信息能够获得更大的网络影响力。信息的传播情况取决于该信息和其他信息是如何互动的，信息的传播能力不能单纯地在孤立状态下测量，而是必须在整体的社交网络环境中，在与其他信息的相互作用下被评估。我们将社交网络的信息聚类成不同的类别；设计信息传播模型，建立信息博弈和信息传播的关系，通过学习的方法拟合出描述信息相互作用关系的收益矩阵；对于一条信息，根据其当前已有的传播情况，利用信息传播模型，可以对该信息未来的传播能力进行预测。该方法的创新性在于研究社交网络上信息的相互作用如何影响信息的传播。我们所提出的模型有效地反映了网络上传播信息之间的相互作用关系，并能够预测不同信息相互作用下的传播能力大小。

通过在新闻社交网站 Digg 数据集上的实验发现，在预测用户转发信息的行为上，我们所提出的模型在 Max F1-Score、Area under PRC 和 Area under ROC 指标上取得了很好的效果。

总之，社交网络中信息传播研究已经成为当今一个非常具有挑战性和前景性的研究领域。本章首先对社交网络信息传播进行了概述，其次从用户转发行为的角度，介绍了社交网络信息传播的相关研究，然后围绕信息传播时序性展开讨论，最后围绕社交网络信息传播模型展开介绍。

虽然目前对社交网络中的信息传播已有不少的研究，取得一定成果，但是仍有许多问题有待进一步深入探讨。

(1) 模型的验证和评价方法。当前模型的验证方法主要是采用随机的现实数据进行验证，或利用计算机模拟的数据进行分析。更为科学的方式应是筛选典型的传播实例，形成统一标准的测试集，以评判不同传播模型的优劣，明确算法的适用范围。

(2) 多因素耦合的本质规律。现有的文献大多从单一的角度，例如，研究者从信息传播所在网络的拓扑结构、个体相互作用规则等方面来研究传播。但实际中信息的传播是一个典型的复杂系统的演化过程，需要将个体的相互作用、网络结构和信息的特性等多种因素进行综合考虑才能更准确地描述信息在网络中的传播。

(3) 社交网络的动态变化。目前绝大部分的信息传播分析都是以静态网络拓扑结构为基础，但是在现实的社交网络中，用户之间的关系网络是随时间动态变化的，应将这种动态变化特征添加到信息传播模型中。此外，现有的算法大多是采用串行、时间同步模型等，需要采用大规模并行分布式算法提高处理效率。

研究社交网络中信息传播机制，认识信息传播规律，这是极其重要的且具有挑战性，希望在未来看到更多令人振奋的成果。

参 考 文 献

[1] Severin W J, Tankard J W. 传播理论：起源、方法与应用[M]. 郭镇之译. 北京：华夏出版社, 2000.

[2] Rogers E M. Diffusion of Innovations[M]. New York: Simon and Schuster, 2010.

[3] Shanahan J, Morgan M. Television and its Viewers: Cultivation Theory and Research[M]. Cambridge: Cambridge University Press, 1999.

[4] Noelle-Neumann E. The spiral of silence a theory of public opinion[J]. Journal of Communication, 1974, 24(2): 43-51.

[5] Granovetter M. Threshold models of collective behavior[J]. American Journal of Sociology, 1978, 83(6): 1420-1443.

[6] Goldenberg J, Libai B, Muller E. Talk of the network: A complex systems look at the underlying process of word-of-mouth[J]. Marketing Letters, 2001, 12(3): 211-223.

[7] Goldenberg J, Libai B, Muller E. Using complex systems analysis to advance marketing theory development: Modeling heterogeneity effects on new product growth through stochastic cellular automata[J]. Academy of Marketing Science Review, 2001, 9(3): 1-18.

[8] Kempe D, Kleinberg J, Tardos É. Maximizing the spread of influence through a social network[C]. Proceedings of the 9th ACM SIGKDD International Conference on Knowledge Discovery and Data Mining, Washington, 2003: 137-146.

[9] Golder S A, Wilkinson D M, Huberman B A. Rhythms of social interaction: Messaging within a massive online network[J]. Communities and Technologies, London, 2007: 41-66.

[10] Yang J, Leskovec J. Patterns of temporal variation in online media[C]. Proceedings of the 4th ACM International Conference on Web Search and Data Mining, Hong Kong, 2011: 177-186.

[11] Yu Y, Hu Y, Li G. Temporal curve patterns discovery of information in BBS[C]. Asia-Pacific Web Conference, Berlin, 2014: 47-57.

[12] Romero D M, Meeder B, Kleinberg J. Differences in the mechanics of information diffusion across topics: Idioms, political hashtags, and complex contagion on Twitter[C]. Proceedings of the 20th International Conference on World Wide Web, Hyderabad, 2011: 695-704.

[13] Bao P, Shen H W, Huang J, et al. Popularity prediction in microblogging network: A case study on Sina Weibo[C]. Proceedings of the 22nd International Conference on World Wide Web Companion, Rio de Janeiro, 2013: 177-178.

[14] Fang B, Jia Y, Han Y, et al. A survey of social network and information dissemination analysis[J]. Chinese Science Bulletin, 2014, 59(32): 4163-4172.

[15] 杜诗雨，齐佳音. 在线社交网络结构对信息传播的影响研究——以北京邮电大学某实验室为例[J]. 北京邮电大学学报(社会科学版), 2013, 15(6): 1-7.

[16] Rong Y, Cheng H, Mo Z. Why it happened: Identifying and modeling the reasons of the happening of social events[C]. Proceedings of the 21th ACM SIGKDD International Conference on Knowledge Discovery and Data Mining, Sydney, 2015: 1015-1024.

[17] Pang Y, Du S. Research on the selecting mechanism of individual interactive object for online social network[C]. 2014 IEEE/ACM International Conference on Advances in Social Networks Analysis and Mining, Beijing, 2014: 820-827.

第 5 章　影响力最大化计算

影响力分析是社交网络分析的重要内容。社交影响力可以通过用户之间的社交活动体现出来，表现为用户的行为和思想等受他人影响发生改变的现象。科学家很早就发现了社交影响力在社会生活和决策制定等方面发挥着重要作用，例如，社交影响力的发现对在线社交网络中研究舆情预警和口碑传播就具有重要意义。同时，随着社会网络规模的增大，节点关系更加复杂。在真实社会网络中，企业、组织、家庭、朋友、工作伙伴等关系常交织在一个网络中，使社交影响力的建模和发现变得更加困难，给影响力分析发现提出了新的挑战。

5.1　基于节点社团影响力和全图统计属性的影响力最大化计算方法

5.1.1　节点全图影响力计算

点：节点-度、点-强度、节点-介数、节点-聚类系数、节点-中介中心性、节点-度中心性、节点-接近中心性等。

在网络中标定某个重要节点时，常常使用相关的中心性维度来定义和衡量该节点的重要性，最常见的节点中心性维度由以下三种维度组成。

1. 节点-中介中心性

如果在复杂网络组成的图$\mathcal{G}$中，对于$\forall v_i,v_j\in\mathcal{V}$，都存在至少一条路径使其相连接，那么称$\mathcal{G}$为连通图。节点$v_i$与$v_j$之间可能存在多条路径，其中长度最短的一条称为连接$v_i$和$v_j$的最短路径。假设$\sigma(v_i,v_j)$是节点$v_i$和$v_j$之间最短路径的数目，而$\sigma(v_i,v_j|v_k)$是节点$v_i$和$v_j$之间经过顶点$v_k$的最短路径条数，当$v_k\in\{v_i,v_j\}$时，则$\sigma(v_i,v_j|v_k)=0$；当$v_i=v_j$时，$\sigma(v_i,v_j)=1$。那么图$\mathcal{G}$中节点$v_k$的中介中心性$B(v_k)$定义如下[1]：

$$B(v_k)=\sum_{v_i,v_j\in V}\frac{\sigma(v_i,v_j\mid v_k)}{\sigma(v_i,v_j)} \tag{5-1}$$

从上面的定义可以看出，节点-中介中心性是图 $\mathcal{G}$ 中通过节点 v_k 的最短路径条数与整个图中最短路径条数的比例。通过节点 v_k 的最短路径条数越多，则它的节点-中介中心性越大，而图中的最短路径又常常是信息快速传导的途径，因此节点-中介中心性反映了节点对网络中信息传导的承载程度。在电话呼叫网络和短消息网络中，节点-中介中心性越大的节点往往是不同人之间信息沟通的“桥梁”，地位非常重要。

2. 节点-度中心性

在图 $\mathcal{G}$ 中，假设节点 v_i 的度是 $\deg(v_i)$，则图中所有节点的度之和是 $\sum_{v_i \in V}\deg(v_i)$，则节点 v_i 的度中心性 $D(v_i)$ 定义为[1]

$$D(v_i)=\frac{\deg(v_i)}{\sum_{v_i \in V}\deg(v_i)} \tag{5-2}$$

从上面的定义可以看出，节点-度中心性是图 $\mathcal{G}$ 中节点 v_k 的度与图中所有节点度之和的比例。节点-度中心性反映了与该节点直接相连的节点个数，在社会网络中，如果一个节点拥有较高的节点-度中心性，那么有可能该节点位于网络的中心，拥有很高的权力。

3. 节点-接近中心性

节点-接近中心性的定义由 Kiss 等[2]提出，假设节点 v_i 和 v_j 之间存在最短路径，长度为 $d(v_i,v_j)$，则节点 v_i 的节点-接近中心性 $C(v_i)$ 定义为

$$C(v_i)=\frac{1}{\sum_{j=1}^{g}d(v_i,v_j)} \tag{5-3}$$

式中，$\sum_{j=1}^{g}d(v_i,v_j)$ 是节点 v_i 到其他所有可达节点的最短路径长度的和。节点-接近中心性反映了该节点与周围的人联系的迅速程度，网络中越是核心的节点，节点-接近中心性数值越小。当网络中有 v_i 不可达的节点时，Lin[3]提出只计算节点 v_i 可达的最短路径，$C(v_i)$ 的定义如式(5-4)所示：

$$C(v_i)=\frac{J_i/(|g|-1)}{\left[\sum_{j=1}^{g}d(v_i,v_j)\right]/J_i} \tag{5-4}$$

式中，J_i 是 v_i 可达的节点数目；$|g|$ 是图 $\mathcal{G}$ 中所有节点的个数。

4. 节点-特征向量

特征向量[4]是评估网络节点重要性的一个重要指标。特征向量指标是从网络中节点的地位或声望角度考虑将单个节点的声望看作所有其他节点声望的组合。

5. 节点-PageRank

PageRank 算法由 Page 和 Brin 在 20 世纪 90 年代提出，是 Google 专有的算法，用于衡量特定网页相对于搜索引擎索引中的其他网页而言的重要程度[5]。PageRank 实现了将链接价值概念作为排名因素，是由搜索引擎根据网页之间相互的超链接来计算网页排名的方法，以 Google 公司创始人 Page 的姓来命名，该算法通常用于搜索引擎优化。

PageRank 通过网络浩瀚的超链接关系来确定一个页面的等级。Google 把从 *A* 页面到 *B* 页面的链接解释为 *A* 页面给 *B* 页面投票，Google 根据投票来源(甚至是来源的来源，即链接到 *A* 页面的页面)和投票目标的等级来决定新的等级。简单地说，一个高等级的页面可以使其他低等级页面的等级提升。同样，PageRank 算法也用于社会媒体中重要人物或节点的标识。

Google 的两个创始人 Page 和 Brin 把这个网页排名问题变成了一个二维矩阵相乘问题，并且用迭代的方法解决了这个问题。他们先假定所有网页的排名是相同的，并且根据这个初始值，算出各个网页的第一次迭代排名，然后再根据第一次迭代排名算出第二次的排名。他们两人从理论上证明了不论初始值如何选取，这种算法都保证了网页排名的估计值能收敛到他们的真实值。PageRank 模型具体定义如下。

PageRank 模型中首先定义了阻尼因数(damping factor)。阻尼因数就是当你投票或链接到另外一个站点时所获得的实际网页级别(page rank，PR)分值。阻尼因数一般是 0.85，然后 PageRank 模型通过计算每个页面 PR 分值的方法来对网页进行排名：

$$\mathrm{PR}(A)=(1-d)+d\times[\mathrm{PR}(t_1)/C(t_1)+\cdots+\mathrm{PR}(t_n)/C(t_n)] \tag{5-5}$$

式中，PR(A)表示的是从一个外部链接站点 t_1 上，依据 PageRank 系统给你的网站所增加的 PR 分值；PR(t_1)表示该外部链接网站本身的 PR 分值；$C(t_1)$ 则表示该外部链接站点所拥有的外部链接数量(页面 t_1 链出的链接数量)。PageRank 模型基础定义是一个网站的投票权值只有该网站 PR 分值的 85%。

6. 节点-核数

假设网络 $G=(V,E)$ 是由 $|V|=N$ 个节点和 $|E|=E$ 条边所组成的一个无向网络，则 K-核[6]的定义如下：由集合推导出的子网络 $H=(C, E \mid C)$，当且仅当对 C 中的任意节点 V，其度值均大于 K，具有这一性质的最大子网络的补集称为 K-核，K-核分解示意图如图 5-1 所示，该网络被划分为 3 层不同的核。

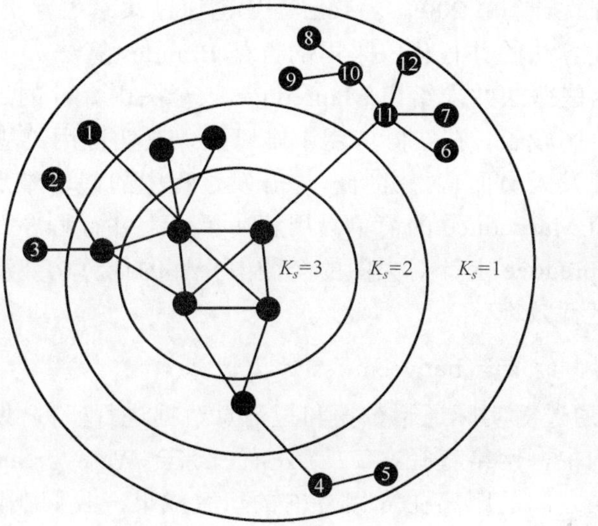

图 5-1　K-核分解示意图

7. 节点-全图影响力中介性 betweenness 的计算方法

传统计算全图中介性的算法如 FloydWarshall[7]算法，时间复杂度为 $o(m^2n)$，在稀疏网络中时间复杂度为 $o(n^3)$，时间复杂度较高(其中 m 为网络中边的数目，n 为网络中节点的数目)。2001 年 Brandes[7]提出了基于图回溯的快速计算全图点中介性的算法，在无权无向图上时间复杂度为 $o(mn)$，在加权网络上时间复杂度为 $o(mn+n^2\log n)$。2008 年 Kintali [8]证明了在以上基于路径比较的算法中，计算全图节点中介性的算法时间复杂度下界为 $o(mn)$。

由于已有算法在大规模图上计算全图点中介性算法所需的运行时间较长，因此近年来国内外相关研究学者提出了通过近似计算和并行化计算来解决上述问题，缩短计算时间。

在近似计算方面，2004 年 Eppstein 等[9]提出了通过随机抽样快速估计点的接近中心性(closeness centrality)方法。Brandes 基于独立同分布随机变量具有确定的期望值上下限原理，通过选择轴节点来近似计算某点的中介性，并给出了相关实验结果。

在并行计算方面，计算全图中介性的算法主要有基于消息传递接口(message passing interface，MPI)和基于 Mapreduce 两大类，其中有代表性的是 2006 年 Bader 等[10]在 MPI 上对 Brandes 算法实现了并行化，在 16×1.9GHz 处理器，25GB 共享内存上对 300 万个点和 1600 万条边组成的图进行了处理，耗费了 42 分钟完成对全图节点的中介性计算；2009 年 Tan 等[11]也通过共享内存机制在 MPI 多核上实现了全图中介性算法的并行化，采用的也是 Brandes 算法。

但是以上这些算法并未给出 Mapreduce 上全图中介性的近似算法实现方案，而且算法运行时间较长，在实际应用中难以投入真实应用。基于 MPI 的编程方式对于普通程序开发人员而言，并行程序开发过程中的诸多难点使普通程序开发人员较难掌握，而 Mapreduce 的简单易用解决了以上并行程序开发过程中的难点，因此需要在 Mapreduce 上针对大图的全图中介性的计算构建准确而高效的近似算法，提升算法运行效率。

1) N 跳子图内的节点 betweenness 近似计算

Nanavat 等通过对实际通话数据和短消息数据进行研究，发现以上两种数据各自组成的图结构中，网络直径在 12 跳左右。综合 Watt 与 Strogatz 发现的小世界网络中任意两人之间的距离在 6 跳左右的研究成果，我们在近似计算中，将 n 值取值范围设定为 $6 \leqslant n \leqslant 12$，$n$ 值上限在 12 跳左右，发现在得到较好计算结果的同时可大幅地缩短计算时间。

2) 基于轴节点选择策略的节点 betweenness 近似计算算法

1963 年 Hoeffding 不等式证明了对于独立同分布的随机变量 $X_1, X_2, \cdots, X_k$，其数学期望具有收敛性质。其中 $0 \leqslant X_i \leqslant M \quad (i=1,\cdots,k)$，对于任意正数 $\xi \geqslant 0$，有

$$P\left[\left|\frac{X_1+\cdots+X_k}{k} - E\left(\frac{X_1+\cdots+X_k}{k}\right)\right| \geqslant \xi\right] \leqslant \mathrm{e}^{-2k\left(\frac{\xi}{M}\right)^2} \tag{5-6}$$

式(5-6)在 2007 年首先由 Brandes 应用到图节点的中介性数值估算中，他将图节点的中介性数值分布抽象为独立同分布问题，然后找出到目标点不同单源最短路径(single source shortest path，SSSP)长度的轴节点，通过这些轴节点的中介性数值来估计目标点的中介性数值，所用公式如式(5-7)所示：

$$X_i(v) = \frac{n}{n-1}\delta(p_i \mid v) \tag{5-7}$$

式中，$\delta(p_i \mid v)$ 是轴节点 p_i 对目标节点 v 的依赖度；$X_i(v)$ 是轴节点 p_i 对目标节点 v

的中介性数值贡献。式(5-7)中 $M=\frac{n}{n-1}\cdot(n-2)$，$n$ 是网络中所有节点的个数。假设选择了 k 个轴节点，则目标节点 v 的中介性估计值为

$$X(v)=\frac{1}{k}[X_1(v)+X_2(v)+\cdots+X_k(v)] \tag{5-8}$$

在具体实现中，我们依据 Brandes 等已有的研究成果，实现了以下四种轴节点选择策略。

(1) RANDEG 策略。按照节点度的大小，依概率随机地选择 k 个节点作为轴节点。

(2) MAXMIN 策略。

步骤 1：选择相对目标点 v 最短距离最大的点 p_1 作为轴节点。

步骤 2：选择相对目标点 v 和 p_1 最短距离最大的点 p_2 作为轴节点。

步骤 3：选择相对目标点 v、p_1、p_2 最短距离最大的点 p_3 作为轴节点。

步骤 4：选择相对目标点 v、p_1、p_2、p_3 最短距离最大的点 p_4 作为轴节点。

步骤 5：重复以上策略，直到选择了 k 个轴节点。

(3) MAXSUM 策略。

步骤 1：选择相对目标点 v 最短距离最大的点 p_1 作为轴节点。

步骤 2：选择相对目标点 v 和 p_1 最短距离之和最大的点 p_2 作为轴节点。

步骤 3：选择相对目标点 v、p_1、p_2 最短距离之和最大的点 p_3 作为轴节点。

步骤 4：选择相对目标点 v、p_1、p_2、p_3 最短距离之和最大的点 p_4 作为轴节点。

步骤 5：重复以上策略，直到选择了 k 个轴节点。

MAXMIN 策略是每次选择 $\min_{p\in P_{i-1}} d(p,p_i)$ 最大的节点作为新的轴节点，而 MAXSUM 策略是每次选择 $\sum_{p\in P_{i-1}} d(p,p_i)$ 最大的节点作为新的轴节点，这是 MAXSUM 策略与 MAXMIN 策略不同的地方。

(4) MINSUM 策略：依次选择到目标节点 v 和已有轴节点 p_1、p_2、…、p_i 距离和最小的点作为新轴节点。

3) 基于轴节点选择策略的节点 betweenness 近似计算过程

采用轴节点策略，本节大图中节点中介性数值的估值近似流程如下所示。

(1) 在大图结构上，先运行基于 Mapreduce 的多源最短路径(multi source shortest path，MSP)算法，统计任意两点之间的最短路径长度。

(2) 选取需要估值的节点序列 $A_1,A_2,\cdots,A_n\,(n=1000)$，然后针对每个需要估值的轴节点 A_i，用四种不同的轴节点策略(RANDEG、MAXMIN、MAXSUM 和

MINSUM)选取 j 个轴节点 $A_{i\_P_1}, A_{i\_P_2}, \cdots, A_{i\_P_j}$ (一般情况下 j 的上限为 1000，这里选取 $j=1000$)。

(3)针对每个轴节点 $A_{i\_P_j}$，将需要估值计算的大图切分为围绕这些轴节点 $A_{i\_P_j}$ 的12跳之内的子图(由于Nanavati等[12]已证明了电话呼叫网络和短消息网络的直径在 12 跳附近，并且近年来也有其他研究者证明微博、BBS 等社交网络的直径也小于 12 跳)，因此这里选择了 12 跳作为 $A_{i\_P_j}$ 子图跳数 Hop 的上限。在大图的切分中，本节使用了常见的大图切分算法 FastGN 算法和派系过滤(cluster percolation method，CPM)算法。例如，轴节点 $A_{i\_P_j}$ 的子图定义为 $g_{A_{i\_P_j}}$,当轴节点的所有轴节点的子图从大图中过滤出来以后，每个轴节点 $A_{i\_P_1}, A_{i\_P_2}, \cdots, A_{i\_P_j}$ 可以被计算出来，然后依据式(5-8)即可估算节点 A_i 的中介性值。

4)数据集和实验结果

表 5-1　多源路径并行化计算处理所需的时间

数据集	$\|V\|$	$\|\varepsilon\|$	$\|V\|/\|\varepsilon\|$	Mapper	Reducer	算法迭代次数	执行时间/s	迭代时间/s	(时间/$\|V\|$)/ms
A	1500	5990	0.251	4	4	7	481	68.71	320.7
B	5000	15030	0.333	4	4	8	503	62.88	100.6
C	60k	62k	0.967	14	14	12	930	77.50	15.50
D	512k	1021k	0.501	14	14	12	1021	85.08	1.99

注：$|V|/|\varepsilon|$ 为点边比；Mapper、Reducer 分别为获得最短运行时间时的 Mapper 和 Reducer 个数；k=1000。

数据集 A 来自 Albert 等[13]研究的 BA(Barabási Albert)无标度网络生成模型，生成参数为 $m_0=5, m=4, p_t=0.8, n=1500$；数据集 B 来自正反馈优化(positive feedback preferential，PFP)网络模型，也是无标度网络生成模型的一种代表；数据集 C 来自我国某地市级运营商某月的 SMS 短消息数据；数据集 D 来自与数据集 C 所属同一城市的某月的电话呼叫数据，以上四组数据均被作为无向网络处理，边的长度均被设置为 1。

分析表 5-1 可知：当输入数据规模较小，图中节点数 $|V|$ 小于 1 万，边数目 $|\varepsilon|$ 小于 2 万时(数据集 A 和数据集 B)，当迭代次数为 7 和 8 时，MSP 算法过程已经抵达网络直径，计算出了全图的多源最短路径数据。对于数据规模较小的数据，当 Mapper 个数和 Reducer 个数设置值较小时获得的运行时间最短，而对于数据规模较大的数据，当 Mapper 个数和 Reducer 个数设置值为硬件环境中 CPU 个数(14:14)时所需运行时间最短。当图中节点数 $|V|$ 达到 6 万和 51 万时，依据 Nanavati 在实际通话数据和短消息数据上发现网络直径在 12 跳左右的事实，分别让 MSP 程序在数据集 C 和数据集 D 上迭代了 12 次，所需运行时间相对于数据集 A 的数据规模和数据集 A 的 7

次迭代所需运行时间已明显减少。

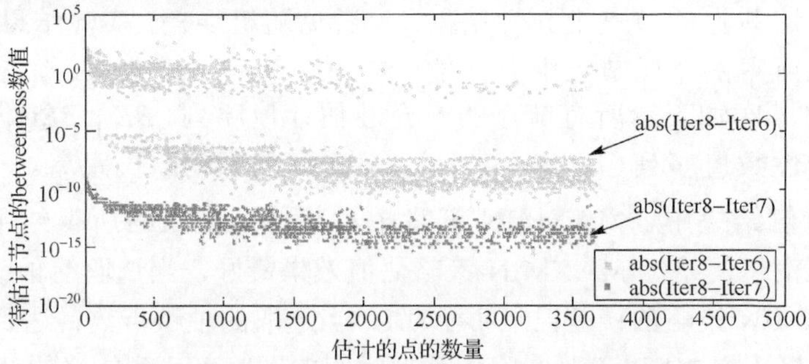

图 5-2　数据集 B 上的近似计算结果

图 5-2 显示了在数据集 B 上分别计算 8 跳、7 跳、6 跳之内子图后全图节点中介性的计算结果，X 轴表示节点 ID，Y 轴表示节点中介性的计算值和真实值之间的绝对值。可以看到，达到 8 跳后已经达到了图直径，节点的中介性结果已经是最终结果。曲线 abs(Iter8–Iter6) 和曲线 abs(Iter8–Iter7) 分别表示了 8 跳–6 跳的计算结果差异以及 8 跳–7 跳的计算结果差异。分析图 5-1 可知，曲线 abs(Iter8–Iter7) 相对于 abs(Iter8–Iter6) 而言更接近 X 轴，Iter6 的计算精度在数值上达到了 0.1 级别，证明了当子图的大小 n 满足 $6 \leqslant n \leqslant 12$ 时，子图中对该节点的 betweenness 值的计算可以估计出该节点 betweenness 值的真实情况。依据 Nanavati 等的研究，可知

$$X(v)_{\text{Real}} = \frac{\lim}{t_n \to D} X(v) \tag{5-9}$$

即当迭代次数 t_n 抵达网络直径 D（$6 \leqslant D \leqslant 12$）时，节点 v 的真实 betweenness 值 $X(v)_{\text{Real}}$ 会与估计值 $\frac{\lim}{t_n \to D} X(v)$（$X(v) = \frac{1}{k}(X_1(v) + X_2(v) + \cdots + X_k(v))$）非常接近，而图 5-2 的实验结果正好证明了这一点。

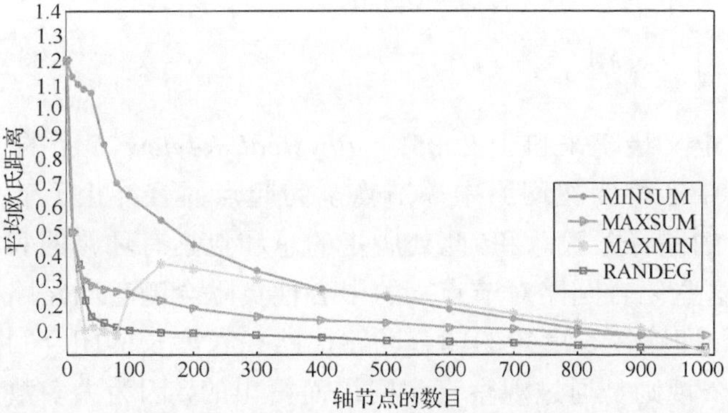

图 5-3　数据集 C 上的近似计算结果

图 5-3 显示了在数据集 C 上随机抽取 1000 个节点，然后分别采用四种不同轴节点策略估算这些点的节点中介性结果。为避免随机误差，实验结果是 10 次实验的平均值。将所得的全图节点中介性数值在[0,1]区间上规范化后，X 轴表示选取的轴节点个数，Y 轴表示所有节点的中介性估计值序列（$BEv_1,BEv_2,\cdots,BEv_{1000}$）与节点真实中介性数值序列（$Bv_1,Bv_2,\cdots,Bv_{1000}$）之间的平均欧氏距离。分析图 5-3 可知：所得估计值结果中，MAXMIN 策略相对其他三种策略所得结果更精确，在数据集 C 的短消息网络上 MAXMIN 策略估值效果最好，当选取的轴节点数目在 80 左右时，MAXMIN 策略的误差已经小于 0.1；当选取的轴节点数目达到 1000 时，四种策略的误差都达到 0.1 以下，在降低处理时间的同时可达到较好的估算精度。

5.1.2 节点社团影响力计算

1. 节点-V-community

实际网络往往具有社团结构，每个社团内部节点之间的连接相对较为紧密，各个社团之间的连接相对较为稀疏。社团结构在社会关系网络中体现得尤为明显，社会学经典的理论“弱连接的强度”指出，从网络的角度看，关系密切的朋友往往组成紧密的小团体。因此，研究网络的社团结构特性对节点的传播影响力分析有着重要的意义。

由于社团结构是网络的一个重要的固有属性，所以 2014 年赵之滢等[14]提出用与某个节点直接相连的社团的数目（称为该节点的 V_c 值）来衡量该节点的传播能力，并通过单源感染的 SIR 传播模型实验发现，在根据已有节点重要性度量指标进行排序后，用节点的 V_c 值可进一步挖掘传播能力强的奇异节点，这对于网络中信息传播能力发现具有重要作用。这种基于网络社团结构的节点影响力度量方法，可以快速且准确地识别网络中对传播过程至关重要的核心节点，这对于在线社交网络的分析非常重要且具有实际应用意义。

2. 节点-子图中心性

子图中心性定义最初来自于 2005 年 *Physical Review E* 上的一篇文章[15]。定义节点 v 的子图中心性为在网络中以节点 v 为起点并且终止于节点 v 的闭合回路中所有路径长度的路径条数总和。此处所指的总和包括有环路的和没有环路的图中所有闭合回路。这些闭合回路对节点 v 的中心性贡献会随着回路路径长度的增加而减小。换句话说，即路径长度短的闭合回路比路径长度长的闭合回路对节点中心性的影响更大，这个规则是通过观察真实网络而得出的，因为大多数的真实网络都是由小的子图汇聚而成的。本质上对一个节点子图中心性的计算就是找出这个节点在多少个子图中。相当于计算这个节点参与多少活动，即节点的活跃程度。

3. 节点-社团显著性

2012 年北京师范大学的王洋[16]在硕士学位论文中介绍了如何衡量顶点在网络社团结构中的重要性，提及了 Kovacs 等利用了影响函数(influence function)衡量顶点在社团结构中的重要性，并利用该方法的特点将其推广到有向网络。但是利用影响函数和参与系数，都必须要知道复杂网络的社团结构，必须先用某些聚类算法对社团进行划分[17]，这样得出的结果会依赖于不同的聚类算法。

但是王洋[16]从网络的链接矩阵入手，发展了基于链接矩阵的识别社团结构重要节点的方法。他们直接基于网络的链接矩阵，给出顶点基于社团结构间的重要性，并且将重要的顶点分为两类，一类是社团结构的中心节点，另一类是社团之间的桥梁节点。之前有相关研究表明，如果网络有 C 个明显的社团，那么其链接矩阵的前 C 个大的特征值的绝对值将显著地大于其他特征值。这 C 个特征值是社团结构的关键变量，因此王洋[16]定义了顶点在社团结构的重要性如下：如果去掉顶点后 C 个特征值的变化很大，那么这个顶点就是重要节点，反之亦然。另外，利用网络拉普拉斯矩阵的特征值和特征向量，我们可以将社团结构的重要节点分成两类：中心和桥梁，该方法应用于许多人工和实证网络，有较好的验证效果。

4. 节点-社团有向聚类系数

2017 年，Deng 等[17]为解决传统社团划分算法在大规模有向社交网络上无精确划分模拟模型、算法运行效率低、精度偏差大的问题，从构成社团结构最基础的三角形极大团展开数学推导，对网络节点的局部信息传递过程进行建模，并引入概率图有向矢量计算理论，对有向社交网络中具有较大信息传递增益的节点从数学基础角度创造性地构建了节点的有向信息传递增益(information transfer gain，ITG)系数，该方法对传统的无向图节点聚类系数进行了创新。传统的无向图节点聚类系数定义为在具有 N 个节点的网络中一个节点 i 有 k_i 条边将它和其他节点相连，即节点 i 存在 k_i 个邻居节点，假设这个节点间实际存在的边数为 E_i，则节点 i 的聚类系数定义为

$$C_i = \frac{2E_i}{k_i(k_i - 1)} \tag{5-10}$$

在有向传递增益系数的构建中，将传统的无向图中顶点 i 周围的三元组形式扩散为图 5-4 中的形式。

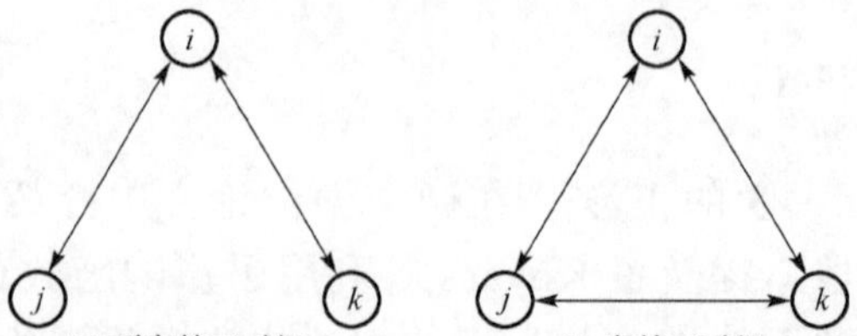

(a) 不完整三元组　(b) 完整三元组

图 5-4　以点 i 为一个顶点的有向三元组的两组基础形式

然后假设，当图 5-4(a)和(b)中所有的边都是双向时，两个图等同于无向图，即所有的边均为双向时，所有边上的信息传递增益路径(information transfer gain path，ITGP)等同于无向网络，依据式(5-10)，可以对 k_i 个节点间实际存在的边数 E_i 中的每条边上的信息传递增益进行拆分。对应于图 5-4(a)，由于节点 j 和 k 之间没有边相连接，情况比较简单，节点 i 到 j 和 k 的信息传递增益定义为

$$\mathrm{ITG}_i=\alpha\times\mathrm{ITG}_{i\leftrightarrow j}+\beta\times\mathrm{ITG}_{i\leftrightarrow k} \tag{5-11}$$

$$\mathrm{ITG}_{i\leftrightarrow j}=\begin{cases}\delta_{i\to j}\times\mathrm{ITG}_{i\to j}+\delta_{i\leftarrow j}\times\mathrm{ITG}_{i\leftarrow j}, & \delta_{i\to j}\neq 0\\ \theta_{i\to j}\times\delta_{i\leftarrow j}\times\mathrm{ITG}_{i\leftarrow j}, & \delta_{i\to j}=0\end{cases} \tag{5-12}$$

$$\mathrm{ITG}_{i\leftrightarrow k}=\begin{cases}\delta_{i\to k}\times\mathrm{ITG}_{i\to k}+\delta_{i\leftarrow k}\times\mathrm{ITG}_{i\leftarrow k}, & \delta_{i\to k}\neq 0\\ \theta_{i\to k}\times\delta_{i\leftarrow k}\times\mathrm{ITG}_{i\leftarrow k}, & \delta_{i\to k}=0\end{cases} \tag{5-13}$$

式中，α 是 $\mathrm{ITG}_{i\leftrightarrow j}$ 的概率系数；β 是 $\mathrm{ITG}_{i\leftrightarrow k}$ 的概率系数，对于 ITG_i 而言，$\mathrm{ITG}_{i\leftrightarrow j}$ 和 $\mathrm{ITG}_{i\leftrightarrow k}$ 为分叉累加关系，故 α 和 β 的默认值均为 1。$\delta_{i\to j}$，$\delta_{i\leftarrow j}$，$\delta_{i\to k}$，$\delta_{i\leftarrow k}$ 分别为 $i\to j$，$i\leftarrow j$，$i\to k$，$i\leftarrow k$ 方向的信息传递概率，默认值均为 0.5。$\theta_{i\to j}$ 和 $\theta_{i\to k}$ 为逆向信息传递增益概率，由于图 5-4 是以节点 i 为信息源点计算聚类系数的，类似于真实社交网络中的互为关注或互为粉丝关系，即对于 $\mathrm{ITG}_{i\leftrightarrow j}$ 和 $\mathrm{ITG}_{i\leftrightarrow k}$ 而言，当式(5-12)中无 $i\to j$ 方向的边时，$\delta_{i\to j}$ 数值为 0，这时 j 不是 i 的粉丝(或者 j 没有查看 i 的朋友圈信息的权限)，信息无法沿 $i\to j$ 方向进行传播，但是有可能有 $i\leftarrow j$ 的逆向信息，但是我们是以节点 i 为信息源点计算聚类系数的，相对 $i\to j$ 方向而言，该信息为逆向信息传递增益，因此将其定义为 $\theta_{i\to j}=0.5$。然后通过针对图 5-4 中不同子图的情况进行信息增益路径的具体建模，可得到不同子图的信息传递增益累加情况，得到节点 i 的有向传递增益系数，构建有向社交网络中节点的聚类系数，对有向网络中的信息传播的影响和有向社团的识别进行建模。

5.1.3　影响力最大化计算方法

1. 普通影响力最大化算法

独立级联模型(independent cascade model，IC)和线性阈值模型(linear

threshold model，LT)是传播网络中最为基本的两种模型，也是被广泛研究的传播模型。对于这两种模型的研究有非常重要的意义，能够用来解释很多实际网络中的传播现象。基于这两种模型，人们设计了很多用于计算影响力最大化的算法。

2001 年，Domingos 等[18]首次将影响力最大化问题作为算法问题进行研究。最早的方法是将市场中社会网络对个体购买行为的影响、营销后的总体盈利提升建模为马尔可夫随机场，并将一遍扫描算法、贪心算法和爬山算法的结果作为选择初始活跃节点集(targeting initially activated nodes，TIAN)算法求近似解。通过对比，发现一遍扫描算法的效果远不如贪心算法和爬山算法；贪心算法和爬山算法效果接近，但是时间消耗却远小于爬山算法。

在这些工作基础上，Kempe 等首先将该问题提炼为在传播模型基础上寻找 k 个能使扩散结果最大化的节点的离散优化问题。该方法将社会网络建模为一张图，其中图中的顶点表示社会中的个体，边代表两个个体之间的关系。Kempe 等证明该优化问题是 NP-hard 问题，并提出一个适用于 IC 模型、LT 模型和权值级联模型上的贪心近似算法。之后又有人提出了节点集影响力的快速评估方法以及更通用的传播模型。

Kimura 等提出了基于最短路径的影响力级联模型，并给出了在这种模型上高效的 TIAN 算法。由于影响级联模式不同，作者没有直接处理级联模型以及贪心算法效率问题。

2007 年，Leskovec 等[19]提出在选择新的影响力最大节点问题方面的优化，并称为 CELF(cost-effective lazy forward)方案。CELF 优化方案运用影响力最大化目标的子模特性，大大降低了评价节点影响力传播工作的次数，该研究工作的实验结果表明，使用 CELF 优化方案选择的初始活跃节点可以将运算速度提升至 700 倍。

2009 年，Galstyan 等[20]提到了影响力与社区之间的关系以及级联过程中的临界现象，并在不满足收益递减的系统中，对网络的结构特性对于解决影响力最大化问题发挥的重要性作用进行了描述。他们的研究工作基于由两个松耦合社区组成的 ER 图，证明了如果考虑异构网络中的社区结构，可利用临界现象来提高算法性能。

2010 年，Wang[21]提出了一种基于社团的贪婪算法来发现社交网络中的 Top K 影响力节点。该方法考虑了社交网络中信息传播的影响，并设计了一个动态算法选择社团并发现有影响力的节点。通过在大规模移动社交网络上的实验验证，该算法优于之前的贪婪算法并且有较高的拟合度。

2. 鲁棒影响力最大化算法

近年来，随着影响力最大化研究逐渐深入，He 等[22]开始研究影响力最大化计算的鲁棒性。即设计一种鲁棒性较高的算法来消除影响力传播模型中的噪声问题，而数学模型多样化、模型参数不确定以及数据集不完整都属于影响力传播中的噪声。2016 年，He 等[22]提出了一个鲁棒影响力最大化优化目标：

$$\rho(S) = \min_{\sigma \in \sum} \frac{\sigma(S)}{\sigma(S_{\sigma}^{*})} \tag{5-14}$$

式中，给定了一个影响力传播函数 σ 的集合 $\sum$ 和该传播函数下的种子集 S。S^{*}为能使得 $\sigma(S_{\sigma}^{*})$ 影响力传播最大化的种子集，优化目标是最大化 $\rho(S)$。

因为影响力最大化问题被证明为多项式时间内不可解的 NP-hard 问题，为了解决该问题，He 等[22]提出了一种不计算容量为 K 的种子集而是计算系数为 $\ln|\sum|$ 的种子集的方法来近似影响力最大化问题。在此基础上，He 等[22]提出了饱和贪婪算法、单个贪婪算法和全体贪婪算法。在实验中 He 等[22]比较了三种算法的鲁棒性与非鲁棒性结果的差异，以及他们在不同真实数据集中的表现。

Chen 等[23]主要关注了影响力传播过程中模型系数的不确定性。为了解决 NP-hard 问题，Chen 等提出了一种上下界贪婪算法(lower-upper greedy，LUGreedy)并证明了它对鲁棒影响力最大化问题是解依赖的(solution-dependent)。Chen 等设计了不同的采样方法用来确定影响力传播时参数(例如，边传播概率)的取值，常见的有均匀采样方法和(非均匀)适应性采样方法等。在实验中，Chen 等使用 LUGreedy 算法，通过对不同数据集的测试，通过适应性采样可以较好地提高影响力最大化算法的鲁棒性。

综上所述，影响力传播是一个非常值得研究的领域，与实际应用有非常紧密的结合，将会继续迅速发展，并会不断有新成果。

5.2 基于上界的影响力最大化计算方法

影响最大化问题源自病毒营销，它是社交网络研究的基础问题之一。该问题的研究目的就是通过选择若干个用户，利用口碑效应实现营销效果最大化。影响最大化问题定义成一个离散的优化问题，即在给定的随机传播模型上，从社交网络 $G=(V,E)$ 中，寻找 k 个节点，使得影响力传播范围最大化，其中 V 是社交网络中用户的集合，E 反映了用户之间的相互关系，边上的权重值反映了用户间的影响力。

在上述问题定义中，常见的随机传播模型当属独立级联(IC)模型和线性阈值(LT)模型。在上述两个模型中，任意时刻用户的状态只有两种(激活状态和未激活状态)，上述模型描述了影响力的传播过程。影响最大化问题在 IC 模型和 LT 模型上都是 NP-hard 问题，传播范围函数是单调函数且具有子模特性。一个集合函数 $f: 2^{V} \to \mathbb{R}^{+}$ 是单调的，如果 $f(S) \leqslant f(T)$ 对所有的 $S \subseteq T \subseteq V$ 都成立。一个集合函数 f 具有子模特性，

如果对任意的 $S \subseteq T$ 以及 $w \in V \setminus T$ 都有 $f(S \cup \{w\}) - f(S) \geqslant f(T \cup \{w\}) - f(T)$ 成立。该子模特性反映了目标函数的一个重要特性，即 f 的边际效益是逐渐减少的。

基于上述两个特性，Kempe 等[24]提出了一种贪婪算法(Greedy 算法)来对影响最大化问题求解，Kempe 等依次从节点中选择边际效益最大的节点加入到种子节点集合中，直到选满 k 个点。贪婪算法使用蒙特卡罗模拟来估计用户集合的影响范围。然而，该贪婪算法在求解效率上存在下列两个问题。①蒙特卡罗模拟需要多次仿真(10000 次以上)才能较为精确地估计出传播范围到底有多大，对于大规模网络而言，其计算非常耗时。②Greedy 算法需要 $o(kN)$ 次迭代才能获得最终的结果，其中，k 为种子节点的数目，N 是社交网络中的节点数。当 N 取值较大时，算法效率并不令人满意。

为更加有效地对问题进行求解，许多工作针对该问题展开。相关工作大致可分为两类，其中一类是启发式算法，例如，DegreeDiscount[25]、MIA(maximum influence arborescence)[26]、DAG(directed acyclic graphs)[27]、SIMPATH[28]、ShortestPath[29]和 SPIN(shapley value based influential nodes)[30]，上述启发式算法能够有效地提高算法的执行效率。但是这些方法通常没有求解精度的理论保证。换句话说，这些算法不知道所获得结果与最优结果的差距，因此只能借鉴贪婪算法来验证算法的性能。

另一类工作是提出更复杂的贪婪算法，代表性工作 Leskovec 等[31]根据问题目标函数的子模特性，提出一种 CELF(cost-effective lazy forward selection)算法。该算法能有效地减少模拟仿真时的调用次数。其基本思想就是节点在当前迭代获得的影响力边际效益小于等于上一轮所获得的边际效益。文献[32]指出，CELF 算法与 Greedy 算法相比，其执行效率是 Greedy 算法的 700 倍。基于同样原理，Goyal 等[32]提出一种 CELF++算法，该算法是 CELF 算法的扩展版本，该算法能将 CELF 算法的执行效率进一步提高 35%～55%。

虽然 CELF 算法能有效地提高算法的执行效率，但是该算法在大规模网络上执行效率仍然不是非常理想。特别在初始阶段，CELF 算法需要对社交网络中每个节点的影响力边际效益进行模拟计算，即执行 N 次蒙特卡罗模拟来进行评估，当 N 取值较大时，算法执行时间较长。为解决这一问题，这里我们详细介绍一个基于上界的贪婪算法[33]，该算法能进一步减少 CELF 算法对蒙特卡罗模拟的调用次数，从而提高影响最大化问题的求解效率。

5.2.1　影响力传播模型与贪婪算法

为更好地介绍本节方法，我们首先对与问题相关的知识进行回顾。下面首先介绍 IC 模型。

假设在有向图 $G=(V,E)$ 中，节点集合 V 包含 N 个节点，边上的权重取值 pp 满足 $pp \in [0,1]$。则边 (u,v) 上的权重取值 $pp(u,v)$ 反映了 u 能够激活 v 的传播概率。其中，$\mathrm{Par}(v)$ 是节点 v 的父节点集合，即

$$\mathrm{Par}(v) := \{u \in V, (u,v) \in V\} \tag{5-15}$$

假定初始激活节点集合为 $S \subseteq V$，则 IC 模型的扩散过程可表述如下：如果社交网络在 t 时刻的激活节点为 S_t，则在 $t+1$ 时刻，每个节点 $u \in S_t$ 会对其相邻的邻居节点 $v \in V \setminus \cup_{0 \leqslant i \leqslant t} S_i$ 以 $pp(u,v)$ 进行激活，其中 $\cup_{0 \leqslant i \leqslant t} S_i = S_0 \cup S_1 \cup \cdots \cup S_t$。于是节点 u 在 $t+1$ 时刻被激活的概率为

$$1 - \prod_{u \in S_t \cap \mathrm{Par}(v)} [1 - pp(u,v)] \tag{5-16}$$

如果在 $t+1$ 时刻节点 u 被激活，那么节点 u 将被加入到集合 S_{t+1} 中。当 $S_\tau = \varnothing$ 时，扩散过程将在第 τ 步结束。在上述传播过程中，节点只能被激活一次。于是种子节点集合 S 的期望激活节点可由式(5-17)进行计算：

$$\sigma_I(S) := E^S \left[\left| \bigcup_{t=0}^{N-|S|} S_t \right| \right] \tag{5-17}$$

式中，E^S 是种子节点为 S 时的期望算子；下标 I 表示 IC 模型，$\bigcup_{t=0}^{N-|S|} S_t : S_0 \cup \cdots \cup S_{N-|S|}$ 是 $N-|S|+1$ 步总共激活的节点。变量描述如表 5-2 所示。

表 5-2　变量描述

变量	描述
$G=(V,E)$	社交网络 G，具有节点集合 V，边集合 E
N	G 中节点个数
S	初始种子节点集合
S_t	在 t 步时激活的节点集合
$\|S\|$	S 中节点个数
k	被选择的种子个数
$\mathrm{Par}(v)$	节点 v 的父节点集合
P^s	种子集合 S 的概率度量
E^s	种子集合 S 的期望算子
PP	$N \times N$ 的传播概率矩阵
$\mathbf{1}$	所有元素为 1 的列向量

在上述 IC 模型的描述基础上，影响最大化问题就是从 V 中寻找一个包含 k 个节点的子集 $S^* \subseteq V$，使得 $\sigma_I(S)$ 取值最大化，即 $\sigma_I(S^*) = \max\{\sigma_I(S) \| S| = k, S \subseteq V\}$ 或者换个形式

$$S^* = \arg \max_{|S|=k, S \subseteq V} \sigma_I(S) \tag{5-18}$$

式中，k 是给定的参数，代表资金预算。理论可以证明该问题是 NP-hard 问题。为了解决此问题。文献[24]提出一种 Greedy 算法。该算法的描述如算法 5-1 所示。

算法 5-1　Greedy(k,f)

1：初始化赋值 $S=\varnothing$
2：对所有的 i 从 1 到 k
3：选择 $u=\arg\max_{w\in V\setminus S}(f(S\cup\{w\})-f(S))$
4：$S=S\cup\{v\}$
5：结束上述循环
6：输出 S

上述算法能够对问题进行近似求解，然而 $\sigma_I(S)$ 的计算是 NP-hard 问题，所以算法采用蒙特卡罗模拟来对 $\sigma_I(S)$ 进行多次模拟逼近。由于缺乏有效计算 $\sigma_I(S)$ 的方法，算法求解效率并不令人满意。为提高算法的执行效率，研究者可以通过减少模拟仿真的调用次数，或者提出没有精度保证的启发式算法来对问题进行求解。

5.2.2　影响力上界分析

正如上面所述，计算 $\sigma_I(S)$ 是 NP-hard 问题，如何快速获得问题的解是非常困难的。为有效地提高求解影响最大化问题的效率，本节利用 $\sigma_I(S)$ 的上界来对问题进行求解。为详细描述本节方法，下面首先对 $\sigma_I(S)$ 的上界进行介绍。

在介绍 $\sigma_I(S)$ 的上界相关的定理和推论之前，本节将首先介绍一些基本信息。假设 $P^S(v\in S_t)$ 是节点 v 在种子节点集合 S 下第 t 时刻被激活的概率，则有以下命题成立。

命题 5-1　在给定 $S\subseteq V$ 的情况下，则 $\sigma_I(S)$ 在 IC 模型下的计算方法如式(5-18)所示。

$$\sigma_I(S)=\sum_{t=0}^{N=|S|}\sum_{v\in V}P^S(v\in S_t) \tag{5-19}$$

证明　对于两两互不相交的集合 $S_0,S_1,\cdots,S_{N-|S|}$，我们可以获得下列推导结果。

$$\begin{aligned}\sigma_I(S)&=\mathbb{E}^S\left[\left|\bigcup_{t=0}^{N-|S|}S_t\right|\right]=\mathbb{E}^S\left[\bigcup_{t=0}^{N-|S|}|S_t|\right]\\&=\sum_{t=0}^{N=|S|}\mathbb{E}^S[|S_t|]=\sum_{t=0}^{N=|S|}\mathbb{E}^S\left[\sum_{v\in V}I_{S_t}(v)\right]\\&=\sum_{t=0}^{N=|S|}\sum_{v\in V}\mathbb{E}^S[I_{S_t}(v)]\\&=\sum_{t=0}^{N=|S|}\sum_{v\in V}\mathbb{P}^S(v\in S_t)\end{aligned} \tag{5-20}$$

式中，$I_{S_t}(v)$ 是指示函数，若 $v \in S_t$ 则有 $I_{S_t}(v)=1$，否则 $I_{S_t}(v)=0$。证毕。

从命题 5-1 可以看出，$\sigma_I(S)$ 的计算过程等价于完成 $N-|S|$ 步扩散后，局部激活概率 $\{P^S[v \in S_t]: t \geqslant 0, v \in V\}$ 之和。

下面我们将介绍 $\{P^S[v \in S_t]: v \in V\}$ 与 $\{P^S[v \in S_{t-1}]: v \in V\}$ 之间的相互关系，即命题 5-2。

命题 5-2　当 $t=1,2,\cdots,N-|S|$ 和 $v \in V$ 时，则有下列不等式存在

$$P^S(v \in S_t) \leqslant \sum_{u \in V} P^S(u \in S_{t-1}) pp(u,v) \tag{5-21}$$

证明　当 $t=1,2,\cdots,N-|S|$ 时，在条件概率和 IC 模型的基础上可以获得下列推导结果。

$$\begin{aligned}
&\mathbb{P}^S(v \in S_t) \\
&= \mathbb{E}^S[\mathbb{P}^S(v \in S_t \mid S_0,\cdots,S_{t-1})] \\
&= \mathbb{E}^S\left[I_{\left\{v \notin \bigcup_{i=0}^{t-1} S_i\right\}} \cdot \left(1-\prod_{u \in S_{t-1}}(1-pp(u,v))\right)\right] \\
&\leqslant \mathbb{E}^S\left[I_{\left\{v \notin \bigcup_{r=0}^{t-1} S_r\right\}} \cdot \left(\sum_{u \in S_{t-1}} pp(u,v)\right)\right] \\
&= \mathbb{E}^S\left[I_{\left\{v \notin \bigcup_{r=0}^{t-1} S_r\right\}} \cdot \left(1-\sum_{u \in V} I_{\{u \in S_{t-1}\}} pp(u,v)\right)\right] \\
&= \mathbb{E}^S\left[\sum_{u \in V} I_{\left\{v \notin \bigcup_{r=0}^{t-1} S_r, u \in S_{t-1}\right\}} \cdot pp(u,v)\right] \\
&= \sum_{u \in V} \mathbb{P}^S\left(v \notin \bigcup_{r=0}^{t-1} S_r, u \in S_{t-1}\right) \mathbb{P}^S pp(u,v) \\
&= \sum_{u \in V} \mathbb{P}^S\left(v \notin \bigcup_{r=0}^{t-1} S_r \mid u \in S_{t-1}\right) \mathbb{P}^S(u \in S_{t-1}) pp(u,v) \\
&\leqslant \sum_{u \in V} \mathbb{P}^S(u \in S_{t-1}) pp(u,v)
\end{aligned} \tag{5-22}$$

在上述不等式中，$\left\{v \notin \bigcup_{i=0}^{t-1} S_i\right\}$ 代表节点 v 不属于集合 $S_0, S_1, \cdots, S_{t-1}$。第一个“=”来自条件期望，第二个不等式来自于 IC 模型的定义。第一个“$\leqslant$”可由不等式(5-23)推出

$$1-\prod_{i=1}^{n}(1-x_i) \leqslant \sum_{i=1}^{n} x_i \tag{5-23}$$

第二个“$\leqslant$”由不等式(5-21)推导获得

$$P^S\left(v\notin\bigcup_{t=0}^{t-1}S_r\middle|u\in S_{t-1}\right)\leqslant 1 \tag{5-24}$$

证毕。

在上述证明中，命题 5-2 给出了 $P^S(v\in S_0),\cdots,P^S(v\in S_t),\cdots,P^S(v\in S_{N-|S|})$ 之间的相互关系。

为了介绍核心定理和推论，我们对上述两个命题进行矩阵化操作。假设 PP 是传播概率矩阵，其 (u,v) 位置上的元素为 $pp(u,v)$，节点 v 在 t 时刻的被激活的概率可表示为行向量

$$\Pi_t^S=(\pi_t^S(v)) \tag{5-25}$$

式中，节点在 t 时刻激活的概率如式(5-26)所示。

$$\pi_t^S(v):=P^S(v\in S_t) \tag{5-26}$$

于是，命题 5-1 可以被写成下列形式(式(5-27))。

$$\sigma_I(S)=\sum_{t=0}^{N-|S|}\Pi_t^S\cdot\mathbf{1} \tag{5-27}$$

在式(5-27)中，$\mathbf{1}$是所有元素均为 1 的行向量，‘$\cdot$’代表矩阵之间的乘法。同理命题 5-2 可以写成如式(5-28)所示的不等式

$$\Pi_t^S\leqslant\Pi_{t-1}^S\cdot PP \tag{5-28}$$

式中，PP 是传播概率矩阵。于是在上述命题的基础上，我们获得下列定理。

定理 5-1　$\sigma_I(S)$ 的上界满足下列不等式：

$$\sigma_I(S)\leqslant\sum_{t=0}^{N-|S|}\Pi_0^S\cdot PP^t\cdot\mathbf{1} \tag{5-29}$$

证明　首先，通过迭代计算可获得不等式(5-30)

$$\Pi_t^S\leqslant\Pi_0^S\cdot PP^t \tag{5-30}$$

式中

$$\Pi_0^S=(\pi_0^s(v))=\begin{cases}1, & v\in s\\ 0, & v\notin s\end{cases} \tag{5-31}$$

在上述计算的基础上，将式(5-30)代入式(5-27)可获得下列不等式

$$\sigma_I(S)\leqslant\sum_{t=0}^{N-|S|}\Pi_0^S\cdot\mathbf{1}\leqslant\sum_{t=0}^{N-|S|}\Pi_0^S\cdot PP^t\cdot\mathbf{1} \tag{5-32}$$

注意式(5-32)中的$\Pi_0^S \cdot PP^t \cdot \mathbf{1}$经过矩阵计算后结果为一个实数。证毕。

基于定理 5-1，我们可以看到以下两个问题。

(1) 影响范围$\sigma_I(S)$以级数和$\sum_{t=0}^{N-|S|} \Pi_0^S \cdot PP^t \cdot \mathbf{1}$为上界，那么当上界的取值放大至$\sum_{t=0}^{\infty} \Pi_0^S \cdot PP^t \cdot \mathbf{1}$时，该无穷级数和在什么条件下收敛呢？

(2) 如果$\sum_{t=0}^{\infty} \Pi_0^S \cdot PP^t \cdot \mathbf{1}$的取值收敛，其收敛值应该是多少呢？

下面我们用推论 5-1 来解答上述问题。

推论 5-1　如果传播概率满足不等式(5-30)，

$$\max_v \sum_u PP(u,v) < 1 \text{ 或 } \max_u \sum_v PP(u,v) < 1 \tag{5-33}$$

则上述的无穷级数和是收敛的，进而影响范围$\sigma_I(S)$的上界函数如下所示：

$$\sigma_I(S) \leqslant \Pi_0^S \cdot (E - PP)^{-1} \cdot \mathbf{1} \tag{5-34}$$

式中，E是单位矩阵；$(E-PP)^{-1}$是矩阵的逆。

证明　通过上述矩阵分析，意味着

$$\|PP\|_1 < 1 \text{ 或 } \|PP\|_\infty < 1 \tag{5-35}$$

成立，这正好保证了序列$\sum_{t=0}^{\infty} PP^t$收敛于$(E-PP)^{-1}$。因此，我们获得下列不等式

$$\begin{aligned}\sigma_I(S) &\leqslant \sum_{t=0}^{N-|S|} \Pi_0^S \cdot PP^t \cdot \mathbf{1} \\ &\leqslant \sum_{t=0}^{\infty} \Pi_0^S \cdot PP^t \cdot \mathbf{1} \\ &= \Pi_0^S \cdot \left(\sum_{t=0}^{\infty} PP^t\right) \cdot \mathbf{1} \\ &= \Pi_0^S \cdot (E-PP)^{-1} \cdot \mathbf{1}\end{aligned} \tag{5-36}$$

式中，第一个“$\leqslant$”来自于定理 5-1。证毕。

虽然，上述推论给出了$\sigma_I(S)$上界的计算方法，但是当社交网络规模较大时，直接计算$(E-PP)^{-1}$将较为困难。为此，我们通过以下方法来计算其取值。当$t \geqslant 0$时，我们可以定义列向量$\boldsymbol{a}_t := PP^t \cdot \mathbf{1}$来计算$(E-PP)^{-1}$的值，即

$$(E-PP)^{-1}\cdot\mathbf{1}=\sum_{t=0}^{\infty}PP^{t}\cdot\mathbf{1}=\sum_{t=0}^{\infty}\boldsymbol{a}_{t} \tag{5-37}$$

式中，$\boldsymbol{a}_{t+1}=PP\cdot\boldsymbol{a}_{t}$。于是，根据此迭代公式我们可以计算序列 $a_0,a_1,\cdots,a_n$ 的取值，直到某个 $\boldsymbol{a}_t$ 的 1-范数小于 10^{-6}。因为这种算法占用空间更小的向量，而不是矩阵，所以这种迭代计算可以有效地节省计算过程中的存储空间开销。

从上述计算方法可以看出，当节点的整个传播激活概率小于 1 时，该上界可具有收敛的性质。在现实中，用户之间的影响概率通常取值较小，因此上述假设通常都是成立的。下面我们将介绍上界计算的实例。

例 5-1　假设有一个社交网络 G(图 5-5)，其中，用户之间的影响概率取值可由 PP 来表示。

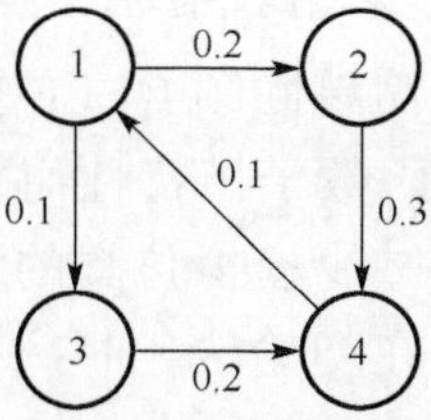

图 5-5　示例图

$$PP=\begin{pmatrix}0 & 0.2 & 0.1 & 0\\ 0 & 0 & 0 & 0.3\\ 0 & 0 & 0 & 0.2\\ 0.1 & 0 & 0 & 0\end{pmatrix} \tag{5-38}$$

则我们可以通过下列计算获得 $(E-PP)^{-1}\cdot\mathbf{1}$ 的取值。

$$\begin{aligned}&(E-PP)^{-1}\cdot\mathbf{1}\\&=\begin{pmatrix}1 & -0.2 & -0.1 & 0\\ 0 & 1 & 0 & -0.3\\ 0 & 0 & 1 & -0.2\\ -0.1 & 0 & 0 & 1\end{pmatrix}^{-1}\cdot\begin{pmatrix}1\\1\\1\\1\end{pmatrix}\\&=\begin{pmatrix}1.3911\\1.3417\\1.2278\\1.1391\end{pmatrix}\end{aligned} \tag{5-39}$$

于是，根据推论 5-1，种子节点为 S={②，④}时，$\sigma_I(S)$ 上界可采用如下方式计算：

$$\sigma_I(②,④) \leqslant \Pi_0^{(②,④)} \cdot (E-PP)^{-1} \cdot \mathbf{1}$$
$$= (0\quad 1\quad 0\quad 1) \cdot \begin{pmatrix} 1.3911 \\ 1.3417 \\ 1.2278 \\ 1.1391 \end{pmatrix} = 2.4808 \tag{5-40}$$

5.2.3 基于上界的加速贪婪算法

在 $\sigma_I(S)$ 上界计算的基础上，本节我们将根据其取值来提高算法的执行效率。为描述本节所提方法，我们首先简单回顾 CELF 算法。

CELF 算法是一种根据目标函数子模特性而设计的快速贪婪算法，算法根据子模特性中边际效益的递减性来减少模拟仿真的调用次数，从一定程度上提高了算法的执行效率。然而，该算法在初始迭代时，仍然需要遍历计算所有节点的边际影响力，从而限制了算法的求解效率。

为更加有效地对问题求解，本节提出一种 UBLF 算法。UBLF 算法将根据 $\sigma_I(S)$ 的上界来提高 CELF 算法在初始迭代时的效率。为便于理解，我们首先给出算法的求解示例。

例 5-2　假设从图 5-5 所示的社交网络图 G 中寻找一个影响力最大的节点，则对于节点①的影响力上界 $\sigma_I(①)$ 可以通过式(5-41)获得

$$\sigma_I(①) \leqslant \Pi_0^{①} \cdot (E-PP)^{-1} \cdot \mathbf{1}$$
$$= (1\quad 0\quad 0\quad 0) \cdot \begin{pmatrix} 1.3911 \\ 1.3417 \\ 1.2278 \\ 1.1391 \end{pmatrix} = 1.3911 \tag{5-41}$$

根据同样的计算方法，可以依次获得 $\sigma_I(②) \leqslant 1.3417, \sigma_I(③) \leqslant 1.2278, \sigma_I(④) \leqslant 1.1391$，显然，$\sigma_I(①)$ 的上界的取值是最大的。因此在模拟仿真时，我们首先计算 $\sigma_I(①)$ 的真实值。在模拟后，我们获得 $\sigma_I(①) = 1.3788$。由于 1.3788 已经高于 $\sigma_I(②)$、$\sigma_I(③)$ 和 $\sigma_I(④)$ 的上界值，在模拟仿真时无须模拟计算其他节点的影响力。所以，引入上界后可以有效地减少模拟仿真的次数，而采用 CELF 算法需要计算所有节点的影响力。

在上述计算思想的基础上，UBLF 算法的描述如算法 5-2 所示。

算法 5-2　UBLF 算法

输入：图 $G=(V,E)$，传播概率矩阵 PP，预算 k

输出：最有影响力的 k 个节点所组成的集合 S

初始化 $S \leftarrow \varnothing$ $\boldsymbol{\delta} \leftarrow (E-(PP))^{-1} \cdot \mathbf{1}$

for $i=1$ to k do

　令 $I(\boldsymbol{v}) \leftarrow \varnothing$ 对所有的 $\boldsymbol{v} \in V \setminus S$

　做如下循环

　{

　　$u \leftarrow \arg\max_{v \in V \setminus S} \delta_v$

　　如果 $I(\boldsymbol{v})=0$

　　　$\delta_u \leftarrow MC(S \cup \{u\}) - MC(S)$

　　　$I(\boldsymbol{v}) \leftarrow \mathbf{1}$

　　结束当前如果循环

　　如果 $\boldsymbol{\delta_u} \geqslant \max_{\boldsymbol{v} \in \boldsymbol{V}(\boldsymbol{S} \cup (\boldsymbol{u}))} \boldsymbol{\delta_v}$

　　　$S \leftarrow S \cup \{u\}$

　　　跳出当前循环

　　结束当前如果循环

　}

结束

产生 S

在算法 5-2 所示的 UBLF 算法中，列向量 $\delta=\{\delta_u\}$ 表示节点 u 当前时刻的影响力边际增量。其中，$\{\delta_u\}$ 满足 $\delta_u \geqslant \sigma_I(S \cup \{u\}) - \sigma_I(S)$。在寻找第一个种子节点时，我们首先根据推论 5-1 来估计每个节点的影响力上界，然后再利用子模特征，对蒙特卡罗模拟的调用次数进行削减。在 UBLF 算法中，$MC(S)$ 表示本节使用的蒙特卡罗模拟算法，用来估计 $\sigma_I(S)$ 的影响力。$I(v)=0$ 表示节点 v 还没有进行模拟仿真，而 $I(v)=1$ 表示节点 v 已经执行过模拟仿真。实验结果表明 UBLF 算法在不损失算法精度的前提下，在 CELF 的基础上将算法性能进一步提高 2～10 倍。

参 考 文 献

[1] Kiss C, Bichler M. Identification of influencers-Measuring influence in customer networks [J]. Decision Support Systems Archive, 2008, 46(1): 233-253.

[2] Kiss C, Scholz A, Bichler M. Evaluating centrality measures in large call graphs[C]. IEEE

International Conference on E-Commerce Technology and Enterprise Computing, E-Commerce and E-Services, San Francisco, 2006.

[3] Lin N. Foundations of social research[J]. Architectures for Extreme-Scale Computing, 2009, 42(11): 28-35.

[4] Peter C J, Scott J, Wasserman S. Models and Methods in Social Network Analysis [M]. New York: Cambridge University Press, 2005.

[5] Borgatti S P. Centrality and network flow[J]. Social Networks, 2005, 27(1): 55-71.

[6] Carmi S, Havlin S, Kirkpatrick S, et al. A model of Internet topology using k-shell decomposition[J]. Proceedings of the National Academy of Science, 2007, 104(27): 11150-11154.

[7] Brandes U. A faster algorithm for betweenness centrality[J]. Journal of Mathematical Sociology, 2001, 25(2): 163-177.

[8] Kintali S. Betweenness centrality: Algorithms and lower bounds[J]. Journal of Computing Research Repository, 2008.

[9] Eppstein D, Wang J. Fast approximation of centrality[J]. Journal of Graph Algorithms and Applications, 2004, 8(1): 39-45.

[10] Bader D A, Madduri K. Parallel algorithms for evaluating centrality indices in real-world networks[C]. Proceedings of the 35th International Conference on Parallel Processing, Columbus, 2006: 539-546.

[11] Tan G M, Tu D B, Sun N H. A parallel algorithm for computing betweenness centrality[C]. Proceedings of the 38th International Conference on Parallel Processing, Vienna, 2009: 340-347.

[12] Nanavati A A, Gurumurthy S, Das G, et al. On the structural properties of massive telecom call graphs: Findings and implications[C]. ACM CIKM International Conference on Information and Knowledge Management, New York, 2006: 435-444.

[13] Albert R, Jeong H, Barabási A L. Error and attack tolerance of complex networks[J]. Nature, 2000, 406(6794): 378-382.

[14] 赵之滢，于海，朱志良，等. 基于网络社团结构的节点传播影响力分析[J].计算机学报，2014,(4): 753-766.

[15] Estrada E, Rodrguez-Velazquez J A. Subgraph centrality in complex networks[J]. Physical Review E, 2005, 71: 056103.

[16] 王洋. 识别复杂网络中社团结构的核心节点[D]. 北京：北京师范大学, 2012.

[17] Deng X, Zhai J, Lv T, et al. Efficient vector influence clustering coefficient based directed community detection method[J]. IEEE Access, 2017, 5(99): 17106-17116.

[18] Domingos P, Richardson M. Mining the network value of customers[C]. The 7th ACM SIGKDD Conference on Knowledge Discovery and Data Mining, Sydney, 2001: 57-66.

[19] Leskovec J, Krause A, Guestrin C, et al. Cost-effective outbreak detection in networks[C]. Proceedings of the 13th ACM SIGKDD International Conference on Knowledge Discovery and Data Mining, San Jose, 2007: 420-429.

[20] Galstyan A, Musoyan V, Cohen P. Maximizing influence propagation in networks with community structure[J]. Physical Review E: Statistical, Nonlinear, and Soft Matter Physcis, 2009, 79(5): 056102.

[21] Wang Y. Community-based greedy algorithm for mining top-K influential nodes in mobile social networks[C]. ACM SIGKDD International Conference on Knowledge Discovery and Data Mining, Washington, 2010: 1039-1048.

[22] He X R, Kempe D. Robust influence maximization[C]. ACM SIGKDD International Conference on Knowledge Discovery and Data Mining, San Francisco, 2016: 885-894.

[23] Chen W, Lin T, Tan Z H, et al. Robust influence maximization[C]. Proceedings of the 22nd International Conference on Knowledge Discovery and Data Mining, San Francisco, 2016: 885-894.

[24] Kempe D, Kleinberg J M, Tardos E. Maximizing the spread of influence through a social network[C]. Proceedings of the 9th ACM SIGKDD International Conference on Knowledge Discovery and Data Mining, Washington, 2003: 137-146.

[25] Chen W, Wang Y, Yang S. Efficient influence maximization in social networks[C]. Proceedings of the 15th ACM SIGKDD International Conference on Knowledge Discovery and Data Mining, Paris, 2009: 199-208.

[26] Chen W, Wang C, Wang Y. Scalable influence maximization for prevalent viral marketing in large-scale social networks[C]. Proceedings of the 16th ACM SIGKDD International Conference on Knowledge Discovery and Data Mining, Washington, 2010: 1029-1038.

[27] Chen W, Yuan Y, Zhang L. Scalable influence maximization in social networks under the linear threshold model[C]. Proceedings of the IEEE International Conference on Data Mining, Sydney, 2010: 88-97.

[28] Goyal A, Lu W, Lakshmanan L V S. SIMPATH: An efficient algorithm for influence maximization under the linear threshold model[C]. Proceedings of the IEEE 11th International Conference on Data Mining, Changsha, 2011: 211-220.

[29] Kimura M, Saito K. Tractable models for information diffusion in social networks[C]. Proceedings of the 10th European Conference on Principle Practice Knowledge Discovery Databases, Berlin, 2006: 259-271.

[30] Narayanam R, Narahari Y. A shapley value based approach to discover influential nodes in

social networks[J]. IEEE Transactions on Automation Science and Engineering, 2011, 8(1): 130-147.

[31] Leskovec J, Krause A, Guestrin C, et al. Cost-effective outbreak detection in networks[C]. Proceedings of the 13th ACM SIGKDD International Conference on Knowledge Discovery and Data Mining, San Jose, 2007: 420-429.

[32] Goyal A, Lu W, Lakshmanan L V S. CELF++: Optimizing the greedy algorithm for influence maximization in social networks[J]. Proceedings of the 20th International Conference on Companion World Wide Web, New York, 2011: 47-48.

[33] Zhou C, Zhang P, Zang W Y, et al. On the upper bounds of spread for greedy algorithms in social network influence maximization[J]. IEEE Transactions on Knowledge and Data Engineering, 2015, 27(10): 2770-2783.

第 6 章 信 息 溯 源

在对在线社交网络的信息传播的研究中，除了对信息传播过程进行建模和利用模型去预测信息传播未来的态势[1-6]，如何去追溯信息传播的起源也是一个十分重要的基本问题。对在网络结构上的传播过程的溯源的相关研究并不仅仅局限于在线社交网络[7,8]，以往的研究主要来自于计算机病毒溯源、流行传染病溯源、传统社交网络谣言溯源等方面，主要应用于防治计算机病毒、预防流行传染病、打击恶意谣言等多个领域。随着在线社交网络的兴起，针对在线社交网络的信息溯源研究也越来越多。信息溯源方法的研究，能够提供锁定社交网络谣言发布者的方法[9]，为在线社交网络上虚假信息的防治提供了依据，同时也有助于我们揭示信息传播早期的客观规律。

在线社交网络上的传播过程与计算机病毒传播、流行传染病传播、传统社交网络信息传播等几种传播过程具有相似之处，同时也具有一些自己独有的特点。随着互联网的发展，移动上网设备的普及，人们可以在任何时间、任何地点使用在线社交网络去发布信息、转发信息，并进行一些互动。因此，在线社交网络本身具有参与成本低、即时性强、互动性强等在线社交网络所独有的特点。上述这些特点造成了该类传播过程具有与传统传播过程不同的特性，如信息传播过程不能被完整观测、信息呈异步传播、存在多个信息源等，为信息溯源带来了独特的挑战。在线社交网络上的传播过程的溯源研究与其他溯源研究相比，主要表现在传播模式不同、观测手段不同、已知条件不同等方面。例如，有的溯源方法针对经典的同步传播模型所描述的传播过程，假设可观测到所有节点最后是否被激活，从而在溯源时可以利用传播子图作为已知条件，这种方法就不能应用到只有一小部分节点可观测的情况中。本章首先对溯源问题本身进行阐述，然后简要地对在线社交网络上的溯源方法进行概述，并对在线社交网络上溯源的挑战进行归纳和分析。最后分别介绍几种在线社交网络的主流溯源技术和方法。

6.1 信息溯源问题概述

本节主要从整体的角度对信息溯源问题进行概括和总结。对信息溯源的研究，首先离不开对信息溯源问题进行定义。定义除了阐述信息溯源问题本身，还需要对信息溯源的已知条件进行分析，在不同的已知条件下，溯源方法所能够利用的信息也不尽相同。其次，简略地介绍一些网络结构上经典的溯源方法，包括这些方法所采用的思想、对问题的定义以及所采用方法的优缺点。最后，总结在线社交网络上信息溯源的新挑战。

6.1.1 溯源问题的定义

信息溯源问题研究重点在于提出合理有效的溯源方法，这些方法通常都基于一些假设，虽然都是解决溯源问题，但是这些方法适用性是不同的。例如，最经典的基于节点中心度测量的溯源方法通常假定已知信息传播的完整结果，即所有节点的激活状态以及它们之间的联系，并且假定节点一旦感染(此处的感染可以理解为 SI 模型中节点状态由 S(易感染)状态转变为 I(感染)状态的过程，下同)，在下一个时间步内，它所有的邻居均会被感染，因此基于节点中心度测量的溯源方法不适用于难以观测所有节点激活状态的情况，但是这类只利用拓扑结构的方法也具有不依赖于节点感染时刻的优点。对于溯源问题的清晰定义有助于充分地利用已知条件，改进溯源方法。

从传统传播过程的溯源研究到在线社交网络信息溯源研究，不同研究者对于溯源问题的理解是多种多样的，但是背后的主要思想是共通的，即研究如何合理有效地利用已知信息找出一个传播过程的源头。现有研究所解决的溯源问题的定义的不同之处主要集中在溯源目标、传播模式、已知条件等几方面。

通常认为溯源目标是找出信息传播的最初源节点，现有研究在溯源目标方面的不同主要在于：是针对单一源节点的传播过程进行溯源，找出最初的一个节点，还是针对多个源节点的传播过程进行溯源，找出多个源节点。现有的研究主要集中在对单一源节点的传播过程进行溯源，而针对后者的解决方法则主要是假设已知源节点数量或利用算法确定源节点数量，采用一些划分方法将其化简为单一源节点的溯源问题。

可先将溯源问题抽象地定义为如何根据已知条件针对符合某特定传播模式的传播过程找出传播过程的一个或者多个最早的源节点。

这一定义尽可能地抽象出了现有研究对溯源问题的定义，其中信息的传播模式和信息溯源的已知条件这两方面在具体的研究中各不相同，下面针对这两个溯源问题中最为关键的方面进行详细说明。

1. 信息溯源所针对的传播模式

信息溯源的方法通常针对特定类型的信息传播过程，并且理论上可达到的准确性也不同。例如，当信息按照最短路径以转发概率 $p=1$ 进行传播，且传播为同步过程，即节点到节点间的转发时间延迟为常量时，则信息传播过程是一个确定性的过程，传播过程可表示为广度优先搜索算法，在这种信息传播过程上可以期望得到一个较为精确的结果。相反，当信息传播过程为异步过程，即节点到节点间的转发时间延迟为随机变量，且转发概率不恒等于1时，则信息传播具有较强的随机性，因此进行溯源通常难以获得十分精确的结果。研究者针对各种类型的信息传播过程提出了不同的方法。

2. 信息溯源的已知条件

已知条件指的是能够观测到的动态的传播过程和静态的底层网络结构等，是信息溯源方法所能利用的信息。在理想情况下，如果我们能实时地观测到整个社交网络中所有节点的状态以及完整底层网络结构，或者已知完整的信息传播路径，也就不存在溯源问题了。无论是传统信息传播过程还是在线社交网络上的传播过程，对于传播过程的观测一直存在着种种客观限制，因此需要重点解决在线社交网络的特点所带来的限制，充分地利用有限的已知条件。现有溯源研究中的已知条件主要包括：节点状态、节点感染时刻、底层网络结构。下面对这些条件进行展开说明。

1) 节点状态

以微博为例，每个微博用户都是一个节点，通常假设如果用户转发了一条信息，那么对于这条信息来说，它就从S状态变成了I状态；如果用户从未转发该信息，那么他就处于I状态。在研究传染病的传播过程时，还会假设患者康复后对疾病产生了免疫，即从I状态变成了R(recovered with immunity，恢复并免疫)状态。现有研究的假设中，有的假设已知所有节点状态，有的假设已知部分处于S状态的节点的状态，有的假设在实现选取一部分节点后，能够知道这些节点的状态，无论它们是处于S状态还是I状态。节点状态是对传播过程观测的最基本的方面，已知节点状态对于各类溯源方法都是至关重要的，如果完全不知道节点的状态就无法进行溯源。

2) 节点感染时刻

节点感染时刻即节点从S状态转变为I状态进行转换的时间戳。节点感染时刻提供了关于信息传播过程的重要信息，通常只有部分节点的激活时刻是已知的，通常并不知道信息源节点的感染时刻。一个节点的感染时刻能够从侧面反映出该节点距离信息传播源节点的远近程度。然而，由于在真实在线社交网络上，源节点的感染时刻通常是未知的，所以信息从源节点传播到该节点所耗费的时间也是未知的。通常，溯源算法间接地利用感染时刻。

3) 底层网络结构

在信息溯源研究中通常假设信息传播的底层网络结构是已知的，并且假设在溯源过程中底层网络结构是静态不变的。相比于用户之间的互动与信息的转发等行为，在线社交网络上的底层网络结构变化较慢，并且已有相关研究能够通过信息传播来推断底层网络结构，因此信息溯源研究通常假设已知一个静态的底层网络结构。

6.1.2 现有溯源方法概述

现有的溯源研究已经有很多，它们的目标都是提出有效的溯源方法来对传播过程进行溯源，但是所针对的传播过程不尽相同。其中有的针对符合经典传播模型的传播过程进行溯源，提出了简单有效的溯源方法；有的站在复杂网络研究领域的角度进行研究，考虑了多种类型的复杂网络作为底层网络的情况；有的则考虑了在线社交网络中对传播过程难以完整观测的情况，提出了包括如何选取节点进行观测在内的一系列操作步骤，适用于真实的在线社交网络中的情况。因此，对于现有研究的总结，主要从已知条件所作出的前提假设、溯源方法所依赖的输入、溯源方法背后的核心思想等方面进行分析。

首先介绍一类假设已知所有节点感染状态的方法。这类方法主要针对已知所有节点是否被感染的情况，节点在何时、被谁感染则是未知的。此外，已知底层网络结构，从而可以构建出由激活节点和底层网络结构的边的子集所组成的子图。在 2011 年，Comin 等[10]为解决这类情况下的溯源问题，提出针对上述子图进行中心度测量从而找到源节点的方法。在该研究中，Comin 等首先对比了四种经典的中心度测量方法——度(degree)、紧密度(closeness)、介度(betweenness)和特征向量中心度(eigenvalue)在区分源节点方面的能力的好坏，之后在介度的基础上提出了一种新的度量方法，即 $\hat{B}_i = B_i / (k_i)^r$，其中 B_i 为节点 i 的介度，k_i 为节点 i 的度，r 则为一个经验参数。在该研究中 Comin 等主要考察了完全随机图(ER 模型)和无标度网络(BA 模型[11])这两种底层网络结构，主要针对的传播过程则是 SI 模型，首先在转发概率等于 1 的情况下进行了验证，并在转发概率不等于 1 的情况下进行了实验，也能取得比较准确的结果。这类方法的主要缺点在于，在真实在线社交网络中获得所有节点的状态是十分困难的，此外受底层网络结构本身特征的影响，真实源节点在子图中的中心度不一定是最大的。针对这种已知所有节点状态的情况，为了解决符合 SIR 模型的传播过程的溯源问题，Antulov-Fantulin 等[12]提出了一种基于模拟和相似度计算的方法。该方法的核心思想是首先从每一个节点出发，进行多次模拟传播过程，并记录模拟传播结果；将真实的传播结果的子图与模拟传播结果进行比较，根据一系列的相似度计算方法计算相似度；最终与真实传播结果最相似的模拟传播结果所对应的节点是推断出的源节点。这种方法同样需要已知所有节点的状态从而得到用于计算相似度的真实传播结果，此外，这种方法的计算量较大，特别是当底层网络中节点众多时。Shah 等[13,14]提出了针对树状网络符合 SI 模型的传播过程的溯源方法，并定义了谣言中心度(rumor centrality)来推测源节点，节点的谣言中心度被定义为从该节点出发的独立传播路径的数量。Shah 等[13,14]通过广度优先搜索(breadth-first search，BFS)树将这种方法推广到通常的网络结构中。该方法的主要缺点在于方法的提出是基于树状网络结构的，通常的网络需要先通过广度优先搜索方法将其变为树结构。此外该方法做出了一些较强的假设：一个时间步内，节点只能感染其一个邻居，且相邻节点的感染概率等于 1。此外，基于中心度测量的方法还有 Yang 等[15]提出的传播中心度方法。Luo 等[16]在 Shah 等工作的基础上提出了一种多个源节点的溯源方法，但是该方法的复杂度高达 $O(N^k)$。Zang 等[17,18]针对 SIR 传播模型上的多个源节点的溯源问题，提出了一种分而治之的方法，将基于中心度测量的方法扩展到了只能观测到部分节点的情况下。该方法首先利用反向传播法找出处于恢复状态或者未能观测到的感染的节点，重建完整的传播结果子图，之后利用社区划分的算法将其转化为单一节点溯源问题，最后利用中心度测量的方法找出源节点。

针对只能观测到部分节点状态的情况，Seo 等[19]考查了 Twitter 上提取的有向图上的溯源，首先在图片上选取若干节点进行观测，这些可观测的节点称作监测者，激活的与未激活的分别称为正监测者和负监测者，之后通过观察每一个节点到这两种状态的所有监测者是否有路径、路径长度来进行溯源。他们认为源节点到正监测者都有路径，且与其他节点相比源节点到正监测者路径的距离之和最小；源节点到较多的负监测者没有路径，且源节点距离负监测者距离之和较大。这种方法与中心度测量的方法的相似之处在于主要考虑了所观测的节点在底层网络结构中的位置等信息。这种方法受到底层网络结构特点的限制，在连通图(如 Facebook 这种双向关系组成的社交网络)中效果不佳；此外，在传播概率较大、底层网络的直径较小时，这种方法效果很差。Pinto 等[8]的研究假设已知监测者是何时感染的，并且已知它们分别是被哪个邻居感染的，考察了 Apollonian 网络、BA 网络、ER 网络上的传播过程，假设传播过程是转发概率为 1 且转发延迟可被近似为正态分布的过程。该方法也是先在树状网络上进行研究并利用广度优先搜索树推广到通常的网络结构中去的。该方法的核心思想是利用监测者的感染时刻以及底层网络结构等信息，根据多元正态分布的概率密度函数的表示方法构建出估计函数，所利用的输入信息主要包括监测者的感染时刻和底层网络结构。Louni

等[20]在 Pinto 等的研究基础之上，采用两步法动态地选取监测者，减少所需监测者数量。传播发生后能够任意变更监测者的情况在实际中并不多见。Agaskar 等[21]针对通常的网络结构上符合 SI 模型的传播过程提出了一种蒙特卡罗方法，该方法主要分为两步：首先假设任意节点为源节点，利用每条边上的感染时间定义从该节点出发的传播过程的表示方法，利用这种表示方法，可采样得到每个监测者的感染时刻；之后利用蒙特卡罗方法去逼近观测到的监测者的真实感染时刻与采样得到的感染时刻，相差最小则对应的节点是推断出的源节点。在这种方法中研究者假设信息总是按照最短路径传播的。Zhang 等[22]在 Pinto 等所提出的方法的基础上，比较了多种监测者选取方法的表现，其中主要包括了利用节点的度、紧密度、介度、集聚系数和特征向量中心度等进行选取，节点对应的度量值大则表示该节点在底层网络结构中的位置更为关键，这些节点被选入监测者集合。Shen 等[23]利用了监测者的感染时刻和底层网络结构来解决不完整观测条件下的溯源问题。与 Pinto 等的研究不同，他们并未假设已知这些感染的监测者是被哪个邻居感染的，只需要知道他们的感染时刻，同时假设已知每条边上的转发延迟的均值。该方法从所观测到的样本节点逆向执行广度优先搜索，然后根据样本节点的激活时刻和样本节点到各个待测节点的距离对可能的源节点的感染时刻进行估计，并用方差去选择最可能的源节点。该方法的思想和具体方法将在后面的小节中详细介绍。Zhou 等[24]为解决溯源问题，提出了差分预解集的概念，利用一个节点集合进行溯源，该方法将在 6.5 节进行详细介绍。

6.1.3　在线社交网络上信息溯源的新挑战

在线社交网络上信息溯源的挑战既包括传统研究中所指出的网络结构复杂所带来的挑战，又包括了在线社交网络独有的难以观测问题所带来的挑战。在线社交网络上溯源所面临的主要挑战包括以下几方面。

(1) 节点数量众多，难以实时地获取每个节点的状态。2016 年 1 月研究机构 We Are Social 最新发布的《2016 年数字报告》中显示，全球已有约 23.07 亿社交网络用户，占全球总人口的 31%。现有技术是无法实现对所有社交网络的用户进行实时观测的。

(2) 底层网络直径较小，集聚系数高。在线社交网络中，既存在小世界网络的特性，又存在无标度网络的特性。在线社交网络具有小世界网络的特性意味着在线社交网络中任意用户节点之间的平均距离较小，据经典的六度空间理论，线下社交网络的平均距离小于等于 6，而在线社交网络的平均距离则更小，在信息传播过程中这一特性则主要影响了信息传播的路径，信息按照较短的路径距离即可传遍整个网络。在线社交网络具有无标度网络的特性则意味着节点的度分布呈幂律分布，即存在一小部分用户的好友/粉丝数量十分巨大，大部分用户的好友/粉丝数量较小。以国内的新浪微博为例，新闻类账户“@头条新闻”的粉丝数高达五千多万，而普通个人用户的粉丝数通常在几十到上百不等。在信息传播中，这些占整个社交网络比例较小而好友/粉丝数量巨大的节点的传播能力却是十分强大的，在传播结果中表现为存在大量的其他节点从这一节点进行转发。由此可见底层网络的特性极大地影响了信息传播的结果，进而给溯源带来了挑战。

(3)传播过程本身的不确定性。在线社交网络上的信息传播主要是以用户的转发行为驱动的，信息在用户节点之间进行转发，这一不断重复的过程将信息扩散到整个网络中去。然而，用户对信息的转发是有选择的，并不会转发每一条看到的信息。因此信息在节点之间是以一定概率进行转发的。此外，随着移动互联网和移动终端设备的发展，用户除了用个人计算机，还可以随时随地用手机、平板电脑等设备使用社交网站，因此信息在节点之间的转发延迟是一个随机变量。例如，在某账号发布一条新闻微博后，不到1分钟内就有用户进行转发，也存在部分用户在数天以后看到这条微博并进行转发。

6.2 不完整观测条件下异步信息传播过程的溯源问题

在线社交网络上的信息传播过程普遍符合异步传播模式，同时具有观测不完整性特点，而基于最优估计的信息溯源方法不依赖于完整观测，也不依赖于对于传播过程的假设，在解决在线社交网络信息溯源问题时具有更良好的适用性。本节首先介绍观测不完整性的内涵和具体外在表现，之后通过实证数据展示真实社交网络传播过程中异步传播模式的特点，最后介绍一种基于激活时刻与拓扑结构相关性的溯源方法，该方法在解决观测不完整条件下异步传播过程的信息溯源方面具有良好的表现。

6.2.1 不完整观测条件及样本选取

在溯源研究中，不完整观测条件主要表现为难以完整地观测整个网络中所有节点的状态，而只能观测部分事先选取节点的状态。观测结果主要是这些节点在何时被感染。在溯源算法中，通常将这种不完整观测结果表示为样本节点的感染时刻所组成的向量。

由于样本是事先选取的，所以样本选取会影响溯源的准确性。Zhang等在Pinto等的溯源方法基础上比较了样本节点选取方法，在转发概率p=1的情况下差距不大。在p不等于1的条件下采用不同样本节点选取方法对溯源的准确度的影响则更为显著。常见的样本选取方法如下所示。

(1) 基于节点度的选取方法：将节点按照度进行降序排序，选取排名前 $\phi|V|$ 个节点。

(2) 基于介度中心度的选取方法：文献[23]提出的介度中心度被广泛地应用到复杂网络领域去衡量一个节点在网络中的重要程度。介度中心度的计算方法为

$$B(v)=\sum_{s,t,s\neq t,s\neq v,t\neq v}\frac{n_{st}^{v}}{n_{st}} \tag{6-1}$$

式中，n_{st}^{v} 是节点 s 与节点 t 之间经过节点 v 的最短路径数的数量；n_{st} 是节点 s 与节点 t 之间的最短路径的数量。将节点按照介度中心度进行降序排序，选取排名前 $\phi|V|$ 个节点。这种方法的主要缺点是计算复杂度高于前两种方法。

(3) 基于 K_{sum} 的选取方法：在文献[22]中，研究者为衡量节点在社交网络中引起传播的能力，提出了 K_{sum} 测量指标。具体计算方法为

$$K_{\text{sum}}(v)=\sum_{u\in \text{neighbor}(v)}\text{degree}(u) \tag{6-2}$$

式中，degree(u) 表示节点 u 的度。将节点按照 K_{sum} 进行降序排序，选取排名前 $\phi|V|$ 个节点。

6.2.2 异步信息传播过程及其特点

信息传播主要受到信息转发时间间隔 Δt 和传播概率 p 这两个要素的影响。其中传播概率 p 在有关传播预测的研究中已经得到了广泛的讨论，既与信息本身的内容有关，又与用户之间的相互影响有关，然而在真实情况中 p 的精确取值并不能轻易得到，通常需要根据历史信息传播情况推断出一个经验值。其中转发时间间隔 Δt 表示从节点转发一条信息到他的邻居阅读并判断是否转发所耗费的时间。假设 Δt 为常量则信息传播过程为同步过程，假设 Δt 为一个服从某些分布的随机变量则信息传播过程为异步过程。

可采用 AsIC 模型描述异步信息传播过程，假定节点有两种状态：激活状态，即对接触的一条信息产生了兴趣并转发了它；未激活状态，即未接触一条信息或者未对其产生兴趣。节点在接收到一条来自邻居节点的信息后会进行判断，如果它感兴趣则将信息进行转发，与此同时该节点由未激活状态切换到激活状态。对于同一条信息，节点只在切换状态时才会进行唯一的一次转发行为。将从节点 v_i 转发该信息到邻居节点 v_j 看到该信息的转发时间延迟记作 $\Delta t_{i,j}$，邻居节点 v_j 节点激活并转发的转发概率记作 $p_{i,j}$。v_i 的邻居节点集合记做 neighbor(v_i)，则信息在社交网络上按照如下过程传播：节点 v_i 转发或发布信息，其邻居节点 $v_j\in$ neighbor(v_i)

在转发时间延迟 $\Delta t_{i,j}$ 后看到这条信息，v_j 以概率 $p_{i,j}$ 对这条信息产生兴趣并进行转发；对于转发信息的节点，它们的邻居分别以一定的转发时间延迟看到信息，并以一定的转发概率进行转发，每个节点在接收到信息后只有一次进行转发判断的机会；这一过程不断重复，直到不再有新的转发行为出现，传播过程结束。

目前，针对信息转发时间间隔Δt 的讨论比较少。在同步的信息传播模型的研究中假设信息的传播是在同步的离散时间步内进行的，即认为所有边上的Δt 相等且为常数，也有研究假设Δt 符合高斯分布。根据我们的分析，微博类社交网络上的信息转发时间间隔Δt 总体上呈现出幂律分布的情况，这符合真实社交网络上信息传播的常理。当一个用户 A 发布或者转发信息后，其好友在时间间隔Δt 后在信息流里看到这条信息并进行判断，再以概率 p 对这条信息产生兴趣并转发出去，Δt 服从幂律分布意味着 A 的大多数好友在 A 发布或者转发信息后不久即看到这条消息，只有少数用户在更迟时看到这条消息。

为了验证我们的假设，我们采集了新浪微博排行榜上的共计 800 个名人、媒体账户从 2014 年 1～6 月的 11171 条原创微博下的转发数据，分析双向互粉关系形成的边上的转发行为的时刻，得到了传播时隙Δt 的分布情况，如图 6-1 所示。

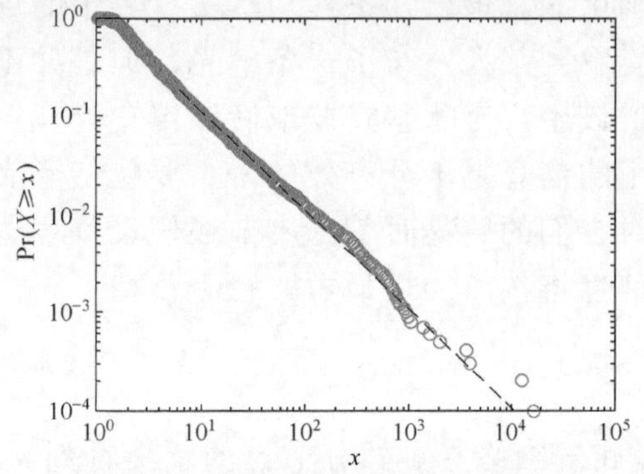

图 6-1 2014 年 1～6 月新浪微博转发时隙Δt 分布情况

幂律分布的概率密度函数符合 $p(\Delta t) \sim x^{-\alpha}$。利用真实数据对$\Delta t$ 的分布情况进行了拟合。设 $p(x) = Cx^{(-\alpha)}$，$C = (1-\alpha)x_{\min}{}^{(\alpha-1)}$，则$\Delta t$ 的 CCDF 为

$$p(\Delta t) = \Pr(\Delta t > x) = (x / x_{\min})^{-\alpha+1} \tag{6-3}$$

在实际拟合中我们只关心 α，而 $x_{\min}$ 的取值和单位对后面实验没有影响。根据我们的数据集，对于全部微博拟合结果的 α 取值为 2.01，对于不同微博拟合出的 α 取值为 1.86～2.43。

6.3 时间反转逆向扩散溯源方法

本节介绍一种在不完整观测条件下解决异步传播过程溯源问题的方法。该方法称为时间反转逆向扩散(time-reversal backward spreading，TRBS)算法，由 Shen 等[23]于 2016 年提出。该方法的主要思想是利用底层网络结构的边上的转发延迟，从各个观测到感染及其感染时刻的节点出发，反向推断可能为源节点的候选节点的时刻，并根据这样一个事实去判断哪个节点是真正的源节点：从每个观测到的感染节点反向推出的源节点的感染时刻应该是一致的。基于该算法，可以对异步传播过程可溯源的条件进行分析，即分析哪种情况下无法准确找出源节点。

6.3.1 问题描述

本节针对的是发生在已知的无向或有向的复杂网络上的传播过程，该传播过程是由一个源节点引起的，假设在每条边上的转发延迟服从一定的分布，如均匀分布或者正态分布。假设的已知条件为只能观测到部分节点的状态，并且不能观测到这些可观测的节点与其邻居之间的互动。因此，只有可观测节点中被感染的节点的感染时刻是可利用的。该已知条件与真实世界中的场景更加相符，以社交网络为例，我们往往能看到某人发布了一条消息，但是并不清楚究竟是谁影响他的，尽管我们可以知道该用户有哪些好友或者该用户究竟关注了谁。在这种情况下进行溯源，可以利用的信息是十分有效的，主要包括了底层网络结构，以及当可观测的节点被激活时它们的感染时刻。本节还假设每条边上的转发延迟的均值是已知的，可以认为信息将按照加权最短路径去传播。

6.3.2 溯源方法

TRBS 算法利用了底层网络 G、部分节点的感染时刻 t、各边上的延迟的均值 Δt。具体方法如下所示。

(1) 对于每一个样本 o_j，分别执行广度优先搜索，则对于每一个待测试节点 $v_i \in V$ 可以得到

$$t(i,o_j)=\sum_{e\in \text{path}(v_i,o_j)} \Delta t \tag{6-4}$$

(2) 根据第 (1) 步的计算结果，对于每个节点 $v_i \in V$，可以得到从各个可观测节点反向推测到它的估计的感染时刻，这些感染时刻组成一个向量，记作

$$T_i=[t_{o_1}-t(i,o_1),t_{o_2}-t(i,o_2),\cdots,t_{o_m}-t(i,o_m)] \tag{6-5}$$

式中，t_{o_1} 表示节点 o_1 的感染时刻；$t(i,o_1)$ 表示从节点 v_i 到节点 o_1 的最短时间延迟，由式(6-4)计算得到。

(3) 计算 T_i 的方差，按照方差进行排序，方差最小的点为估计的源节点。

可以看到，在网络中的节点可以提供的有关传播过程的信息十分有限的情况下，该方法尽可能充分地利用了已知条件——底层网络结构和可观测的节点的感染时刻，并利用了这样一个客观事实：对于真正的源节点，从各个节点根据各边上的转发延迟反向推出它的感染时刻应该是一致的。

以图 6-2 为例，将可观测节点 o_1、o_2、o_3 的感染时刻分别记作 t_1、t_2、t_3。从 o_1、o_2、o_3 分别反向推出各个节点相对于它们的感染时刻。例如，针对图 6-2 中所示引出箭头的节点，从 o_1 反向推出的感染时刻为 t_1-9，从 o_2 反向推出的感染时刻为 t_2-7，从 o_3 反向推出的感染时刻则为 t_3-7。这些感染时刻组成了这个节点的时间向量 T。对于一个已经发生的传播过程，真实源节点的感染时刻是固定不变的一个值，在理想条件下有 $t_1-9=t_2-7=t_3-7$。由于每条边上的转发延迟实际上是随机变量，所以实际中推出的感染时刻并不相等。但是可以利用这点去找出最可能是源节点的节点，即计算这些感染时刻的方差。

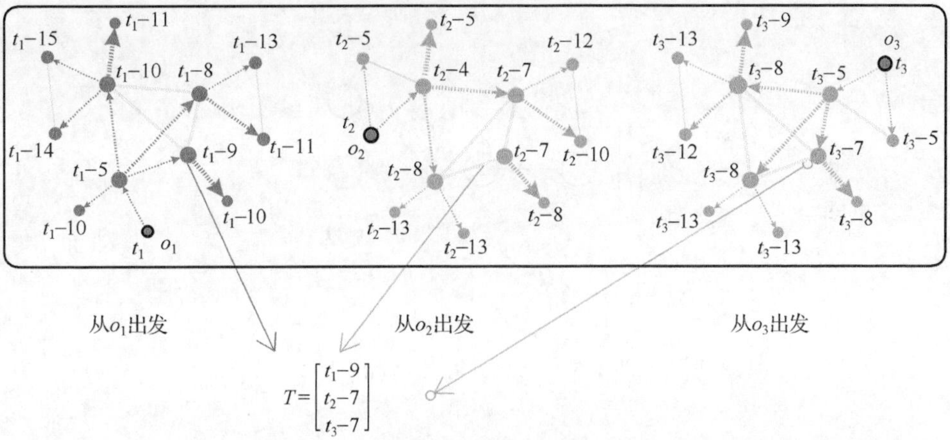

图 6-2　时间向量 T 计算方法示意图

6.3.3　可溯源条件

在上述溯源方法的基础上，可以分析究竟在何种条件下能够比较准确地进行溯源。在分析中主要利用对于每个节点 $v_i \in V$ 所计算出的时间向量 T_i。假定有两个可能的源节点 $v_i \in V$，$v_j \in V$，对于这两个节点是否为源节点的差异则可表示为

$$\Delta T_{i,j} = T_i - T_j = \begin{pmatrix} t(j,o_1) - t(i,o_1) \\ t(j,o_2) - t(i,o_2) \\ \vdots \\ t(j,o_m) - t(i,o_m) \end{pmatrix} \tag{6-6}$$

根据式(6-6)，对于可能的源节点 v_i 和 v_j，如果出现向量差中各个值相等的情况，即出现 $t(j,o_1)-t(i,o_1)=t(j,o_2)-t(i,o_2)=\cdots=t(j,o_m)-t(i,o_m)$，则 T_i 与 T_j 均值相同，无法从中找出究竟哪个节点是源节点。

下面通过图 6-3 说明这种情况。在图 6-3 中，v_i 作为源节点在时刻 $t_s=1$ 产生的传播与 v_j 作为源节点在时刻 $t_s=2$ 产生的传播反映在可观测节点 $\{o_1,o_2,o_3\}$ 产生了相同的观测结果 $t_1=4,t_2=3,t_3=3$，而从已知条件中是无法知道究竟真正的传播过程开始于 $t_s=1$ 还是 $t_s=2$，在这种情况下无法凭借观测到的信息进行溯源。

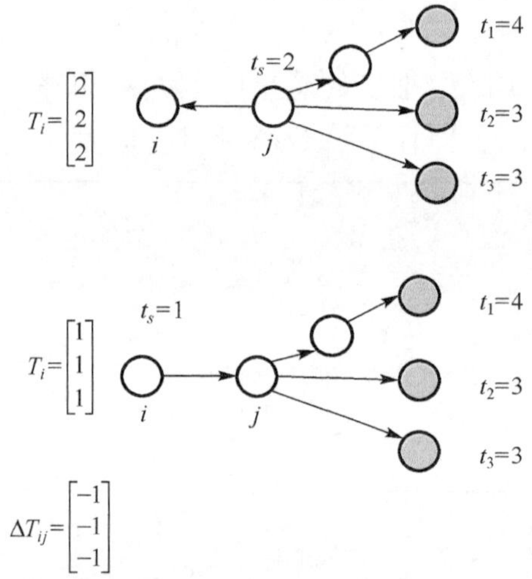

图 6-3　无法溯源的情况举例

6.4　不确定传播条件下的多源溯源方法

本节介绍一种在不确定传播条件下，针对一个话题下存在多个源节点的情况的溯源方法。不确定传播指的是在在线社交网络中，由于用户可以进行的转发行为并不总是显式的，有可能存在用户看到一条消息后重新发布一条类似消息的情况，此时，通常难以直接观测到这种隐式的转发关系，难以判断用户究竟是从哪个好友转发的，这种既包含显式转发关系又存在隐式转发关系的不确定情况称为不确定传播条件。本方法主要针对的是存在多个源节点的情况，即在某一话题下，有可能同时存在多个用户作为源节点发布了信息，这些信息被转发出去。前面所提到的存在隐式转发关系还会造成难以直接判断某一发布信息的节点究竟是进行了重新发布还是它本身就是一个源节点，因此需要利用相似度计算加以判断。

6.4.1 问题描述

以图 6-4 为例，一个话题下存在多源信息传播，图 6-4(a)为可直接观测到的原始传播子图，对于这一话题存在 G1、G2、G3 三个级联，在原始传播子图中它们之间没有明显关联；图 6-4(b)则为考虑不确定传播情况的传播子图。其中，节点 S2 可能对节点 1 或者节点 10 所转发的信息进行了重新发布，因此该节点具有两个不确定的隐式转发关系；节点 S3 也发布了属于这一话题的信息，它有可能是对节点 2 所转发的信息进行了重新发布。

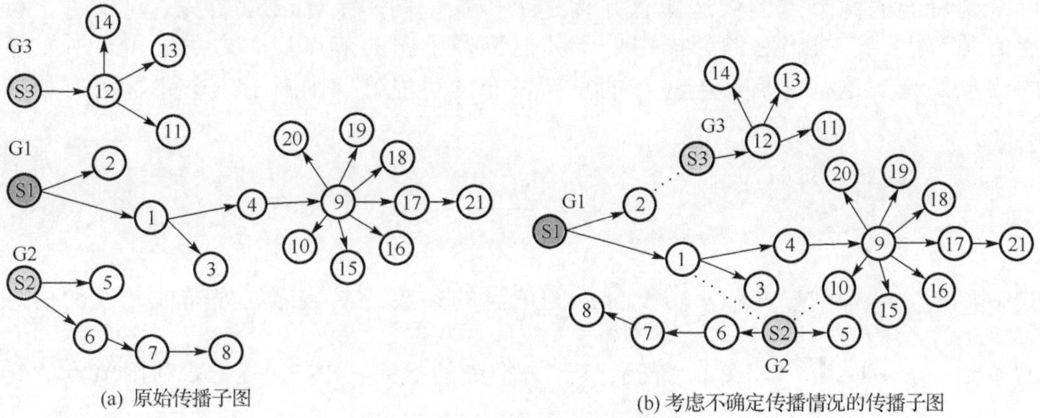

图 6-4 传播子图示意图

问题的已知条件为可以获取每个节点的状态，即可以知道它们是否发布了一条信息，但所耗费的代价比较大，如需要遍历节点发布的所有信息；已知显式转发关系，即可以知道用户之间对于一条信息的直接转发。问题的目标是快速找出话题的所有源节点。以图 6-4 为例，一个可能的结果是{S1,S3}，S2 并不是该话题的源节点，而是重新发布。

6.4.2 溯源方法

针对这类溯源问题，解决方法的关键在于找出其中隐式转发关系，并利用隐式转发关系和显式转发关系去逆向寻找所有可能的源节点。如图 6-5 所示，溯源方法主要由以下两部分组成。

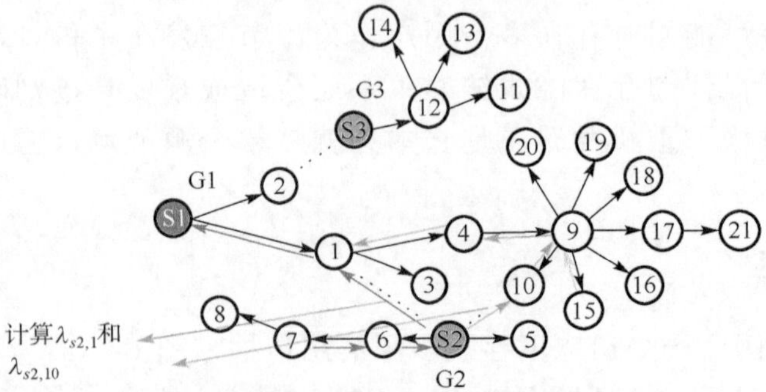

图 6-5　溯源方法示意图

(1)以显式转发关系依据，通过深度优先搜索方法构建出传播子图。

(2)针对每个可能的源节点，找出其可能的上级转发节点。

其中，(1)很容易理解，沿着显式转发关系相反的方向，采用深度优先搜索方法即可得到可能的源节点的候选集合并构建了传播子图。针对(2)，首先，对于每个可能的源节点u_i，找出它的邻居中处于其他传播子图的节点U_i，之后度量u_i所发布的信息是受到这些邻居影响进行的重新发布的可能性。则对于一个邻居u_j有如下公式：

$$\lambda_{ij}=\frac{\mathrm{INF}_{ji}\cdot P_{ij}}{P_i} \tag{6-7}$$

式中，$P_{ij}=\dfrac{N_{ij}}{S_j}$，$N_{ij}$表示$u_i$转发自$u_j$的信息的条数，$S_j$表示$u_i$发布或转发的信息的条数；$P_i=1-\prod\limits_{u_j\in U_i}(1-P_{ij})$，表示节点$u_i$感染的概率；$\mathrm{INF}_{ji}=k_j/k_i$利用节点的度去衡量$u_j$对$u_i$的影响。

在对U_i中的节点按照λ进行排序后，可以判断这些源节点候选者究竟是重新发布还是本身就是真正的源节点。

6.5　面向网络扩散源追溯的最小差分预解集问题

在复杂网络中，网络规模庞大，通常情况下观察到网络中所有节点的状态是不可能的，但是我们可以通过在复杂的网络中设置传感器节点，来估计传播过程中的源节点，解决溯源问题。由于设置传感器节点的成本昂贵等问题，所以在对复杂网络的溯源中，如何选取少量的节点作为传感器节点，然后根据观察到少量节点的状态来准确确定网络中信息的扩散源是一个在网络管理中亟待解决的问题。

在近几年信息溯源方面的大量相关工作中，如中心估计量、特征值估计量、快速蒙特卡罗算法等，这些方法虽构思新颖，但在精度上却不尽如人意，一个重要原因在于这些方法利用的溯源数据都是被动获得的，而不是主动监测得到的。同时，这些数据的信息量不足，针对性不强，难以保证源头的准确性。在对网络 $G=(V,E)$ 中信息传播过程进行观测时，通常先选取一个点集 $S\subseteq V$ 来放置传感器，例如，在节点 v 上放置的传感器用于记录节点 v 被网络中的信息感染的时间。根据网络中设置的传感器记录到的信息，来观测和记录整个网络中信息传播过程，从而进行后续的溯源工作。然而，在大规模的网络中，我们能够放置的用于观测的传感器数量有限，因此为了保证在利用传感器观测到的数据进行溯源时的准确度，放置传感器的节点就需要进行严格地筛选；并且为了尽可能地减少在网络中放置传感器的成本开销，传感器的数量也应该尽可能最少。

针对社交网络的精确溯源问题，本节介绍一种利用最小差分预解集实现对溯源数据主动采集的方案，由 Zhou 等[24]在 2016 年提出。在假设已知网络拓扑结构和部分节点的感染时间的条件下，解决对网络中信息扩散源头的定位问题。该问题是对复杂网络中经典的传感器放置问题的最优化讨论，目的在于将设置检测节点的成本最小化，同时尽可能地提高网络扩散源的追溯精度。

6.5.1 差分预解集定义

复杂网络 $G=(V,E)$ 差分预解集（differentially resolving set，DRS）为一个点集 V 的子集 $S\subseteq V$，其中 V 中的任意两个元素可以通过定义在集合 S 上不同的差分特征集合进行区分。最小差分预解集问题是指在图 G 中寻找一个总权值 $\sum_{v\in S} w(v)$ 最小的差分预解集 S。

复杂网络由无向图 $G=(V,E)$ 建模，其中 $|V|=n$，$|E|=m$。假设信息是通过最短路径扩散的。令 $d(u,v)$ 是节点 $u\in V$ 和 $v\in V$ 之间的最短距离。如果节点 u 是源，并在一个未知的时间点 t_0 开始扩散信息，那么节点 v 与 w 被感染的时间点分别为 $t_v:=t_0+d(u,v)$ 和 $t_w:=t_0+d(u,w)$。式(6-8)给出了差分时间，消去了时间 t_0，可用作在网络 G 中定位扩散源的方法。

$$\delta(u;v,w):=t_w-t_v=d(u,w)-d(u,v) \tag{6-8}$$

令 $S\subseteq V(|S|\geqslant 2)$ 是观测节点集合，并且设置锚节点 $v^*\in S$。假设节点 u 是扩散源，那么对于 u 对应的差分特征集合可以定义为

$$\Delta(u;v^*,S):=\{[v,\delta(u;v^*,v)]\}_{v\in S\setminus\{v^*\}} \tag{6-9}$$

图 6-6 给出了一个简单的 DRS 实例，图 6-6(a)给出了无向图 G，具有锚点 A

的子集为 $S := \{A,B,C\}$。对于节点 A,B,C,D,E,F 差分特征集合为 $\{(B,1),(C,1)\}$，$\{(B,-1),(C,1)\}$，$\{(B,1),(C,-1)\}$，$\{(B,-1),(C,-1)\}$，$\{(B,1),(C,0)\}$，$\{(B,-1),(C,0)\}$。图 6-6(b)的表格中给出了所有差分特征集合的计算结果。显然，任意两个差分特征集合互不相同。因此，根据式(6-9）的定义，S 是一个 DRS。

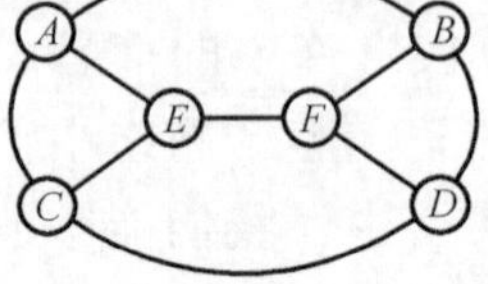

(a) 图结构

源节点	A	B	C	D	E	F
t_B-t_A	1	−1	1	−1	1	−1
t_C-t_A	1	1	−1	−1	0	0

(b) 对应关系

图 6-6　DRS 实例

直观地，如果一组 S 是相对于锚节点 v^* 的一个 DRS，则有源节点 u 和差分特征集合 $\Delta(u;v^*,S)$ 之间的一对一映射关系，如式(6-10)所示。

$$\Delta(u;v^*,S) := \{[v,\delta(u;v^*,v)]\}_{v\in S\setminus\{v^*\}} \tag{6-10}$$

此映射可唯一地检测信息源，通过观测节点集合 $S\subseteq V$ 收集被感染时间的过程分为三个步骤。

(1) 使用 $\delta(u;v^*,v) := d(u,v)-d(u,v^*)$ 对每一个可能的源节点 u 计算差分特征集合 $\Delta(u;v^*,S)$。

(2) 当一次传播开始于位置的节点，观测节点 $v\in S$ 记录其被感染时间。对于每个 t_v，我们可以使用 $\Delta(*;v^*,S) := \{[v,\delta(*;v^*,v)]\}_{v\in S\setminus\{v^*\}}$ 建立一个差分特征集合。

(3) 将 $\Delta(*;v^*,S)$ 和第(1)步中的所有特征集合进行比较，唯一地确定源节点。

上述步骤表明 DRS 可以唯一地确定源节点。但是，为了使放置传感器的成本最小，我们需要解决的问题是如何寻找一个能够使成本最小的 DRS。

6.5.2　最小差分预解集问题

在研究过程中，设置观测节点通常会引起一些额外的代价，我们将选择观测节点 v 的代价(或负担)记为 $w(v)$，且所有 DRS 的集合为 D，那么差分预解集的最优化问题如下所示：

$$S^* = \arg\min_{S\in D}\sum_{v\in S} w(v) \tag{6-11}$$

式(6-11)称为最小差分预解集的问题，其目的是选择一个子集 $S\subseteq V$，使 S 中包含最少的元素或成本最低，通过 S 中的节点被感染的时间能够唯一地确定网络中信息源位置。

6.5.3 DRS 的性质

命题 6-1 如果集合 S 是一个包含锚节点 $v^*\in S$ 的 DRS，则任何节点 $v\in S$ 可作为 S 的锚节点。

命题 6-2 令 $S\subseteq V$，S 是一个 DRS 当且仅当对于 V 中任意的 $u'\neq u''$，S 中存在 $v'\neq v''$ 使得 $\delta(u';v',v'')\neq\delta(u'';v',v'')$。

命题 6-3 令 $S\subseteq S'\subseteq V$，如果 S 是一个 DRS，那么 S' 也是一个 DRS。

命题 6-1 揭示了差分预解的属性不依赖于锚节点的选择。

命题 6-2 给出了在网络中寻找 DRS 的充分必要条件。

命题 6-3 显示了差分预解的可传递性。

6.5.4 编程模型

使用无向图 $G=(V,E)$ 对网络建模，其中 $|V|=n$ 和 $|E|=m$。为简单起见，我们定义 $V:=\{1,2,\cdots,N\}$。对所有 $u,v\in V$，令 $d(u,v)$ 是 u 至 v 的最短路径。秩为 $n(n-1)/2$ 的系数方矩阵 A 的定义为

$$A_{(u,v)(i,j)}=\begin{cases}1, & \delta(u;i,j)\neq\delta(v;i,j)\\ 0, & \delta(u;i,j)=\delta(v;i,j)\end{cases}\tag{6-12}$$

式中，$1\leqslant u<v\leqslant n$，$1\leqslant i<j\leqslant n$。式(6-13)中 y_i 表示对于 $1\leqslant i\leqslant n$ 无论 i 是否属于 DRS，

$$y_i=\begin{cases}1, & i\in S\\ 0, & i\notin S\end{cases}\tag{6-13}$$

因此集合 S 可以看作一个 $\{0,1\}$-值的 n 维向量 $y=(y_i)_{i=1}^n$。式(6-11)中的最小化 DRS 问题的整数规划(IP)模型建模为

$$(\text{IP}):\min\sum_{k=1}^{n}w(k)\cdot y_k\tag{6-14}$$

符合以下条件：

$$\begin{cases}\displaystyle\sum_{i=1}^{n-1}\sum_{j=i+1}^{n}A_{(u,v)(i,j)}\cdot y_i\cdot y_j\geqslant 1, 1\leqslant u\leqslant v\leqslant n\\ y_k\in\{0,1\}, 1\leqslant k\leqslant n\end{cases}\tag{6-15}$$

因为非线性优化问题很难处理，IP 模型(式(6-14)和式(6-16))在解决最小 DRS 问题时具有严重的局限性。为了解决这个问题，我们将 IP 模型拆分为一系列整数线性规划($\text{ILP}_{\neg *}$)模型。其核心思想是使一些 y_i 固定(等于 1)，优化其他 $\{y_k\}_{k\neq i}$。具体地，对于每个 $i\in V$，我们考虑下面模型。

$$(\mathrm{ILP}_{-i}):\min\sum_{k=1}^{n}w(k)\cdot y_k \tag{6-16}$$

符合以下条件：

$$\sum_{k=1}^{n}A_{(u,v)(i,k)}\cdot y_k\geqslant 1, 1\leqslant u<v\leqslant n \tag{6-17}$$

$$y_i=1,\ y_k\in\{0,1\},\ k\neq i$$

式中，$A_{(u,v)(i,k)}:=0$，当 $i>k$ 时 $A_{(u,v)(i,k)}:=A_{(u,v)(k,i)}$。

6.5.5 近似算法

对于一个大型网络来说，任何直接解决带权集合覆盖 $(\tilde{U},S^i,\tilde{w})$ 问题的方法都会产生组合激增的问题，而使用贪心算法近似求解问题，是找到一个很好的近似解的有效方法。

首先定义覆盖范围函数 C 为：

$$C(C^i):=\bigcup_{S^i\in C^i}S^i \tag{6-18}$$

对于每一个子族 $C^i\subset S^i$，令 $\left|C(C^i)\right|$ 表示集合 $C(C^i)$ 中元素的个数，定义覆盖范围函数 C 的边际增量 Δ 为

$$\Delta(C^i,S^i):=|C(C^i\cup\{S^i\})|-|C(C^i)| \tag{6-19}$$

算法 6-1 给出了带权集合覆盖问题的贪心算法。

算法 6-1　寻找最小带权集合覆盖的贪心算法

1．初始化 $c_{ga}^i\leftarrow\varnothing$

2．当 $\mathbb{C}(c_{ga}^i)\neq\tilde{U}$ 有

3．$S_*^i\leftarrow\arg\max_{S_*^i\in S^i\setminus c_{ga}^i}\dfrac{\Delta(c_{ga}^iS_*^i)}{\tilde{w}(S_*^i)}$

4．$c_{ga}^i\leftarrow c_{ga}^i\cup\{s_*^i\}$

5．结束循环

6．输出 c_{ga}^i

首先，我们将每个模型改造为加权集合覆盖问题；其次，使用贪心算法求解近似数中的权重问题。

总之从现有的研究来看，在解决单一源节点的问题时已经有了一些比较成熟

的方法，根据已知条件的不同可以采用不同的方法进行溯源。其中最为直观的一种思路是利用对传播过程发生后所得到的子图进行测量的方法，利用源节点中心度高、距离被感染的节点近、距离未被感染的节点远等特点推测出源节点，这种方法主要会受到底层网络结构本身特点的影响，并且有着真实在线社交网络中无法实时观测到每一个节点状态的客观限制。另一种思路是将底层网络结构与利用监测者得到的有关传播的信息结合起来，如利用监测者的感染时刻及节点之间的距离等，这种方法的适用性更好，即使得不到完整的观测也能够进行溯源。

在解决多个源节点的溯源问题时，主要思路是将其化简、划分为单一源节点，并有相关研究提出了一些划分多源传播过程、确定源节点数量的方法。解决多源溯源问题的方法通常复杂度较高。

目前溯源存在的主要问题在于以下两方面：一是真实的在线社交网络上的传播过程是复杂多样的，不同的在线社交网络平台是有差别的，因此可观测的条件也是不尽相同的，目前的方法适用性并不广泛，具有局限性；二是现有的解决多源传播过程的方法复杂度普遍较高，难以直接应用到具有很强实时性的在线社交网络的分析中去。

参 考 文 献

[1] Guille A, Hacid H, Favre C, et al. Information diffusion in online social networks: A survey[J]. ACM SIGMOD Record, 2013, 42(2): 17-28.

[2] Bakshy E, Rosenn I, Marlow C, et al. The role of social networks in information diffusion[C]. Proceedings of the 21st International Conference on World Wide Web, Lyon, 2012: 519-528.

[3] Guille A, Hacid H. A predictive model for the temporal dynamics of information diffusion in online social networks[C]. Proceedings of the 21st International Conference on World Wide Web, Lyon, 2012: 1145-1152.

[4] Saito K, Kimura M, Ohara K, et al. Selecting information diffusion models over social networks for behavioral analysis[C]. Joint European Conference on Machine Learning and Knowledge Discovery in Databases, Berlin, 2010: 180-195.

[5] Xiong F, Liu Y, Zhang Z, et al. An information diffusion model based on retweeting mechanism for online social media[J]. Physics Letters A, 2012, 376(30): 2103-2108.

[6] Hu Y, Hu C, Fu S, et al. Predicting the popularity of viral topics based on time series forecasting[J]. Neurocomputing, 2016, 210: 55-65.

[7] Shi P, Fand M, Lin H, et al. A method for information source locating with incomplete

observation of online social network[C]. 2015 International Conference on Identification, Information, and Knowledge in the Internet of Things, Beijing, 2015: 98-99.

[8] Pinto P C, Thiran P, Vetterli M. Locating the source of diffusion in large-scale networks[J]. Physical Review Letters, 2012, 109(6): 068702.

[9] Wang Z, Dong W, Zhang W, et al. Rooting our rumor sources in online social networks: The value of diversity from multiple observations[J]. IEEE Journal of Selected Topics in Signal Processing, 2015, 9(4): 663-677.

[10] Comin C H, Luciano D FC. Identifying the starting point of a spreading process in complex networks[J]. Physical Review E, 2011, 84(5): 056105.

[11] Albert R, Barabási A L. Statistical mechanics of complex networks[J]. Reviews of Modern Physics, 2002, 74(1): 47.

[12] Antulov-Fantulin N, Lancic A, Stefancic H, et al. Statistical inference framework for source detection of contagion processes on arbitrary network structures[C]. The 2014 IEEE 18th International Conference on Self-Adaptive and Self-Organizing Systems Workshops (SASOW), London, 2014: 78-83.

[13] Shah D, Zaman T. Detecting sources of computer viruses in networks: Theory and experiment[J]. ACM SIGMETRICS Performance Evaluation Review, 2010, 38(1): 203-214.

[14] Shah D, Zaman T. Rumors in a network: Who's the culprit?[J]. IEEE Transactions on Information Theory, 2011, 57(8): 5163-5181.

[15] Yang F, Zhang R, Yao Y, et al. Locating the propagation source on complex networks with propagation centrality algorithm[J]. Knowledge-Based Systems, 2016, 100: 112-123.

[16] Luo W, Tay W P, Leng M. Identifying infection sources and regions in large networks[J]. IEEE Transactions on Signal Processing, 2013, 61(11): 2850-2865.

[17] Zang W, Zhang P, Zhou C, et al. Discovering multiple diffusion source nodes in social networks[J]. Procedia Computer Science, 2014, 29: 443-452.

[18] Zang W, Zhang P, Zhou C, et al. Locating multiple sources in social networks under the SIR model: A divide-and-conquer approach[J]. Journal of Computational Science, 2015, 10: 278-287.

[19] Seo E, Mohapatra P, Abdelzaher T. Identifying rumors and their sources in social networks[C]. Proceedings of International Society for Optics and Photonics, Baltimore, 2012: 8389.

[20] Louni A, Subbalakshmi K P. A two-stage algorithm to estimate the source of information diffusion in social media networks[C]. 2014 IEEE Conference on Computer Communications Workshops, Toronto, 2014: 329-333.

[21] Agaskar A, Lu Y M. A fast Monte Carlo algorithm for source localization on graphs[C]. Proceedings of International Society for Optics and Photonics, San Diego, 2013: 8858.

[22] Zhang X, Zhang Y, Lv T, et al. Identification of efficient observers for locating spreading source in complex networks[J]. Physica A: Statistical Mechanics and its Applications, 2016, 442: 100-109.

[23] Shen Z, Cao S, Wang W X, et al. Locating the source of diffusion in complex networks by time-reversal backward spreading[J]. Physical Review E, 2016, 93(3): 032301.

[24] Zhou C, Lu W X, Zhang P, et al. On the minimum differentially resolving set problem for diffusion source inference in networks[C]. The 30th AAAI Conference on Artificial Intelligence, Phoenix, 2016.

彩 图

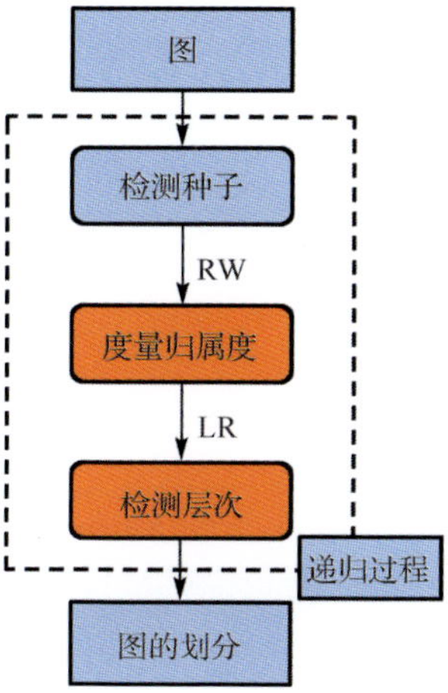

图 2-22 社团检测和社团成员层次检测框架

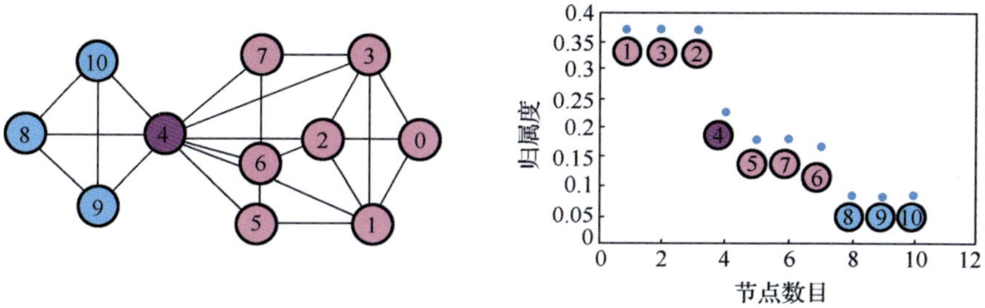

(a) 网络结构图　　(b) 归属度序列中元素与归属度的关系图

图 2-23 样例网络

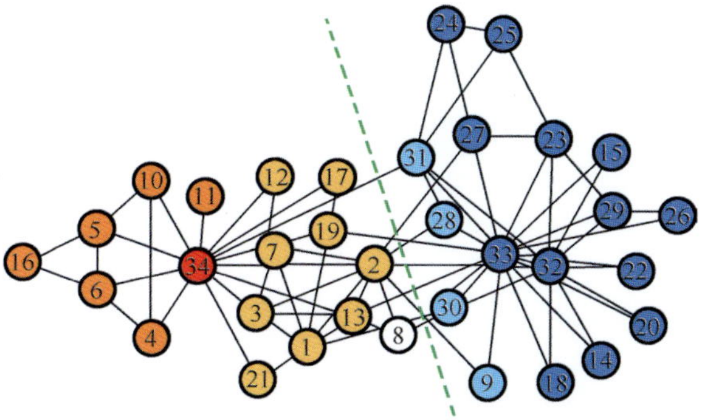

(a) 网络结构图

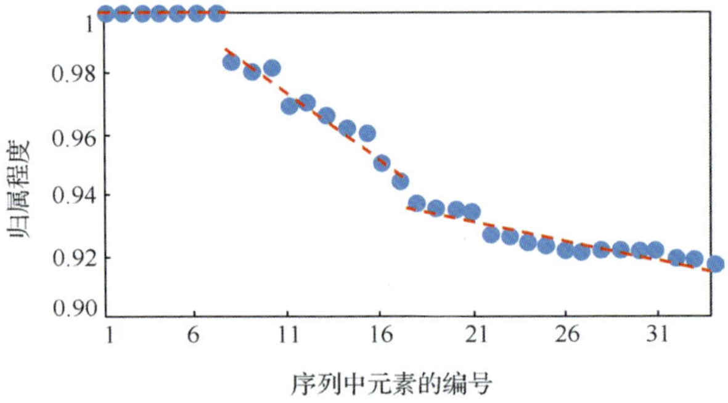

(b) 归属程度序列与归属度的关系图

图 2-24 空手道俱乐部网络中的社团成员层次结构

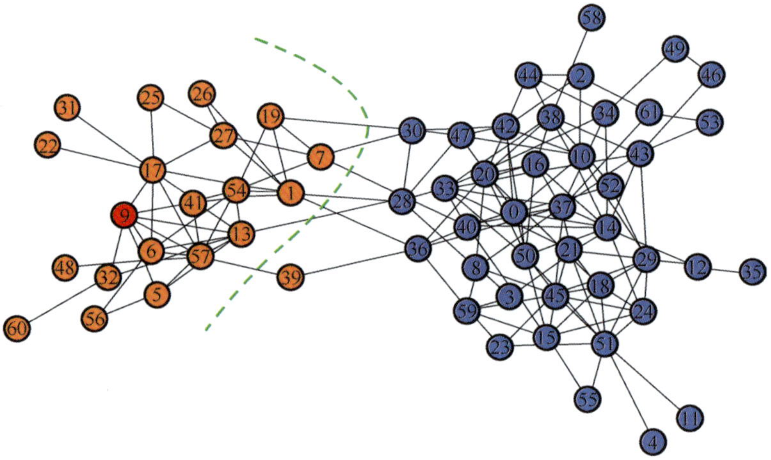

(a) 社团成员层次结构

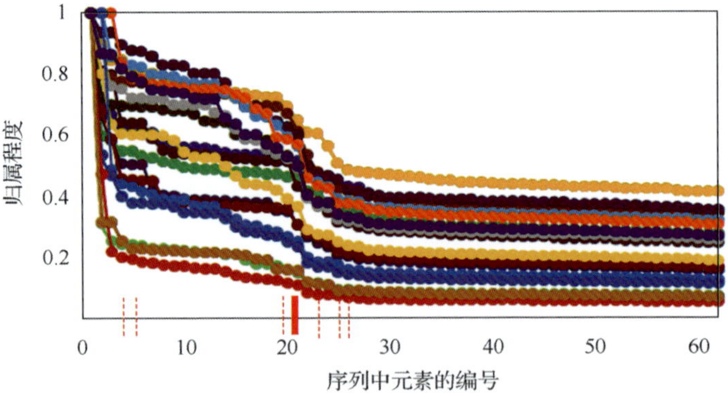

(b) 以橘黄色节点为种子的各个归属度序列

图 2-25 海豚网络中社团成员层次结构

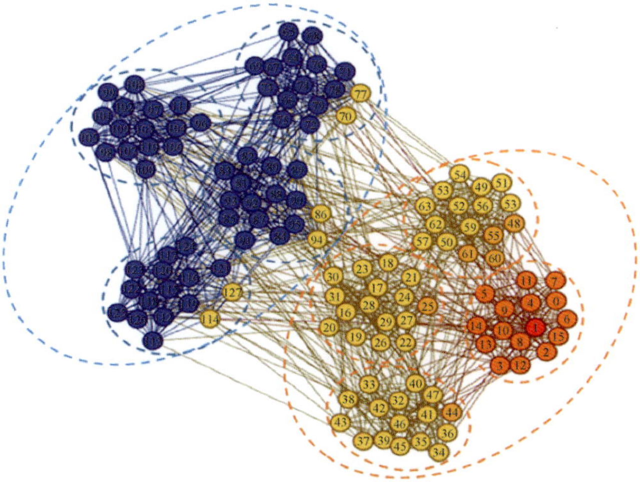

(a) 真实的社团是两个大社团，分别用虚线标记，每个大社团包含四个小社团。以红色节点1为种子的成员层次结构用节点的颜色标记

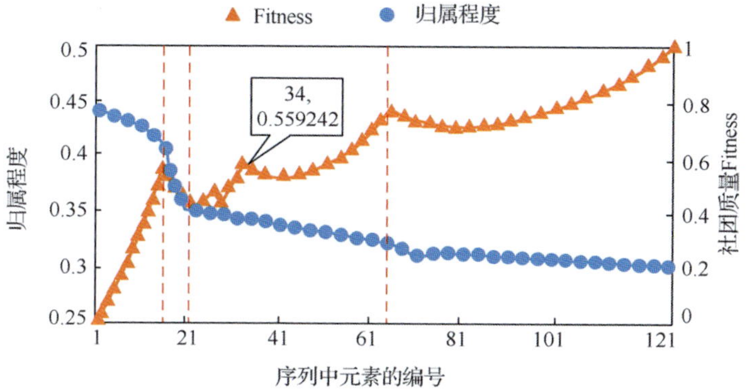

(b) 成员归属度序列与社团质量的关系图

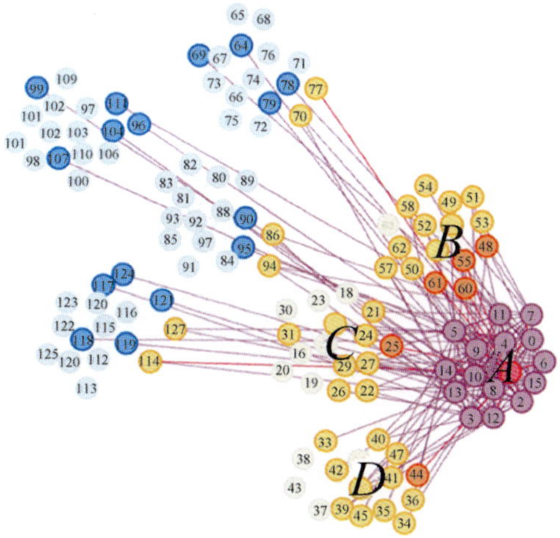

(c) 社团A及其相邻的节点

图 2-26 人工层次网络中的社团成员层次结构

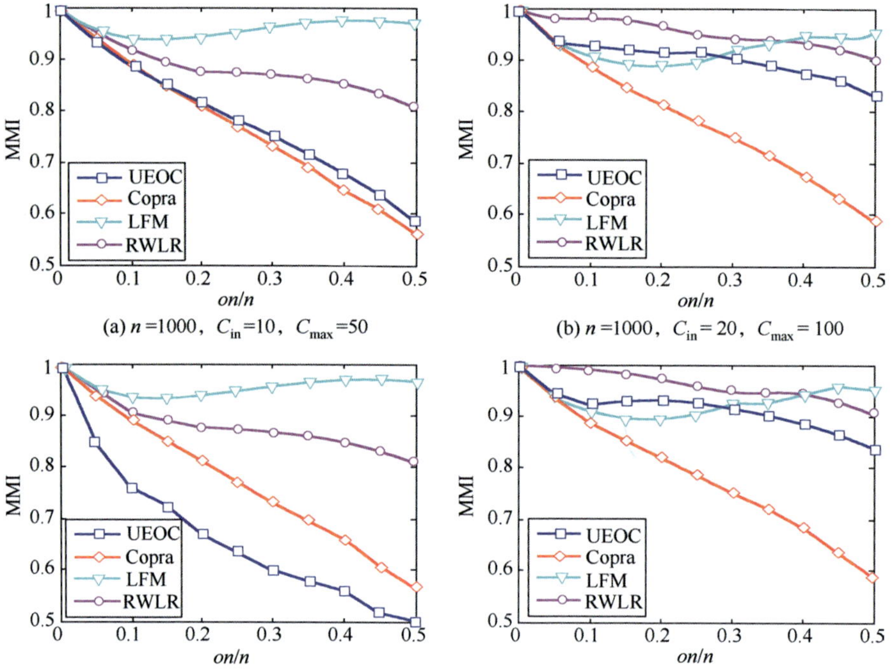

(a) n=1000，C_{in}=10，C_{max}=50　(b) n=1000，C_{in}=20，C_{max}=100

(c) n=5000，C_{in}=10，C_{max}=50　(d) n=5000，C_{in}=20，C_{max}=100

图 2-27 人工网络上的社团检测比较结果

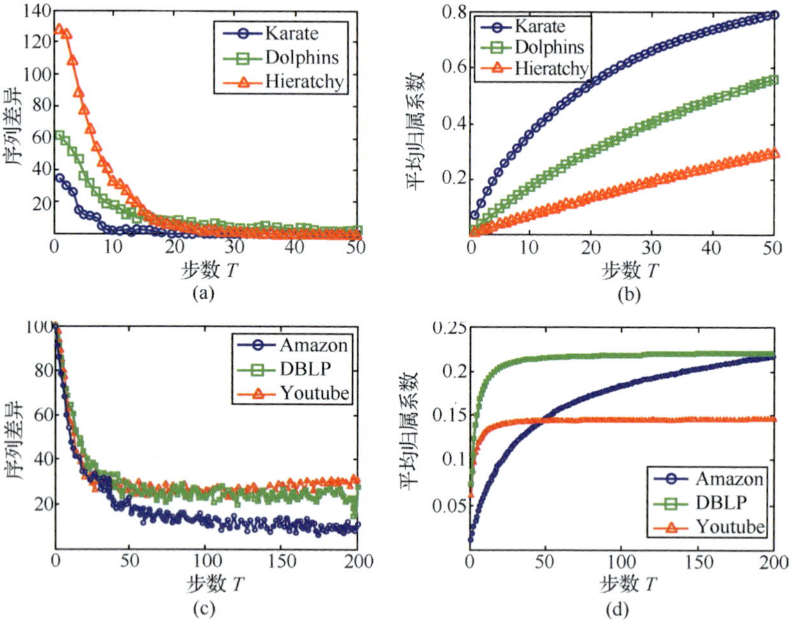

(a)　(b)　(c)　(d)

图 2-29 参数 T(随机游走步数) 的分析

(a) 和 (c) 为不同网络规模下的步数 T 与序列差异的关系，(b) 和 (d) 为不同网络规模下的步数 T 与平均归属系数的关系

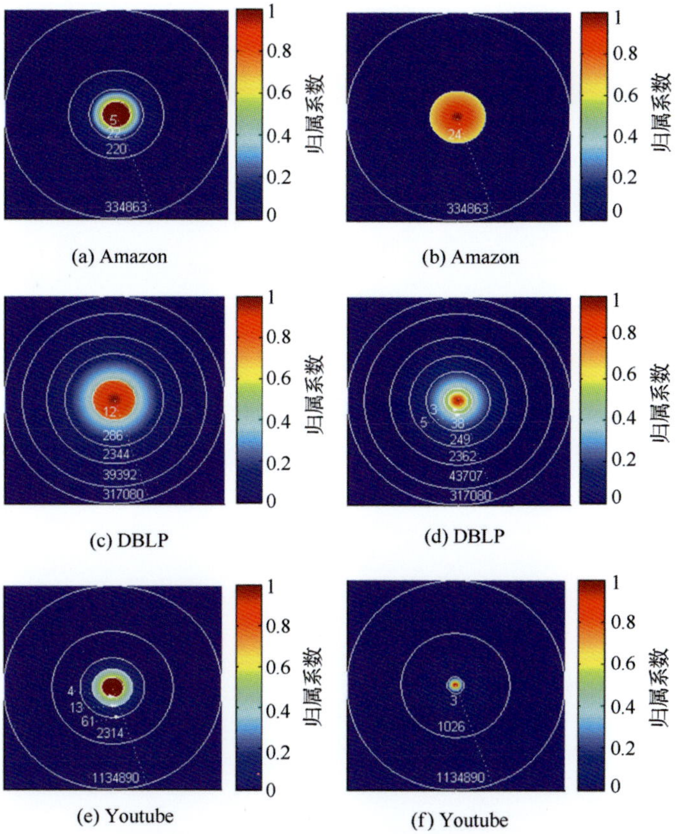

(a) Amazon (b) Amazon

(c) DBLP (d) DBLP

(e) Youtube (f) Youtube

图 2-30 可视化大型网络中的不同社区

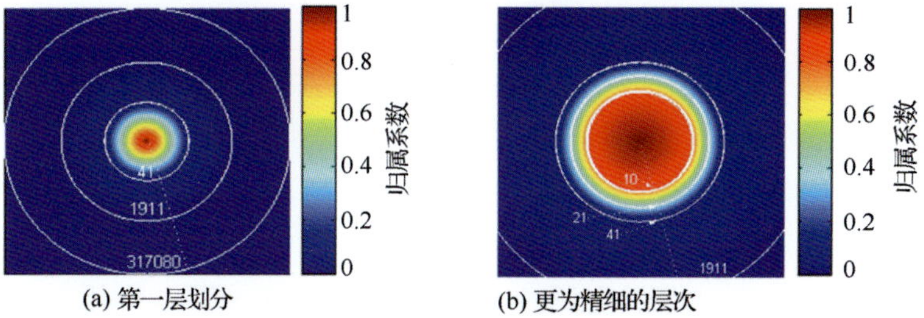

(a) 第一层划分 (b) 更为精细的层次

图 2-31 具有不同层次的 HSM

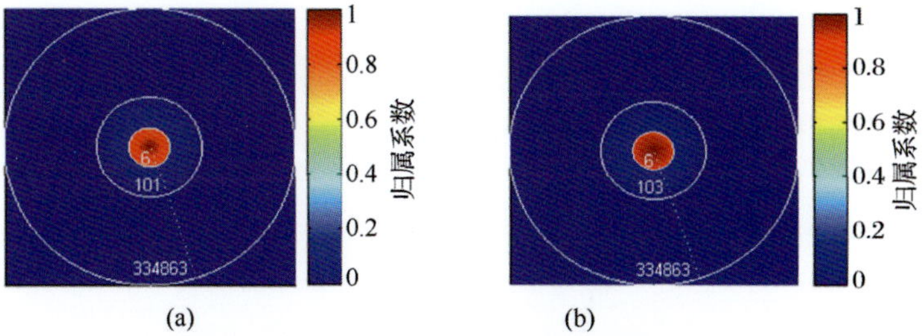

(a) (b)

图 2-32 两个 HSM 在同一社区中的种子

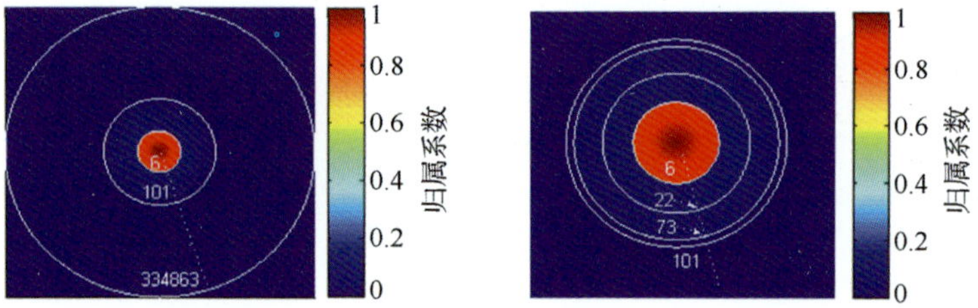

(a) ID7438的HSM (b) 第二层次划分中的更精细层次

图 2-33 亚马逊网络中产品

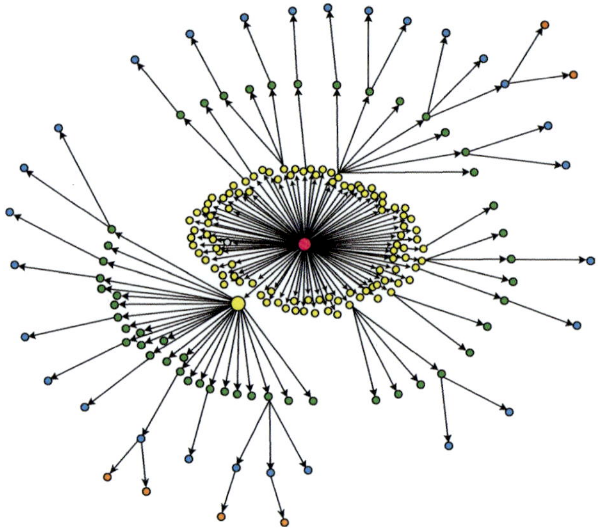

图 4-5 单个消息的扩散树分层结构图（中心红点是消息发出者）